ESTRUTURAS ALGÉBRICAS

Parham Salehyan

ESTRUTURAS ALGÉBRICAS

EDITORA UNICAMP

FICHA CATALOGRÁFICA ELABORADA PELO
SISTEMA DE BIBLIOTECAS DA UNICAMP
DIVISÃO DE TRATAMENTO DA INFORMAÇÃO
Bibliotecária: Maria Lúcia Nery Dutra de Castro – CRB-8ª / 1724

Sa32e

Salehyan, Parham
Estruturas algébricas / Parham Salehyan. – Campinas, SP : Editora da Unicamp, 2023.

1. Álgebra. 2. Grupos. 3. Anéis (Álgebra). 4. Domínios. 5. Módulos (Álgebra)

CDD – 512
– 512.2
– 512.4
– 519.76
– 512.42

ISBN 978-85-268-1617-6

Editora da Unicamp
Rua Sérgio Buarque de Holanda, 421 – 3º andar
Campus Unicamp
CEP 13083-859 – Campinas – SP – Brasil
Tel./Fax: (19) 3521-7718 / 7728
www.editoraunicamp.com.br – vendas@editora.unicamp.br

Sumário

Introdução

A álgebra é usada por praticamente todos os matemáticos independentemente de sua especialidade, e algum conhecimento de álgebra linear, de teoria dos grupos e dos anéis é necessário para compreender e resolver muitos problemas. Em geral, esses tópicos são introduzidos nos cursos de graduação.

Este livro é escrito para o leitor ter o primeiro contato com algumas das principais estruturas algébricas: grupos, anéis e módulos. Essas estruturas foram intensivamente estudadas nos últimos dois séculos.

O livro pode ser usado como texto para os cursos de álgebra em nível de graduação, e também como uma leitura complementar para aqueles que já conhecem esses assuntos, pois há alguns tópicos que em geral não são abordados nesses cursos.

Começaremos o livro com preliminares, uma revisão das noções básicas sobre conjuntos, relações, funções e aritmética dos inteiros. No primeiro capítulo, reunimos todos os resultados e notações que serão necessários ao longo do livro.

Em seguida, estudaremos grupos, anéis e módulos. Os exemplos são fundamentais para compreender os resultados e mostrar a necessidade das hipóteses nas proposições e nos teoremas. Por isso, em cada caso apresentaremos vários exemplos. Além disso, todos os capítulos são acompanhados de listas de exercícios com vários graus de dificuldade.

Algumas demonstrações são omitidas, pois em alguns casos são semelhantes às outras já feitas e por isso são deixadas como exercícios; ou requerem um estudo mais detalhado do assunto, e esse não é o objetivo deste livro.

Todas as referências bibliográficas utilizadas são disponibilizadas no final do livro. Nelas, o leitor pode encontrar as demonstrações omitidas e outros resultados citados ao longo do livro e também consultá-las para uma leitura complementar.

O objetivo é apresentar todos os conceitos e resultados da forma mais natural possível para que o leitor possa compreender a motivação e a razão de existência de cada um. Além disso, sempre são colocados os dados históricos sobre os principais nomes que aparecem ao longo do texto.

Todas as sugestões e correções serão muito bem-vindas e poderão ser enviadas ao endereço *p.salehyan@unesp.br*

1. Preliminares

O objetivo deste capítulo é fazer uma breve revisão dos conceitos e resultados básicos que serão fundamentais no restante do livro. Por ser uma revisão, a maioria das demonstrações é omitida. O capítulo contém quatro seções. Na primeira, faremos uma revisão dos conceitos elementares da teoria dos conjuntos e, em seguida, da teoria elementar dos números, mais especificamente da aritmética dos inteiros. As duas últimas seções são dedicadas aos conceitos de função, relação e operações binárias.

1.1 Conjuntos

Não há uma definição para o conceito de conjunto, ou seja, não podemos defini-lo a partir de conceitos anteriormente definidos. Um conjunto é uma coleção de objetos na qual a ordem desses objetos não tem importância. Tais objetos são chamados de elementos do conjunto. Em geral, usamos letras maiúsculas para representar conjuntos e letras minúsculas para seus elementos. Se A é um conjunto e x um elemento de A, então escrevemos

$$x \in A,$$

caso contrário,

$$x \notin A.$$

Há várias maneiras de representar um conjunto. Pode ser de maneira explícita, ou seja, descrevendo todos os elementos do conjunto. Por exemplo, se os elementos de A são os números $1,2$ e 3, então A é representado explicitamente da forma

$$A = \{1,2,3\}.$$

Outra forma é representar o conjunto por meio de uma condição pela qual seus elementos são identificados. Nessa representação, o conjunto A é dado por

$$A = \{x \in \mathbb{Z} \mid 1 \leq x \leq 3\},$$

onde $\mathbb{Z}$ é o conjunto dos números inteiros. Outro exemplo é o do conjunto dos números reais menores ou iguais a 2,

$$B = \{x \in \mathbb{R} \mid x \leq 2\},$$

onde $\mathbb{R}$ representa o conjunto dos números reais. São comuns representações do tipo $\{1,2,3,\ldots\}$ para o conjunto dos números inteiros positivos, ou $\{\ldots,-3,-2,-1,0,1,2,3,\ldots\}$ para o conjunto dos números inteiros.

Na descrição de um conjunto, a ordem e a repetição dos elementos não fazem diferença; por exemplo, $\{1,2,4\}$, $\{4,1,2\}$ e $\{1,2,2,1,4\}$ representam o mesmo conjunto.

Diremos que um conjunto é finito se possui um número finito de elementos; caso contrário, é infinito. As notações usuais para o número de elementos de um conjunto A são $|A|$ e $\#A$. O conjunto vazio é o conjunto que não possui nenhum elemento e é denotado[1] por $\{\}$, $\emptyset$ ou $\varnothing$.

Definição 1 Sejam A e B conjuntos. Dizemos que A é subconjunto de B e escrevemos $A \subseteq B$ se todo elemento de A pertence a B, ou seja,

$$\forall x \in A \Rightarrow x \in B.$$

Caso contrário, escrevemos $A \not\subseteq B$.

Outros termos para dizer que A é subconjunto de B são *A está contido em B*, ou *B contém o conjunto A*.

Claramente, $\varnothing \subseteq A$ e $A \subseteq A$ para todo conjunto A. Observem que a relação de inclusão entre conjuntos não satisfaz a lei de tricotomia, ou seja, nem sempre podemos dizer que num par de conjuntos um é subconjunto do outro; por exemplo, $A = \{1,2\}$ e $B = \{1,3\}$.

Definição 2 Sejam A e B conjuntos. Dizemos que eles são iguais se $A \subseteq B$ e $B \subseteq A$. Nesse caso, escrevemos $A = B$.

Se $A \subseteq B$ e $A \neq B$, então dizemos que A é um *subconjunto próprio* de B e escrevemos $A \subsetneq B$ ou $A \subsetneqq B$. É comum usar notações $B \supseteq A$ (respectivamente, $B \supsetneq A$ e $B \supsetneqq A$) em lugar de $A \subseteq B$ (respectivamente, $A \subsetneq B$ e $A \subsetneqq B$).

1.1.1 Operações entre conjuntos

Nesta seção, definiremos as principais operações entre conjuntos, isto é, a construção de conjuntos novos a partir de conjuntos já existentes.

[1] As notações $\emptyset$ ou $\varnothing$ foram inventadas por André Weil, um dos membros do grupo Bourbaki, em 1939.

Definição 3 Sejam X um conjunto e $A, B \subseteq X$. A união de A e B é o conjunto

$$A \cup B := \{x \in X \mid x \in A \text{ ou } x \in B\},$$

e a interseção de A e B é

$$A \cap B := \{x \in X \mid x \in A \text{ e } x \in B\}.$$

Se $A \cap B = \varnothing$, então dizemos que A e B são disjuntos.

A próxima proposição reúne as propriedades da união e da interseção. As demonstrações seguem diretamente da definição.

Proposição 4 Sejam $A, B, C \subseteq X$. Então,

1. $A \subseteq A \cup B$ e $B \subseteq A \cup B$.
2. $A \cap B \subseteq A$ e $A \cap B \subseteq B$.
3. Comutatividade: $A \cup B = B \cup A$ e $A \cap B = B \cap A$.
4. $A \cup \varnothing = A$ e $A \cap \varnothing = \varnothing$.
5. Associatividade:
$$A \cup (B \cup C) = (A \cup B) \cup C,$$
$$A \cap (B \cap C) = (A \cap B) \cap C.$$
6. Distributividade:
$$A \cap (B \cup C) = (A \cap B) \cup (A \cap C),$$
$$A \cup (B \cap C) = (A \cup B) \cap (A \cup C).$$

Pela propriedade (5) na proposição (4), podemos definir a união e a interseção de conjuntos $A_1, \ldots, A_n$, $n \geq 3$, por

$$A_1 \cup \cdots \cup A_n = (A_1 \cup \cdots \cup A_{n-1}) \cup A_n$$

e

$$A_1 \cap \cdots \cap A_n = (A_1 \cap \cdots \cap A_{n-1}) \cap A_n.$$

Mais geralmente podemos definir as operações acima para qualquer família de subconjuntos de X. Seja $I \neq \varnothing$ um conjunto. Para cada $i \in I$ considerem um subconjunto A_i de X. O conjunto $\{A_i \mid i \in I\}$, denotado também por $\{A_i\}_{i \in I}$, é chamado de uma família de subconjuntos de X.

Definição 5 (União e Interseção Generalizadas) Seja $\{A_i\}_{i\in I}$ uma família de subconjuntos de X. Por definição,

$$\bigcup_{i\in I} A_i = \{x \mid \exists i \text{ tal que } x \in A_i\}$$

e

$$\bigcap_{i\in I} A_i = \{x \mid \forall i,\ x \in A_i\}.$$

Definição 6 Sejam $A, B \subseteq X$. A diferença entre A e B é:

$$A \setminus B := \{x \in X \mid x \in A \text{ e } x \notin B\}.$$

O conjunto $A^c := X \setminus A$ é chamado de complementar de A em X.

Na próxima proposição, apresentaremos as propriedades de diferença.

Proposição 7 Sejam $A, B \subseteq X$.

1. $A = B \Longleftrightarrow A^c = B^c$.
2. Leis de Morgan: $(A \cup B)^c = A^c \cap B^c$ e $(A \cap B)^c = A^c \cup B^c$.
3. $A \setminus B = A \cap B^c$.
4. $(A^c)^c = A$.
5. $X^c = \varnothing$ e $\varnothing^c = X$.
6. $A \cap A^c = \varnothing$.
7. $A \cup A^c = X$.

Prova. Como exercícios a cargo dos leitores. □

Definição 8 Sejam $A, B \subseteq X$. A diferença simétrica entre A e B é definida por

$$A \Delta B := (A \setminus B) \cup (B \setminus A).$$

Por exemplo, se $A = \{1,2,3\}$ e $B = \{3,4\}$, então $A\Delta B = \{1,2\} \cup \{4\} = \{1,2,4\}$.

Proposição 9 Sejam $A, B, C \subseteq X$. Então:

1. $A \Delta B = (A \cup B) \setminus (A \cap B)$
2. $A \Delta B = B \Delta A$

3. $A\Delta B = \varnothing \iff A = B$

4. $A\Delta B = X \iff A\cup B = X$ e $A\cap B = \varnothing$. Em particular, $A\Delta A^c = X$

5. $A\Delta(B\Delta C) = \Big(A\cup B\cup C)\setminus((A\cap B)\cup(A\cap C)\cup(B\cap C)\Big)\cup(A\cap B\cap C)$

6. $(A\Delta B)\Delta C = A\Delta(B\Delta C)$

7. $A\Delta B = A \iff B = \varnothing$

8. $A\cap(B\Delta C) = (A\cap B)\Delta(A\cap C)$

9. $(A\cup B)\Delta(A\cup C) \subseteq A\cup(B\Delta C)$

Prova. Os itens 1 a 4 e 7 e 8 seguem diretamente da definição. O item 6 é consequência direta do item 5. □

A propriedade (6) da proposição (9) garante a associatividade da diferença simétrica, e por isso podemos definir a diferença simétrica dos conjuntos $A_1, A_2, \ldots, A_n$ da seguinte forma:

$$A_1\Delta\cdots\Delta A_n := (A_1\Delta\cdots\Delta A_{n-1})\Delta A_n, \quad n \geq 3.$$

1.1.2 Produto Cartesiano

As operações definidas na seção anterior possuem um ponto em comum: a partir de dois subconjuntos de um conjunto X, fornecem um terceiro subconjunto de X, ou seja, o resultado vive no mesmo ambiente[2]. Esse é exatamente o conceito de operação que estudaremos na seção 1.4. A próxima construção possui uma natureza um pouco diferente. Primeiro temos de definir a noção de par ordenado. Essa noção foi apresentada em 1920 por Kuratowski[3].

Definição 10 Sejam X um conjunto e $A, B \subseteq X$. Dados $a \in A$ e $b \in B$, o par ordenado (a,b) é definido por

$$(a,b) := \{\{a\},\{a,b\}\}.$$

Observem a diferença entre o par ordenado (a,b) e o conjunto $\{a,b\}$. Em geral $(a,b) \neq (b,a)$, mas $\{a,b\} = \{b,a\}$. De fato, a ideia de definir um par ordenado é essa. O intuito do Kuratowski foi introduzir a noção de ordem na teoria dos conjuntos. Vejam a próxima proposição.

[2]Comparem isso com as operações usuais entre números, entre matrizes etc.

[3]Kazimierz Kuratowski, matemático polonês, 1896-1980.

Proposição 11 Dois pares (a,b) e (c,d) são iguais, se, e somente se, $a = c$ e $b = d$.

Prova. Segue diretamente da definição. Separem os casos em que $a = b$ e $a \neq b$. □

Podemos generalizar a noção de pares ordenados para n-ulpas ordenadas para todo $n \geq 3$. O primeiro passo é definir uma tripla ordenada. A próxima proposição é necessária para isso.

Proposição 12 Sejam $A,B,C \subseteq X$ e $a \in A$, $b \in B$ e $c \in C$. Então, $(a,(b,c)) = ((a,b),c)$.

Prova. Segue diretamente da definição. □

Pela proposição (12), podemos definir uma tripla ordenada por

$$(a,b,c) = ((a,b),c),$$

e, mais geralmente, uma n-upla ordenada

$$(a_1,\ldots,a_n) := ((a_1,\ldots,a_{n-1}),a_n), \quad n \geq 3.$$

A noção de par ordenado ou mais geralmente n-upla ordenada é o ingrediente principal para definir o produto cartesiano de conjunto. Mas antes seria interessante observar onde vive um par ordenado, ou seja, observar qual é o conjunto ao qual (a,b) pertence. Pela definição,

$$(a,b) = \{\{a\},\{a,b\}\}.$$

Os elementos a e b pertencem a A e B, respectivamente. Então, podemos considerá-los como elementos de $A \cup B$, ou seja, $\{a\},\{a,b\} \subseteq A \cup B$. Portanto, (a,b) é um conjunto cujos elementos são subconjuntos de $A \cup B$. Em outras palavras, estamos falando de um conjunto de subconjuntos de um conjunto. Essa noção é formalizada na seguinte definição:

Definição 13 Seja A um conjunto. O conjunto de todos os subconjuntos de A é chamado de conjunto das partes de A ou conjunto de potência de A e é denotado por $\mathscr{P}(A) := \{Y \mid Y \subseteq A\}$, ou 2^A.

Por exemplo, se $A = \{1,2\}$, então $\mathscr{P}(A) = \{\varnothing,\{1\},\{2\},\{1,2\}\}$.

Observações 14

- Pelo fato de que $\varnothing \subseteq A$ para todo conjunto A, concluímos que sempre $\varnothing \in \mathscr{P}(A)$, ou $\{\varnothing\} \subseteq \mathscr{P}(A)$. Isto é, $\mathscr{P}(A)$ nunca é vazio.

- Se $\#A = n$, então $\#\mathscr{P}(A) = 2^n$.

Proposição 15 Sejam A e B conjuntos. Então

$$A \subseteq B \Leftrightarrow \mathscr{P}(A) \subseteq \mathscr{P}(B).$$

Prova. Se $A \subseteq B$, então, para todo subconjunto de A é claramente subconjunto de B; logo, $\mathscr{P}(A) \subseteq \mathscr{P}(B)$. Reciprocamente, se $\mathscr{P}(A) \subseteq \mathscr{P}(B)$, então de $A \in \mathscr{P}(A)$ concluímos que $A \in \mathscr{P}(B)$, ou seja, $A \subseteq B$. □

Agora voltamos a nossa pergunta anterior. Já observamos que (a,b) é um conjunto formado por subconjuntos de $A \cup B$. Pela definição (13), $\{a\}, \{a,b\} \in \mathscr{P}(A \cup B)$ ou $\{\{a\}, \{a,b\}\} \subseteq \mathscr{P}(A \cup B)$, que por sua vez é equivalente a $\{\{a\}, \{a,b\}\} \in \mathscr{P}(\mathscr{P}(A \cup B))$. Então

$$(a,b) \in \mathscr{P}(\mathscr{P}(A \cup B)).$$

Definição 16 Sejam A e B conjuntos. O produto cartesiano de A e B é

$$A \times B := \{(a,b) \mid a \in A \text{ e } b \in B\}.$$

Em geral, o produto cartesiano dos conjuntos $A_1, \ldots, A_n$ é definido por

$$A_1 \times \cdots \times A_n := \prod_{i=1}^{n} A_i = \{(a_1, \ldots, a_n) \mid a_i \in A_i, \forall i = 1, \ldots, n\}.$$

É comum denotar o produto cartesiano $\underbrace{A \times \cdots \times A}_{n \text{ vezes}}$ por A^n. O termo cartesiano vem do nome René Descartes[4], um dos inventores[5] da geometria analítica.

Por exemplo, se $A = \{a,b\}$ e $B = \{c\}$, então $A \times B = \{(a,c), (b,c)\}$. Se $A = B = \mathbb{R}$, então teremos $\mathbb{R} \times \mathbb{R} = \mathbb{R}^2$, que geometricamente é o plano cartesiano que conhecemos na geometria analítica.

1.1.3 Diagrama de Venn

Uma ferramenta útil para visualizar as propriedades de conjuntos é utilizar os diagramas de Venn[6]. Sejam X um conjunto e $A, B \subseteq X$. A figura (1.1) mostra todas as configurações possíveis dos conjuntos A e B: na configuração (i) são disjuntos, em (ii) possuem elementos em comum e

[4] René Descartes, físico, filósofo e matemático francês, 1596-1650.

[5] O outro foi Pierre de Fermat, magistrado, matemática e cientista francês, 1607-1665.

[6] John Venn, matemático inglês, 1834-1923.

em (iii) um é subconjunto do outro. Vale observar que a configuração (iii) de fato tem dois casos: $A \subseteq B$ e $B \subseteq A$, e, dependendo do problema, devemos considerá-los separadamente. Ou seja, se quisermos verificar todas as possibilidades de alguma propriedade sobre dois conjuntos, deveremos considerar as quatro possibilidades, a não ser que haja simetria entre A e B na afirmação, i.e., se trocando A por B e vice-versa a afirmação continuar a mesma.

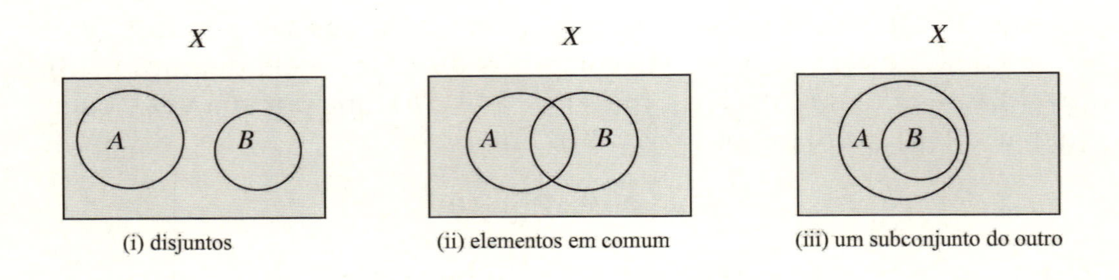

Figura 1.1: diagramas de Venn para dois conjuntos

Observem que esses diagramas não são eficientes para fazer demonstrações, pois, dependendo do número dos conjuntos, teremos muitas configurações, ou seja, muitos casos para verificar. Por exemplo, no caso de três conjuntos, a menos de simetria, há nove possibilidades.

Exercícios

1. Sejam $A, B, C \subseteq X$.

   (a) Se para todo $B \subseteq X$, $A \cap B = \varnothing$, então $A = \varnothing$.

   (b) Se para todo $B \subseteq X$, $A \cup B = X$, então $A = X$.

   (c) Se $A \Delta B = A \Delta C$, então $B = C$.

2. Sejam $A, B \subseteq X$. Provem que são equivalentes:

   (a) $A \subseteq B$

   (b) $A \cap B^c = \varnothing$

   (c) $A \cup B = B$

   (d) $B^c \subseteq A^c$

(e) $A \cap B = A$

(f) $A \cup (B \setminus A) \subseteq B$

3. Sejam $A, B \subseteq X$. Provem:

   (a) $(A\Delta B)^c = (A^c \cap B^c) \cup (A \cap B) = (A^c \cap B^c)\Delta(A \cap B)$

   (b) $A\Delta B = X \Leftrightarrow A = B^c$

   (c) $A \subseteq B \Leftrightarrow A\Delta B = B \setminus A$

4. Deem um exemplo para mostrar que no item (9) da proposição (9) a inclusão é própria, ou seja, que em geral não teremos a igualdade.

5. Mostrem que $A_1\Delta A_2\Delta\cdots\Delta A_n$ consiste em elementos que pertencem a um número ímpar dos conjuntos $A_1\Delta A_2\Delta\cdots\Delta A_n$. Usando esse fato, desenhem o diagrama de Venn de $A_1\Delta A_2\Delta A_3$ no caso em que $A_i \cap A_j \neq \varnothing$ para todo i e j. (Dica: por indução.)

6. Em cada item, determinem o conjunto da potência.

   (a) $A = \{1\}$

   (b) $D = \{\varnothing, \{\varnothing, \{\varnothing\}\}$

   (c) $B = \{1, \{1\}\}$

   (d) $E = \{\varnothing, F\}$, $F \neq \varnothing$ é um conjunto.

   (e) $C = \{\varnothing\}$

7. Sejam $A, B \subseteq X$. Mostrem que

   (a) $\mathscr{P}(A \cap B) = \mathscr{P}(A) \cap \mathscr{P}(B)$

   (b) $\mathscr{P}(A) \cup \mathscr{P}(B) \subsetneq \mathscr{P}(A \cup B)$

   (c) Verifiquem se, em geral, há alguma relação de inclusão entre $\mathscr{P}(A\Delta B)$ e $\mathscr{P}(A)\Delta\mathscr{P}(B)$.

   (d) Verifiquem se, em geral, há alguma relação de inclusão entre $\mathscr{P}(A \setminus B)$ e $\mathscr{P}(A) \setminus \mathscr{P}(B)$.

8. Sejam $\{A_i\}_{i\in I}$ uma família de subconjuntos de X. Mostrem que

   (a) $X \cap (\bigcup_{i\in I} A_i) = \bigcup_{i\in I}(X \cap A_i)$.

   (b) $X \cup (\bigcap_{i\in I} A_i) = \bigcap_{i\in I}(X \cup A_i)$.

   (c) $X \setminus (\bigcup_{i\in I} A_i) = \bigcap_{i\in I}(X \setminus A_i)$.

   (d) $X \setminus (\bigcap_{i\in I} A_i) = \bigcup_{i\in I}(X \setminus A_i)$.

9. Sejam $A,B,C,D \subseteq X$. Provem:

   (a) $(A\times C)\cup(B\times D)\subseteq(A\cup B)\times(C\cup D)$.

   (b) $(A\bigstar B)\times C=(A\times C)\bigstar(B\times C)$, onde $\bigstar$ é uma das operações $\cap,\cup$, $\setminus$ ou Δ.

   (c) $A\times B=\varnothing \Leftrightarrow A=\varnothing$ ou $B=\varnothing$.

   (d) $(C\times D)\setminus(A\times B)=(C\times(D\setminus B))\cup((C\setminus A)\times D)$.

   (e) Se $A\subseteq C$ e $B\subseteq D$, então $A\times B\subseteq C\times D$. Se $A\times B\neq\varnothing$, então vale a recíproca. Deem um exemplo para mostrar que a hipótese $A\times B\neq\varnothing$ é necessária.

   (f) Se $E\subseteq C\times D$, então existem $A\subseteq C$ e $B\subseteq D$ tais que $E=A\times B$?

   (g) Se $A\times B=C\times D\neq\varnothing$, então $A=C$ e $B=D$.

10. Desenhem, a menos de simetria, todas as configurações possíveis do diagrama de Venn para três conjuntos.

11. Sejam $A_1,A_2,\ldots$ conjuntos. Mostrem que existem conjuntos $B_1,B_2,\ldots$ dois a dois disjuntos tais que $B_i\subseteq A_i$ para todo i e $\bigcup_i A_i=\bigcup_i B_i$.

1.2 Aritmética dos Inteiros

Na teoria básica dos números, que basicamente estuda a teoria dos números no conjunto dos números inteiros, a indução finita possui um papel fundamental. Por isso, iniciaremos esta seção com esse tópico.

Usaremos as seguintes notações: $\mathbb{R}$ para o conjunto dos números reais, $\mathbb{Q}$ para o conjunto dos números racionais, $\mathbb{Z}$ para o conjunto dos números inteiros, e $\mathbb{N}$ para os números naturais, i.e., os números inteiros não negativos. Para representar os números positivos desses conjuntos, usaremos as notações $\mathbb{R}^+,\mathbb{Q}^+$ e $\mathbb{Z}^+$.

1.2.1 Indução Finita e Princípio da Boa Ordem

Uma ferramenta muito útil nas demonstrações dos resultados que envolvem números inteiros é o teorema de indução finita. O objetivo desta seção é estudar esse teorema.

Definição 17 Seja $\varnothing\neq A\subseteq\mathbb{R}$. Diremos que A é limitado inferiormente (respectivamente, superiormente), se existe $r\in\mathbb{R}$ tal que para todo $a\in A, r\leq a$ (respectivamente, $a\leq r$). Um conjunto é limitado se é limitado inferiormente e superiormente.

Por exemplo, $\mathbb{N}$ é limitado inferiormente; basta tomar $r = 0$; o intervalo $]1,2[$ é limitado inferiormente; basta tomar $r = 1$; e também superiormente; basta tomar $r = 2$. O intervalo $]-3,+\infty[$ é limitado inferiormente, mas não superiormente.

Observem que o número r na definição acima não é necessariamente um elemento de A e também não é único. Os subconjuntos limitados inferiormente ou superiormente dos números inteiros possuem uma propriedade muito importante que é formalizada na seguinte forma:

Princípio da Boa Ordem (P.B.O.) Todo subconjunto não vazio e limitado inferiormente (respectivamente, superiormente) de $\mathbb{Z}$ possui menor (respectivamente, maior) elemento.

Isto é, se $\varnothing \neq A \subseteq \mathbb{Z}$ é limitado inferiormente (respectivamente, superiormente), então

$$\exists m \in A \text{ tal que } \forall a \in A, m \leq a \text{ (respectivamente, } a \leq m).$$

É fácil verificar que nesses casos $m \in A$ é único.

Usando o P.B.O. podemos provar a indução finita. A forma mais usual da indução é dada no seguinte teorema:

Teorema 18 (Indução Finita) Seja $P(n)$ uma sentença associada a cada $n \in \mathbb{Z}$. Se

1. existe $n_0 \in \mathbb{Z}$ tal que $P(n_0)$ é verdadeira,

2. $P(k)$ é verdadeira implica que $P(k+1)$ é verdadeira, $k \geq n_0$,

então $P(n)$ é verdadeira para todo $n \in \mathbb{Z}$ tal que $n \geq n_0$.

Prova. Seja, por absurdo,

$$\exists n \in \mathbb{Z}, n > n_0, \text{ tal que } P(n) \text{ não é verdadeira.}$$

Então

$$\mathscr{V} := \{n \in \mathbb{N} \mid n > n_0 \text{ e } P(n) \text{ não é verdadeira}\} \neq \varnothing.$$

Portanto, pelo P.B.O, possui o menor elemento. Seja $m = \min \mathscr{V}$. Isto é, $m - 1 \notin \mathscr{V}$, ou seja, $P(m-1)$ é verdadeira. Observem que $m > n_0$; logo, $m - 1 \geq n_0$. Portanto, pela hipótese, $P((m-1)+1) = P(m)$ é verdadeira. Mas isso é absurdo. Essa contradição mostra $\mathscr{V} = \varnothing$. Então, $P(n)$ é verdadeira para todo $n \geq n_0$. □

Observações 19

- A condição (1) no teorema (18) é chamada de *primeiro passo da indução*; a validade de $P(k)$ é chamada de *hipótese da indução*; e $P(k+1)$ é a *tese da indução*.

- O teorema (18) vale se $P(n)$ for uma sentença associada a um subconjunto $A \neq \varnothing$ de $\mathbb{Z}$. Nesse caso, $n_0 \in A$.

- Outra forma de indução é dada pela substituição da condição (2) no teorema (18) por

  (2)′ Dado $r > n_0$, se $P(k)$ é verdadeira para todo k, $n_0 \leq k < r$, então $P(r)$ também é verdadeira.

- O que fizemos aqui foi assumir o P.B.O e mostrar o teorema de indução. É possível fazer a recíproca, ou seja, assumir a indução como princípio e a partir disso mostrar o P.B.O. Isto é, a indução e o P.B.O são equivalentes.

Exemplos 20

1. Para todo $n \in \mathbb{N}$, $1+\cdots+n = \frac{n(n+1)}{2}$.

   Nesse caso, o primeiro passo é óbvio: $1 = \frac{1+1}{2}$. Agora mostraremos que de $1+\cdots+k = \frac{k(k+1)}{2}$ concluiremos $1+\cdots+k+(k+1) = \frac{(k+1)(k+2)}{2}$. Pela hipótese da indução

$$1+\cdots+k+(k+1) = \frac{k(k+1)}{2} + (k+1) = \frac{k(k+1)+2(k+1)}{2} = \frac{(k+1)(k+2)}{2}.$$

   Portanto, pelo teorema da indução finita para todo $n \in \mathbb{N}$, $1+\cdots+n = \frac{n(n+1)}{2}$.

2. A soma dos ângulos internos de um polígono convexo de n lados é $(n-2)\cdot 180°, n \geq 3$.

   Nesse caso, $P(n)$ é a afirmação acima. O primeiro passo da indução é

   $P(3)$: *soma dos ângulos internos de um triângulo é* $(3-2)\cdot 180° = 180°$.

   Essa afirmação é um fato conhecido da geometria euclidiana. Sejam $k \geq 3$ e $P(k)$ válida. Considerem o polígono convexo $A_1A_2\cdots A_kA_{k+1}$

com $k+1$ lados e tracem o segmento A_2A_{k+1}; vejam a figura (1.2). Dessa forma, o polígono $A_2\cdots A_kA_{k+1}$ é convexo e possui k lados. Observem que

$$\begin{gathered}\textit{soma dos ângulos internos de } A_1A_2\cdots A_kA_{k+1} = \\ \textit{soma dos ângulos internos de } A_2A_3\cdots A_kA_{k+1}+ \\ \textit{soma dos ângulos internos de } \Delta A_1A_2A_{k+1}.\end{gathered}$$

Pela hipótese da indução, a primeira parcela dessa soma é $(k-2)\cdot 180^\circ$. Portanto,

$$\begin{aligned}\textit{soma dos ângulos internos de } A_1A_2\cdots A_kA_{k+1} &= (k-2)\cdot 180^\circ + 180^\circ \\ &= \underbrace{(k-1)}_{(k+1)-2}\cdot 180^\circ.\end{aligned}$$

Portanto, $P(k+1)$ também é válido. Então, pelo teorema da indução, $P(n)$ é válida para todo $n \geq 3$.

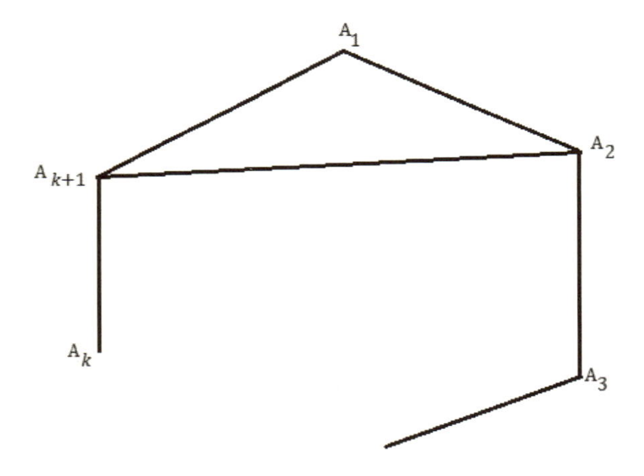

Figura 1.2: polígono convexo de $k+1$ lados

3. O número dos diagonais de um polígono convexo de n lados é $\frac{n(n-3)}{2}$, $n \geq 3$.

   Nesse caso, $P(n)$ é a afirmação acima. O primeiro passo da indução é

$$P(3): \textit{números dos diagonais de um triângulo é } \frac{3(3-3)}{2} = 0,$$

o que é óbvio. Sejam $k \geq 3$ e $P(k)$ válida. Vejam a figura (1.2). O polígono $A_2 \cdots A_k A_{k+1}$ é convexo e possui k lados. Pela hipótese da indução, possui $\frac{k(k-3)}{2}$ diagonais. Para contar o número dos diagonais de $A_1 A_2 \cdots A_k A_{k+1}$, além dos diagonais de $A_2 \cdots A_k A_{k+1}$, devemos considerar os $k-2$ diagonais $A_1 A_3, \ldots, A_1 A_k$ e também $A_2 A_{k+1}$. Portanto, o número total é

$$\frac{k(k-3)}{2} + (k-2) + 1 = \frac{(k+1)\overbrace{(k-2)}^{(k+1)-3}}{2}.$$

Isto é, $P(k+1)$ é válida. Então, pelo teorema da indução, $P(n)$ é válida para todo $n \geq 3$.

1.2.2 Divisibilidade

Definição 21 Sejam $a, b \in \mathbb{Z}$. Dizemos que a divide b ou a é um divisor de b, se existe $q \in \mathbb{Z}$ tal que $b = a \cdot q$. Nesse caso, escrevemos $a \mid b$. Caso contrário, escrevemos $a \nmid b$.

Por exemplo, $2 \mid 4, -3 \mid 6, -4 \mid -8, 5 \mid -10, 3 \nmid 5, 2 \mid 0$.

Na próxima proposição, veremos as principais propriedades da divisibilidade.

Proposição 22 Sejam $a, b, c, d \in \mathbb{Z}$.

1. $1 \mid a, -1 \mid a, a \mid 0, a \mid a$.

2. Se $a \mid b$, então $\pm a \mid \pm b$.

3. Se $a \mid b, b \neq 0$, então $|a| \leq |b|$.

4. Se $a|b$ e $b|a$, então $a = \pm b$.

5. Se $a \mid b$, então $a \mid bc$.

6. Se $a \mid b$ e $b \mid c$, então $a \mid c$.

7. Se $a \mid b$ e $a \mid c$, então $a \mid b \pm c$.

8. Se $a \mid b$ e $c \mid d$, então $ac \mid bd$. Em particular, $ac \mid bc$.

Prova. Todas as afirmações seguem diretamente da definição. □

Corolário 23 Sejam $a,b,c,r,s \in \mathbb{Z}$. Se $a \mid b$ e $a \mid c$, então $a \mid rb + sc$

Prova. Segue diretamente da proposição (22). □

Pela definição e pelas propriedades acima, todo número inteiro a possui pelo menos quatro divisores: ± 1 e $\pm a$. Há números que não possuem mais divisores. Como veremos nos próximos resultados, esses números possuem um papel fundamental no conjunto dos números inteiros e também propriedades que não satisfazem a todo inteiro. Por isso, daremos a eles um nome.

Definição 24 Seja $p > 1$ um inteiro positivo. Dizemos que p é um número primo se seus únicos divisores positivos são 1 e p.

O primeiro resultado sobre os números primos é o próximo teorema. Esse teorema basicamente afirma que os números primos *geram* o conjunto dos números inteiros.

Teorema 25 (Teorema Fundamental da Aritmética) Seja $b \in \mathbb{Z} \setminus \{0, \pm 1\}$. Então existem, a menos de ordem, únicos números primos $p_1, \ldots, p_n$ tais que $b = \pm p_1 \cdots p_n$.

Prova. Mostraremos a existência por indução. Seja $b > 0$. Para $b < 0$, basta fazer a prova para $-b$. O primeiro passo da indução é verificar a existência da fatoração para $b = 2$, que é óbvia. Sejam $b > 2$ e todos os inteiros menores que b possuam fatoração. Se b for primo, então não há nada a provar. Se não for primo, então existem $2 \leq r, s < b$ tais que $b = rs$. Pela hipótese da indução, r e s possuem fatoração em primos, portanto b também terá. Então, pelo teorema da indução, todo inteiro $b \in \mathbb{Z} \setminus \{0, \pm 1\}$ possui fatoração em primos. A prova da unicidade será apresentada na seção 1.2.4.1. □

A representação de um inteiro b por produto de números primos, garantida pelo teorema (25), é chamada de *fatoração* de b. Esse teorema basicamente garante a existência e a unicidade de fatoração dos números inteiros em termo de produto de números primos. Observem que os sinais "$\pm$" aparecem de acordo com o sinal de b. É possível que alguns primos na representação $b = \pm p_1 \cdots p_n$ sejam iguais. Então, podemos escrever $b = \pm p_1^{k_1} \cdots p_m^{k_m}$, onde $p_1, \ldots, p_m$ são primos distintos e $k_1, \ldots, k_m$ são inteiros positivos. Portanto, podemos apresentar o teorema (25) da seguinte forma:

Teorema 25′ Teorema Fundamental da Aritmética. Seja $b \in \mathbb{Z} \setminus \{0, \pm 1\}$. Então existem, a menos de ordem, únicos números primos distintos $p_1, \ldots, p_m$ e únicos inteiros positivos $k_1, \ldots, k_m$ tais que $b = \pm p_1^{k_1} \cdots p_m^{k_m}$.

Por exemplo, $6 = 2 \cdot 3$, $24 = 2^3 \cdot 3$, $-35 = -5 \cdot 7$ e $19 = 19$.

Corolário 26 Seja $b \in \mathbb{Z} \setminus \{0\}$. Então existem únicos $n \in \mathbb{Z}^{\geq 0}$ e $m \in \mathbb{Z}$, $2 \nmid m$, tais que $b = 2^n \cdot m$.

Prova. É uma consequência direta do teorema (25); veja exercício (9).

O conjunto dos números inteiros é um conjunto infinito, e, pelo teorema (25), por meio de multiplicação dos primos, podemos gerar todos os números inteiros. Portanto, faz sentido perguntarmos se há um número finito de números primos ou não. A resposta é dada no próximo resultado.

Teorema 27 (Euclides) O conjunto dos números primos é infinito.

Prova. Suponham, por absurdo, que haja apenas um número finito de números primos, a saber $p_1 = 2, p_2, \ldots, p_n$. Seja $a := p_1 \cdots p_n + 1$. Então, $a > 2$ e pelo teorema (25) possui fatoração:

$$a = {p_1}^{m_1} \cdots {p_n}^{m_n}, \quad m_1, \ldots, m_n \in \mathbb{N}.$$

Como $a > 2$, existe algum $m_i > 0$ e portanto $p_i \mid a = p_1 \cdots p_n + 1$. Além disso, $p_i | p_1 \cdots p_n$; logo,

$$p_i \mid (p_1 \cdots p_n + 1) - p_1 \cdots p_n = 1.$$

Mas isso é absurdo, pois p_i é um número primo e por definição $p_i > 1$. Essa contradição garante que existe um número infinito de número primos. □

Há vários problemas em torno dos números primos: verificar se um número é primo, se há algum algoritmo para gerar números primos, entre outros. Esses problemas são objetos de pesquisas até hoje.

1.2.3 Algoritmo da Divisão de Euclides

Na seção 1.2.2 vimos o conceito da divisibilidade e suas propriedades. Pela definição, é *raro* termos $a \mid b$ para dois inteiros. De fato, isso implica que a é um divisor de b e pelo teorema fundamental de aritmética b possui apenas um número finito de divisores; ou, se olharmos para a, o inteiro b deve ser da forma ka para algum $k \in \mathbb{Z}$, isto é, possui uma forma *específica*. Por isso faremos a seguinte pergunta: Dados os inteiros a e b, existe alguma relação entre eles? A resposta é dada pelo algoritmo da divisão, que, por sua vez, é um dos resultados mais importantes no conjunto dos números inteiros.

Teorema 28 (Algoritmo da Divisão de Euclides) Sejam $a, b \in \mathbb{Z}$ e $b \neq 0$. Então existem únicos $q, r \in \mathbb{Z}$ tais que $a = bq + r$ e $0 \leq r < |b|$.

Prova. Primeiro mostraremos a existência. Claramente a afirmação é válida nos seguintes casos:

- se $a = 0$, pois $0 = 0 \cdot b + 0$, ou seja, $q = r = 0$,
- se $|b| = 1$, pois $a = (\pm a) \cdot (\pm 1) + 0$, ou seja, $q = a$ ou $q = -1$ e $r = 0$.

Então suponham $|b| > 1$. Analisaremos os casos $a > 0$ e $a < 0$ separadamente.

- $a > 0$.

  Se $a < |b|$, então, $a = 0 \cdot b + a$, ou seja, $q = 0$ e $r = a$. Se $a \geq |b|$, então existe $n \in \mathbb{N}$ tal que $n|b| \leq a < (n+1)|b|$; logo, $0 \leq a - n|b| < |b|$. Para mostrar isso, basta considerar

  $$\mathscr{R} := \{n \in \mathbb{N} \mid a - n|b| \geq 0\}.$$

  Observamos que $0 \in \mathscr{R}$, portanto $\mathscr{R} \neq \varnothing$. Além disso,

  $$n > a \Rightarrow a - n|b| < a - a|b| = a(1 - |b|) < 0,$$

  ou seja, se $n \in \mathscr{R}$, então $n \leq a$. Isto é, $\mathscr{R}$ é limitado superiormente, portanto pelo P.B.O possui maior elemento. Ou seja, existe $n_0 \in \mathbb{N}$ tal que

  $$a - n_0|b| \geq 0, \quad a - (n_0 + 1)|b| < 0.$$

  Então, $n_0|b| \leq a < (n_0 + 1)|b|$. Tomem $r := a - n_0|b|$. Então, $a = n_0|b| + r$ e $0 \leq r < |b|$. Isto é, nesse caso, $r = a - n_0|b|$ e $q = n_0$ se $b > 0$ e $q = -n_0$ se $b < 0$.

- $a < 0$.

  Da forma análoga,

  $$\exists n \in \mathbb{N} \text{ tal que } -(n+1)|b| \leq a < -n|b| \Rightarrow 0 \leq a + (n+1)|b| < |b|.$$

  Tomem $r = a + (n+1)|b|$. Então, $a = -(n+1)|b| + r$ e $0 \leq r < |b|$. Isto é, nesse caso, $r = a + (n+1)|b|$ e $q = -(n+1)$ se $b > 0$ e $q = (n+1)$ se $b < 0$.

Para a unicidade, suponham que $a = bq + r = bq' + r'$ e $0 \leq r, r' < |b|$. Então, $b(q - q') = r' - r$; logo, $b \mid r - r'$. Como $|r' - r| < |b|$, concluímos $r' - r = 0$, ou $r' = r$; logo, $q = q'$. □

Exemplos 29

1. Se $b = 3$, há três possíveis casos para um inteiro a: $3q$, $3q+1$ ou $3q+2$, onde $q \in \mathbb{Z}$. Isso implica que, entre três números consecutivos, exatamente um deles é múltiplo de 3. Para verificarem isso, considerem os números consecutivos $a, a+1, a+2$. Se a for da forma $3q$, então $a+1 = 3q+1$ e $a+2 = 3q+2$, portanto somente a é múltiplo de 3. Se a for da forma $3q+1$, então somente $a+2 = 3q+3 = 3(q+1)$ é múltiplo de 3; e se a for da forma $3q+2$, então somente $a+1 = 3q+3 = 3(q+1)$ é múltiplo de 3. Em particular, concluímos que o produto de três números consecutivos é sempre múltiplo de três. Para o caso geral, vejam o exercício (11).

2. Há quatro possibilidades na divisão de $p \in \mathbb{Z}$ por 4:
$$4q,\ \ 4q+1,\ \ 4q+2,\ \ 4q+3.$$
Se p for um número primo ímpar, então os casos $4q = 2 \cdot 2q$ e $4q+2 = 2(2q+1)$ são impossíveis. Portanto, um número primo ímpar é da forma $4q+1$ ou $4q+3$.

3. Mostramos que todo quadrado perfeito, i.e., um número inteiro positivo da forma b^2 é da forma $4k$ ou $4k+1$.

   Pelo algoritmo da divisão, todo inteiro b é da forma $2q$ ou $2q+1$. No primeiro caso,
$$b = 2q \Rightarrow b^2 = 4\underbrace{q^2}_{k} = 4k.$$
   No segundo caso,
$$b = 2q+1 \Rightarrow b^2 = 4q^2+4q+1 = 4\underbrace{(q^2+q)}_{k}+1 = 4k+1.$$
   Isso significa que um número da forma $4k+2$ ou $4k+3$ não pode ser quadrado perfeito.

1.2.4 Maior Divisor Comum e Menor Múltiplo Comum

1.2.4.1 Maior Divisor Comum

Ao trabalhar com um número racional $\frac{a}{b}$ é comum simplificá-lo e obter um número racional $\frac{r}{s}$ tal que $\frac{r}{s} = \frac{a}{b}$ e que r e s não possuam fatores em comum. Por exemplo,
$$\frac{4}{18} = \frac{2}{9},\ \ \frac{-5}{15} = \frac{-1}{3},\ \ \frac{8}{-20} = \frac{2}{-5},\ \ \frac{12}{60} = \frac{6}{30} = \frac{1}{5}.$$

Na prática, o que acontece nesse processo é considerar o maior inteiro d que seja divisor comum de a e b e dividi-los por d.

Definição 30 Sejam $a, b \in \mathbb{Z}$. Um número inteiro d é maior ou máximo divisor comum de a e b se

1. $d \mid a$ e $d \mid b$,

2. se $d' \in \mathbb{Z}$ tal que $d' \mid a$ e $d' \mid b$, então $d' \mid d$,

3. $d \geq 0$.

Nesse caso, escrevemos $d = \text{mdc}(a, b)$, ou simplesmente $d = (a, b)$.

Por exemplo, $(6, 20) = 2, (-6, 15) = 3, (-12, -30) = 6$ e $(4, 9) = 1$.

Definição 31 Dizemos que a e b são primos entre si ou relativamente primos se $(a, b) = 1$.

Observem que números primos entre si não são necessariamente primos. Por exemplo, 4 e 9 são primos entre si, mas nenhum deles é primo. Mas dois números primos distintos são primos entre si.

Pelas propriedades de divisibilidade, é fácil verificar que maior divisor comum, caso exista, é único, por isso diremos *o* maior divisor comum. Portanto, precisamos mostrar sua existência em geral. Antes observaremos alguns fatos simples.

Observações 32 Sejam $a, b \in \mathbb{Z}$. Então

1. $(a, 0) = |a|$, em particular, $(0, 0) = 0$.

2. O maior divisor comum não depende do sinal dos números, i.e., $(a, b) = (|a|, |b|)$.

Pelas observações acima, basta mostrar a existência de maior divisor comum para números positivos. Sejam $a, b \in \mathbb{Z}^+$. Considerem o conjunto

$$\mathscr{D} := \{ra + sb \mid r, s \in \mathbb{Z},\ ra + sb > 0\}.$$

Pela hipótese, $a = 1 \cdot a + 0 \cdot b \in \mathscr{D}$; logo, $\mathscr{D} \neq \varnothing$, e pela definição, $\mathscr{D} \subseteq \mathbb{N}$. Então, pelo P.B.O possui menor elemento. Seja $d = r_0 a + s_0 b \in \mathscr{D}$ o menor elemento. Mostraremos que $d \mid a$ e $d \mid b$. Como d é o menor elemento de $\mathscr{D}$ e $a \in \mathscr{D}$, concluímos $d \leq a$. Pelo algoritmo da divisão,

$$a = dq + r, \quad q \in \mathbb{Z}, 0 \leq r < d.$$

Então

$$a = (r_0 a + s_0 b)q + r \Rightarrow r = (1 - r_0 q)a + (-s_0 q)b.$$

Se $r > 0$, então $r \in \mathscr{D}$, mas pela minimalidade de d isso é impossível, pois $r < d$. Portanto, $r = 0$, ou seja, $d \mid a$. Da forma análoga, $d \mid b$. Portanto, d é um divisor comum de a e b. Agora seja $d' \in \mathbb{Z}$ tal que $d' \mid a$ e $d' \mid b$. Pelas propriedades de divisibilidade, $d' \mid r_0 a + s_0 b = d$. Então concluímos que d satisfaz a todas as condições da definição (30), portanto o maior divisor comum de a e b existe. Dessa forma, além da existência, acabamos de provar o seguinte teorema:

Teorema 33 (Bézout)[7] Sejam $a, b \in \mathbb{Z}$ e $d = (a, b)$. Então existem $r, s \in \mathbb{Z}$ tais que $d = ra + sb$.

Observação 34 Os inteiros r e s no teorema de Bézout não são únicos. Por exemplo,

$$(6, 15) = 3 = 3 \cdot 6 + (-1) \cdot 15 = 8 \cdot 6 + (-3) \cdot 15.$$

A recíproca do teorema de Bézout vale somente quando $d = 1$.

Corolário 35 Dois inteiros a e b são relativamente primos, se, e somente se, existem $r, s \in \mathbb{Z}$ tais que $ra + sb = 1$.

Prova. Exercício! □

Lembrem que de $a \mid bc$, em geral, não podemos concluir que $a \mid b$ ou $a \mid c$. Por exemplo, $6 \mid 4 \cdot 3$ e $6 \nmid 4$ e $6 \nmid 3$. Se a é um número primo, pelo teorema fundamental de aritmética podemos concluir $a \mid b$ ou $a \mid c$. Mais geralmente temos o seguinte resultado:

Corolário 36 Sejam $a, b, c \in \mathbb{Z}$ tais que $a \mid bc$ e $(a, b) = 1$. Então $a \mid c$.

Prova. Pela hipótese e pelo corolário (35) existem $r, s \in \mathbb{Z}$ tais que $ra + sb = 1$. Então $rac + sbc = c$. Pela hipótese $a \mid bc$, então $a \mid sbc$. Além disso, $a \mid rac$, portanto $a \mid rac + sbc = c$. □

Em particular,

Corolário 37 Sejam $a, b \in \mathbb{Z}$ e p um primo tais que $p \mid ab$. Então $p \mid a$ ou $p \mid b$.

Por indução, esse corolário pode ser generalizado para um número finito de inteiros. Seja $a_1, \ldots, a_n \in \mathbb{Z}$ e p um primo tais que $p \mid a_1 \cdots a_n$, então $p \mid a_i$ para algum $1 \leq i \leq n$. Esse corolário é o resultado de que precisávamos para mostrar a unicidade da fatoração no teorema fundamental de aritmética (teorema (25)).

[7] Étienne Bézout, matemático francês, 1730-1783.

Demonstração da unicidade da fatoração dos números inteiros.

Seja $r \in \mathbb{Z} \setminus \{0, \pm 1\}$. Suponha que r possua duas fatorações em primos. Então existem primos distintos $p_1, \ldots, p_n$ e $q_1, \ldots, q_m$ e inteiros positivos $k_1, \ldots, k_n, l_1, \ldots, l_m$ tais que

$$r = \pm p_1^{k_1} \cdots p_n^{k_n} = \pm q_1^{l_1} \cdots q_m^{l_m}.$$

Sem perda da generalidade, podemos supor $n \leq m$. Para todo $1 \leq i \leq n$, $p_i \mid r$, portanto, pelo corolário (37), existe $1 \leq j_i \leq m$ tal que $p_i \mid q_{j_i}$. Como ambos são primos, concluímos $p_i = q_{j_i}$ para todo $1 \leq i \leq n$. Se $k_i > l_{j_i}$, então $p_1^{k_1} \cdots p_i^{k_i - l_{j_i}} \cdots p_n^{k_n} = q_1^{l_1} \cdots q_{j_i-1}^{l_{j_i-1}} q_{j_i+1}^{l_{j_i+1}} \cdots q_m^{l_m}$; logo, p_i é um fator do lado esquerdo dessa igualdade, mas não do lado direito, o que é absurdo. Da forma análoga $k_i < l_{j_i}$ também é impossível, portanto $k_i = l_{j_i}$. Faremos esse argumento para todos os primos $p_1, \ldots, p_n$ e obteremos

$$1 = \prod_{q_k \notin \{p_1, \ldots, p_n\}} q_k^{l_k}.$$

Mas essa igualdade é impossível, pois os q_is são primos. Portanto, $n = m$; logo, a fatoração é única a menos de ordem. □

A seguir, demonstraremos mais consequências do teorema de Bézout.

Corolário 38 Sejam $a, b, c \in \mathbb{Z}$ tais que $a \mid c, b \mid c$, e $(a, b) = 1$. Então $ab \mid c$.

Prova. Pelo teorema de Bézout, existem $r, s \in \mathbb{Z}$ tais que $ra + sb = 1$. Então $rac + sbc = c$. Pela hipótese,

$$a \mid c \Longrightarrow ab \mid bc \Longrightarrow ab \mid sbc$$

e

$$b \mid c \Longrightarrow ab \mid ac \Longrightarrow ab \mid rac.$$

Portanto, $ab \mid rac + sbc$, ou, $ab \mid c$.

Corolário 39 Seja $d > 0$ um divisor comum de $a, b \in \mathbb{Z}$. Então $(a, b) = d$, se, e somente se, $(\frac{a}{d}, \frac{b}{d}) = 1$.

Prova. Se $(a, b) = d$, então, pelo teorema de Bézout, existem $r, s \in \mathbb{Z}$ tais que $ra + sb = d$. Portanto, $r \cdot \frac{a}{d} + s \cdot \frac{b}{d} = 1$. Agora pelo corolário (35) concluímos que $(\frac{a}{d}, \frac{b}{d}) = 1$.
Para a recíproca, seja $(a, b) = d'$. Como d é um divisor comum de a e b,

$$d \mid d' \Rightarrow \exists q \in \mathbb{Z}^+, qd = d' \Rightarrow qd \mid a \text{ e } qd \mid b \Rightarrow q \mid \frac{a}{d} \text{ e } q \mid \frac{b}{d} \Rightarrow q \mid (\frac{a}{d}, \frac{b}{d}) = 1 \Rightarrow q = 1.$$

Isto é, $(a, b) = d' = d$. □

Se pensarmos um pouco, esse corolário faz sentido, pois se d é o maior divisor comum de a e b, ou seja, a maior parte em comum deles, ao dividir não sobra nada em comum!

Proposição 40 Sejam $a,b,c \in \mathbb{Z}$. Então $(ca,cb) = |c|(a,b)$.

Prova. Pela observação (32) podemos supor $c > 0$. Sejam $(a,b) = d$ e $(ca,cb) = d'$. É fácil verificar $cd \mid d'$:

$$(a,b) = d \Rightarrow d \mid a,\ d \mid b \Rightarrow cd \mid ca,\ cd \mid cb \Rightarrow cd \mid (ca,cb) = d'.$$

Em particular, $\frac{d'}{cd} \in \mathbb{N}$. Por outro lado,

$$(ca,cb) = d' \Rightarrow d' \mid ca,\ d' \mid cb \Rightarrow \frac{d'}{cd} \mid \frac{ca}{cd} = \frac{a}{d},\ \frac{d'}{cd} \mid \frac{cb}{cd} = \frac{b}{d} \Rightarrow \frac{d'}{cd} \mid \left(\frac{a}{d}, \frac{b}{d}\right) = 1.$$

Observem que na última conclusão aplicamos o corolário (39). Então $\frac{d'}{cd} = 1$, ou, $d' = cd$. □

Já garantimos que o maior divisor comum sempre existe. Uma maneira de determinar o maior divisor comum de dois números é fatorá-los em termo de fatores primos e considerar o produto dos primos em comum com a menor potência. Esse número será o maior divisor comum; vejam o exercício (24). Por exemplo, para calcular $(36,40)$,

$$36 = 2^2 \cdot 3^2,\ 40 = 2^3 \cdot 5 \Rightarrow (36,40) = 2^2 = 4.$$

Obviamente, esse método não é viável para números grandes, pois o processo de fatoração pode ser muito demorado. A seguir, apresentaremos um algoritmo baseado no algoritmo da divisão. A próxima proposição é a base desse algoritmo.

Proposição 41 Sejam $a,b \in \mathbb{Z} \setminus \{0\}$, $|a| \geq |b|$ e r o resto da divisão de a por b. Então

$$(a,b) = \begin{cases} |b| & \text{se } r = 0, \\ (b,r) & \text{se, } r > 0. \end{cases}$$

Prova. Escrevam $a = bq + r$ e $0 \leq r < |b|$. Se $r = 0$, então $b \mid a$ e $(a,b) = |b|$. Se $r > 0$, sejam $d = (a,b)$ e $d' = (b,r)$. Então

$$d \mid a,\ d|b \Rightarrow d \mid a - bq \Rightarrow d \mid r \Rightarrow d|d'$$

e

$$d' \mid b,\ d' \mid r \Rightarrow d' \mid bq,\ d' \mid a - bq \Rightarrow d' \mid a \Rightarrow d'|d.$$

Então $d = d'$. □

Agora veremos como a proposição (41) fornece um algoritmo para calcular o maior divisor comum de dois inteiros. Sejam $a,b \in \mathbb{Z} \setminus \{0\}$. Pelo algoritmo da divisão

$$a = bq_1 + r_1, \;\; q_1 \in \mathbb{Z}, \; 0 \leq r_1 < |b|.$$

Se $r_1 = 0$, então, pela proposição (41), $(a,b) = |b|$. Caso contrário, aplicaremos o algoritmo da divisão para b e r_1:

$$b = r_1q_2 + r_2, \;\; q_2 \in \mathbb{Z}, \; 0 \leq r_2 < r_1.$$

Se $r_2 \neq 0$, aplicaremos o algoritmo da divisão para r_1 e r_2, e assim por diante. Dessa forma, teremos uma sequência das divisões

$$r_1 = r_2q_3 + r_3, \ldots, \;\; r_{n-2} = r_{n-1}q_n + r_n,$$

onde

$$0 \leq \cdots < r_4 < r_3 < r_2 < r_1 < |b|.$$

Ou seja, os restos formam uma sequência estritamente decrescente de números naturais. Portanto, existe $n \in \mathbb{N}$ tal que $r_n = 0$. Logo, $r_{n-2} = r_{n-1}q_n$. Pela proposição (41),

$$(a,b) = (b,r_1) = (r_1,r_2) = \cdots = (r_{n-2},r_{n-1}) = r_{n-1}.$$

Então acabamos de demonstrar o seguinte algoritmo:

Teorema 42 (Algoritmo de Euclides para calcular mdc) Sejam $a,b \in \mathbb{Z} \setminus \{0\}$, $|a| \geq |b|$. Suponha que $a = bq_1 + r_1, b = r_1q_2 + r_2, r_1 = r_2q_3 + r_3, \ldots, r_{n-2} = r_{n-1}q_n + r_n$ e $r_n = 0$. Então $(a,b) = r_{n-1}$.

Por exemplo,

$$\begin{aligned}(3432,630) &= (630\cdot 5 + 282, 630) = (282,630) = (282, 282\cdot 2 + 66) = (282,66)\\ &= (66\cdot 4 + 18, 66)(18,66) = (18, 18\cdot 3 + 12) = (18,12) = (12\cdot 1 + 6, 12)\\ &= (6,12) = (6, 6\cdot 2 + 0) = 6.\end{aligned}$$

O conceito de maior divisor comum é generalizado para um número finito $a_1, \ldots, a_n$ de inteiros. Para isso precisamos da seguinte propriedade:

Proposição 43 Para todo inteiro $a,b,c \in \mathbb{Z}$,

$$\big(a,(b,c)\big) = \big((a,b),c\big).$$

Prova. A demonstração é simples e basicamente feita pela definição (30) (vejam exercício (10)).

A partir dessa propriedade, definimos:

Definição 44 O maior divisor comum de $a_1, \ldots, a_n \in \mathbb{Z}$ é definido por

$$(a_1, \ldots, a_n) := \big((a_1, \ldots, a_{n-1}), a_n\big), \quad n \geq 3.$$

Dizemos que $a_1, \ldots, a_n$ são primos entre si, se $(a_1, \ldots, a_n) = 1$. Dizemos que $a_1, \ldots, a_n$ são dois a dois primos se $(a_i, a_j) = 1$ para todo $i \neq j$.

Os números inteiros dois a dois primos sempre são primos entre si. Mas a recíproca não vale. Por exemplo, $2, 3$ e 6 são primos entre si, mas não são dois a dois primos.

Observem que poderíamos definir o maior divisor comum de n números igual ao caso de dois números da forma que foi feita na definição (30). A vantagem da definição acima é que não precisamos mostrar a existência e também podemos deduzir facilmente várias propriedades por meio de indução.

Nesse caso, também valem o teorema de Bézout e seus corolários. As demonstrações são feitas por indução sobre n. Observem que os primeiros passos da indução, i.e., verificar para dois inteiros, são de fato os resultados anteriormente mostrados.

Teorema 45 (Bézout) Sejam $a_1, \ldots, a_n \in \mathbb{Z}$. Então existem $r_1, \ldots, r_n \in \mathbb{Z}$ tais que $(a_1, \ldots, a_n) = r_1 a_1 + \cdots + r_n a_n$.

Corolário 46 Sejam $a, a_1, \ldots, a_n \in \mathbb{Z}$ e $(a_1, \ldots, a_n) = d$. Então

1. $d = 1$, se, e somente se, existem $r_1, \ldots, r_n \in \mathbb{Z}$ tais que $r_1 a_1 + \cdots + r_n a_n = 1$.

2. $(a_1, \ldots, a_n) = d$, se, e somente se, $(\frac{a_1}{d}, \ldots, \frac{a_n}{d}) = 1$.

3. se $a_1, \ldots, a_n$ são dois a dois primos e $a_i \mid a$ para todo $1 \leq i \leq n$, então $a_1 \cdots a_n \mid a$.

Observem que o último item do corolário (46) não vale se $a_1, \ldots, a_n$ são primos entre si. Por exemplo:

$$2 \mid 6, 3 \mid 6, 6 \mid 6 \ \text{ e } \ 2 \cdot 3 \cdot 6 \nmid 6.$$

1.2.4.2 Menor Múltiplo Comum

Definição 47 Sejam $a,b \in \mathbb{Z}$. Um número inteiro m é menor múltiplo comum de a e b se

1. $a \mid m$ e $b \mid m$,
2. se $m' \in \mathbb{Z}$ tal que $a \mid m'$ e $b \mid m'$ então $m \mid m'$,
3. $m \geq 0$.

Nesse caso, escrevemos $m = \text{mmc}(a,b)$, ou, $m = [a,b]$

Pelas propriedades de divisibilidade, é fácil verificar que menor múltiplo comum é único, caso exista, por isso diremos *o* menor múltiplo comum. Portanto, precisamos mostrar sua existência em geral. Primeiro observaremos alguns fatos que seguem diretamente da definição (47).

Observações 48 Para todo $a,b \in \mathbb{Z}$,

1. $[a,0] = 0$.
2. $[a,b] = [|a|,|b|]$.

Pelas observações acima, basta mostrar a existência de menor múltiplo comum para números positivos. Sejam $a,b \in \mathbb{Z}^+$. Considerem o conjunto

$$\mathcal{M} := \{ra \mid r \in \mathbb{Z}^+\} \cap \{sb \mid s \in \mathbb{Z}^+\} \subseteq \mathbb{Z}^+.$$

Observem que $ab \in \mathcal{M}$, então $\mathcal{M} \neq \varnothing$. Portanto, pelo P.B.O possui menor elemento. Seja $m = \min \mathcal{M}$. Então $m = aq_1 = bq_2$ para algum $q_1, q_2 \in \mathbb{Z}^+$, i.e., $a \mid m$ e $b \mid m$. Seja $m' \in \mathbb{Z}^+$ tal que $a \mid m'$ e $b \mid m'$. Então $m' \in \mathcal{M}$ e pela minimalidade de m, $m \leq m'$. Pelo algoritmo da divisão $m' = ms + r$, onde $0 \leq r < m$. Se $r > 0$, então $r = m' - ms \in \mathcal{M}$, pois $m, m' \in \mathcal{M}$. Mas $r < m$ e pela minimalidade de m isso é impossível, portanto $r = 0$; logo, $m \mid m'$. Então $m = \min \mathcal{M}$ satisfaz a todas as condições da definição (47). Logo, o menor múltiplo comum sempre existe.

A seguir, veremos alguns resultados para determinar o menor múltiplo comum.

Proposição 49 Sejam $a,b,c \in \mathbb{Z}$, $(a,b) = d$ e $[a,b] = m$.

1. Se $d = 1$, então $m = |ab|$.
2. $[ca,cb] = |c|[a,b]$.

3. $|ab| = md$.

Prova. Pela observção (48) podemos supor $a,b,c > 0$.

1. Pela definição de menor múltiplo comum, $a \mid m$ e $b \mid m$. Se $d = 1$, então pelo corolário (38), $ab \mid m$. Como ab é múltiplo comum de a e b, concluímos $m = ab$.

2. Seja $[ca,cb] = m'$. Então

$$ca \mid m',\ cb \mid m' \Rightarrow a \mid \frac{m'}{c}, b \mid \frac{m'}{c} \Rightarrow m \mid \frac{m'}{c} \Rightarrow cm \mid m'.$$

Por outro lado,

$$a \mid m, b \mid m \Rightarrow ca \mid cm, cb \mid cm \Rightarrow m' \mid cm.$$

Portanto, $cm = m'$, ou, $[ca,cb] = c[a,b]$.

3. É uma consequência dos itens anteriores:

$$(a,b) = d \Rightarrow (\frac{a}{d}, \frac{b}{d}) = 1 \overset{(1)}{\Longrightarrow} [\frac{a}{d}, \frac{b}{d}] = \frac{ab}{d^2} \Rightarrow d^2[\frac{a}{d}, \frac{b}{d}] = ab \Rightarrow d \cdot d[\frac{a}{d}, \frac{b}{d}] = ab.$$

Pelo item (2),

$$d[\frac{a}{d}, \frac{b}{d}] = [d \cdot \frac{a}{d}, d \cdot \frac{b}{d}] = [a,b] = m.$$

Portanto, $md = ab$. □

O item (3) da proposição (49) fornece uma maneira de calcular o menor múltiplo comum de dois números a partir de seu maior divisor comum. Outra forma é dada no exercício (24).

O conceito de menor múltiplo comum pode ser generalizado para um número finito de inteiros. Primeiro observamos que, análogo à proposição (43), temos a seguinte propriedade:

Proposição 50 Para todo inteiro $a,b,c \in \mathbb{Z}$,

$$\big[a,[b,c]\big] = \big[[a,b],c\big].$$

Prova. A demonstração é simples e basicamente feita pela definição (47) (vejam exercício (10)). □

Definição 51 O menor múltiplo comum de $a_1,\ldots,a_n \in \mathbb{Z}$ é definido por

$$[a_1,\ldots,a_n] := \big[[a_1,\ldots,a_{n-1}],a_n\big], \ \ n \geq 3.$$

Observem que poderíamos definir o menor múltiplo comum de n números igual ao caso de dois números da forma que foi feita na definição (47). A vantagem da definição anterior é que não precisamos mostrar a existência e também podemos deduzir várias propriedades facilmente por meio de indução. O item (3) da proposição (49), em geral, não vale para $n > 2$ números. Por exemplo:

$$[2,3,6] = 6,\ (2,3,6) = 1, 6 \cdot 1 \neq 2 \cdot 3 \cdot 6.$$

É fácil verificar que se $a_1, \ldots, a_n$ são dois a dois primos, então $[a_1, \ldots, a_n] = |a_1 \cdots a_n|$.

1.2.5 Equação Diofantina Linear

Um dos problemas na teoria dos números é encontrar soluções inteiras ou racionais de equações polinomiais em duas ou mais variáveis. Esse tipo de equação é chamado de equação diofantina devido às contribuições do matemático grego do século III Diofanto de Alexandria à aritmética e em particular a esse problema. A forma mais simples das equações diofantinas é uma equação linear em duas variáveis. Isto é, uma equação do tipo $ax + by = c$, onde $a, b, c \in \mathbb{Z}$. Observem que essas equações podem ter nenhuma ou infinitas soluções. Por exemplo, a equação $2x + 4y = 5$ não possui nenhuma solução inteira, pois para todo $x, y \in \mathbb{Z}$, $2x + 4y = 2(x + 2y)$ é sempre um número par, portanto não pode ser igual a 5. Mas a equação $x + y = 1$ possui infinitas soluções; basta tomar $x = t$ e $y = 1 - t$, onde $t \in \mathbb{Z}$. O primeiro resultado desta seção é sobre o conjunto das soluções de uma equação diofantina linear.

Teorema 52 Sejam $a, b, c \in \mathbb{Z}$ e $(a, b) = d$. A equação diofantina $ax + by = c$ tem solução inteira, se, e somente se, $d \mid c$. Se (x_0, y_0) é uma solução, então todas as soluções são dadas por $x = x_0 + \frac{b}{d}t, y = y_0 - \frac{a}{d}t, t \in \mathbb{Z}$.

Prova. Se (x_0, y_0) é solução de equação, então $ax_0 + by_0 = c$. Como $d = (a, b)$, concluímos $d \mid c$. Reciprocamente, se $d \mid c$, então $c = dq$ para algum $q \in \mathbb{Z}$. Pelo teorema de Bézout, existem $r, s \in \mathbb{Z}$ tais que $d = ra + sb$. Então

$$c = dq = (ra + sb)q = (rq)a + (sq)b.$$

Ou seja, (rq, sq) é uma solução. Para obter todas as soluções, seja (x, y) uma outra solução, então

$$c = ax + by = ax_0 + by \Rightarrow a(x - x_0) = b(y_0 - y) \Rightarrow \frac{a}{d}(x - x_0) = \frac{b}{d}(y_0 - y)$$

$$\Rightarrow \frac{a}{d} \mid \frac{b}{d}(y_0 - y), \quad \frac{b}{d} \mid \frac{a}{d}(x - x_0).$$

Mas $d = (a,b)$; logo, $(\frac{a}{d}, \frac{b}{d}) = 1$, portanto

$$\frac{a}{d} \mid (y_0 - y), \quad \frac{b}{d} \mid (x - x_0).$$

Então existem $q, q' \in \mathbb{Z}$ tais que

$$\frac{a}{d}q = y_0 - y, \quad \frac{b}{d}q' = x - x_0 \Rightarrow y = y_0 - \frac{a}{d}q, \quad x = x_0 + \frac{b}{d}q'.$$

Agora, pelo fato de que (x_0, y_0) e (x, y) são soluções, concluímos que $q = q'$. Portanto, todas as soluções são dadas por $x = x_0 + \frac{b}{d}q, \quad y = y_0 - \frac{a}{d}q$, onde $q \in \mathbb{Z}$. □

Exemplos 53

1. Determinem todas as soluções da equação diofantina $172x + 20y = 1000$.

   A equação possui solução, pois $(172, 20) = 4$ e $4 \mid 1000$. Para obtermos uma solução, usamos a igualdade

   $$4 = 172 \cdot 2 + 20 \cdot (-17).$$

   Se multiplicarmos por $250 = \frac{1000}{4}$, então $1000 = 172 \cdot (500) + 20 \cdot (-4250)$. Ou seja, uma solução é $(500, -4250)$; portanto, pelo teorema (52), todas as soluções são dadas por

   $$x = 500 + (20/4)t = 500 + 5t, \; y = -4250 - (172/4)t = -4250 - 43t, t \in \mathbb{Z}.$$

2. Determinem o menor inteiro positivo que, dividido por 8 e por 15, deixa restos 6 e 13, respectivamente.

   Se $a \in \mathbb{Z}$ satisfaz as condições acima, então $a = 8x + 6$ e $a = 15y + 13$, onde $x, y \in \mathbb{Z}$. Consequentemente, $8x + 6 = 15y + 13$, ou, $8x - 15y = 7$. Como $(8, 15) = 1 \mid 7$, essa equação possui soluções inteiras. Claramente $(14, 7)$ é uma solução; logo, $x = 14 - 15t$, $y = 7 - 8t$, $t \in \mathbb{Z}$ são todas as soluções. Para determinar o menor inteiro positivo a, observamos que

   $$a = 8x + 6 = -120t + 118 > 0 \Longleftrightarrow t < \frac{118}{120} \overset{t \in \mathbb{Z}}{\Longrightarrow} t \leq 0.$$

   Pelo fato de que $-120t + 118$ é decrescente em termo de t, o menor valor para a é obtido para o maior valor possível para t, ou seja, quando $t = 0$. Portanto, $a = 118$ é o menor inteiro positivo que satisfaz as condições apresentadas.

Observem que no teorema acima o ingrediente principal para mostrar a existência de solução é o teorema de Bézout. Então, pelo teorema (45):

Teorema 54 Sejam $a_1, \dots, a_n, b \in \mathbb{Z}$. Então a equação $a_1x_1 + \cdots + a_nx_n = b$ possui solução inteira, se, e somente se, $(a_1, \dots, a_n) \mid b$.

O procedimento para determinar todas as soluções de uma equação da forma

$$a_1x_1 + \cdots + a_nx_n = b,\ n > 2$$

é parecido com o caso em que $n = 2$. A ideia é introduzir uma variável em lugar de $n-1$ variáveis e reduzir o caso para $n = 2$. Para isso, escrevam a equação $a_1x_1 + a_2x_2 + \cdots + a_nx_n = b$ da forma

$$a_1x_1 + d_1\left(\frac{a_2}{d_1}x_2 + \cdots + \frac{a_n}{d_1}x_n\right) = b, \text{ onde } d_1 = (a_2, \dots, a_n).$$

Seja $w := \frac{a_2}{d_1}x_2 + \cdots + \frac{a_n}{d_1}x_n$. Agora determinem todas as soluções de

$$a_1x_1 + d_1w = b.$$

Observem que $(a_1, d_1) = (a_1, \dots, a_n) \mid b$, portanto $a_1x_1 + d_1w = b$ possui solução inteira. Para cada solução para w considerem a equação

$$\frac{a_2}{d_1}x_2 + \cdots + \frac{a_n}{d_1}x_n = w.$$

Observem que essa equação possui solução, pois $d_1 = (a_2, \dots, a_n)$, portanto $\left(\frac{a_2}{d_1}, \dots, \frac{a_n}{d_1}\right) = 1$. Repitam o procedimento anterior nessa equação. Dessa forma, em cada etapa obteremos todas as soluções para uma das variáveis. Observem que a escolha das variáveis em cada etapa é livre, portanto não é única.

Exemplo 55 Considerem a equação $x + 2y + 4z = 7$. Pelo teorema (54) essa equação possui solução inteira. Escrevam a equação da forma

$$x + 2(y + 2z) = 7$$

e definam $w := y + 2z$. Primeiro determinaremos todas as soluções de

$$x + 2w = 7.$$

Pelo teorema (52), essa equação possui solução inteira. Uma solução é $(x, w) = (1, 3)$; logo, todas as soluções são dadas por

$$x = 1 - 2t,\ w = 3 + t,\ t \in \mathbb{Z}.$$

Agora consideramos a equação $y+2z=w=3+t$, onde $t\in\mathbb{Z}$. Novamente pelo teorema (52) essa equação possui solução inteira para todo $t\in\mathbb{Z}$. Uma solução é $(y,z)=(3+t,0)$; logo, todas as soluções são dadas por

$$y=3+t-2s,\ z=0+s,\ \ s\in\mathbb{Z}.$$

Portanto, as soluções de $x+2(y+2z)=7$ são dadas por

$$x=1-2t,\ y=3+t-2s,\ z=s,\ \ t,s\in\mathbb{Z}.$$

Observem que para apresentarmos todas as soluções precisamos de dois parâmetros inteiros t e s. Em outras palavras, as soluções são parametrizadas por pares de números inteiros. Isso acontece em geral: para apresentarmos todas as soluções de $a_1x_1+\cdots+a_nx_n=b$, precisamos de $n-1$ parâmetros inteiros.

Observações 56

1. Determinar soluções de uma equação diofantina pode ser interpretado geometricamente. Por exemplo:

   - no caso de uma equação diofantina linear $ax+by=c$, queremos saber se há pontos inteiros, i.e., pontos cujas coordenadas são números inteiros, na reta dada pela equação $ax+by=c$; e em geral as soluções inteiras de $a_1x_1+\cdots+a_nx_n=b$ representam os pontos inteiros no hiperplano dado por essa equação;
   - na equação $x^2+y^2=100$, estamos procurando pontos inteiros na circunferência dada por essa equação;
   - na equação $x^2+y^2=z^2$, estamos procurando pontos inteiros na quádrica dada por essa equação. Outra interpretação é dada pelo teorema de Pitágoras. Essa equação é a relação entre os lados de um triângulo retângulo. Por isso, as soluções são chamadas de ternos pitagóricos. Nesse caso, conhecemos todas as soluções. Elas são dadas por $(x,y,z)=(a^2-b^2,2ab,a^2+b^2)$, onde $a,b\in\mathbb{Z}$. Observem que essa equação é simétrica em termo de x e y, ou seja, se (x,y,z) é uma solução, então (y,x,z) também é.

2. Sabemos que uma equação polinomial em uma variável de grau n possui n raízes complexas. No caso das equações diofantinas, não há relações desse tipo entre o grau e o número de suas soluções. Por exemplo:

- $x^2+y^2=5$ possui finitas soluções: $(\pm 2,\pm 1)$ e $(\pm 1,\pm 2)$;
- todos os pares $(x,y)=(t^2,t^3), t\in\mathbb{Z}$ satisfazem $y^2=x^3$, i.e., essa equação possui infinitas soluções inteiras;
- em geral, uma equação de grau três em duas variáveis possui um número finito de soluções inteiras; vejam [22].

1.2.5.1 Congruências

Nesta seção estudaremos a noção de congruência. Sejam $a,m\in\mathbb{Z}$ e $m>0$. Pelo algoritmo da divisão, existem únicos $q,r\in\mathbb{Z}$ tais que $a=mq+r$ e $0\leq r<m$. Em vários problemas na teoria dos números, por exemplo saber se um inteiro é divisível por um outro, o foco é saber o resto. Ou seja, não queremos determinar o inteiro q, mas sim queremos saber se $r=0$ ou não. Esse é um dos motivos para a seguinte definição:

Definição 57 Seja $m\in\mathbb{Z}^+$. Dizemos que $a,b\in\mathbb{Z}$ são congruentes módulo m se $m|a-b$. Nesse caso, escrevemos $a\equiv b(\text{mod } m)$ ou $a\overset{m}{\equiv} b$; caso contrário, escrevemos $a\not\equiv b(\text{mod } m)$, ou, $a\overset{m}{\not\equiv} b$.

Por exemplo, $5\overset{2}{\equiv}1$, $-4\overset{3}{\equiv}2$ e $6\overset{4}{\not\equiv}3$. Na próxima proposição, apresentaremos as propriedades básicas de congruência.

Proposição 58 Sejam $a,b,c,d\in\mathbb{Z}$.

1. $a\equiv b(\text{mod } m)$, se, e somente se, os restos das divisões de a por m e de b por m são iguais.
2. $a\equiv a(\text{mod } m)$.
3. Se $a\equiv b(\text{mod } m)$, então $b\equiv a(\text{mod } m)$.
4. Se $a\equiv b(\text{mod } m)$ e $b\equiv c(\text{mod } m)$, então $a\equiv c(\text{mod } m)$.
5. Se $a\equiv b(\text{mod } m)$ e $c\equiv d(\text{mod } m)$, então $a\pm c\equiv b\pm d(\text{mod } m)$ e $ac\equiv bd(\text{mod } m)$. Em particular, $ac\equiv bc(\text{mod } m)$.
6. Se $a\equiv b(\text{mod } m)$, então $a^n\equiv b^n(\text{mod } m)$, para todo $n\in\mathbb{N}$.
7. Se $a\equiv b(\text{mod } m)$, $a\equiv b(\text{mod } n)$ e $(m,n)=1$, então $a\equiv b(\text{mod } mn)$.

Prova. As demonstrações são feitas por definição. Para o último item, apliquem o corolário (38). □

Observem que as recíprocas dos itens (5) e (6) da proposição (58) em geral não são válidas. Por exemplo, se $ac \equiv bc(\text{mod } m)$, em geral não podemos concluir $a \equiv b(\text{mod } m)$. Mas, pelo corolário (36), se $(c,m) = 1$, então $a \equiv b(\text{mod } m)$.

Exemplos 59 Aqui, veremos como aplicar a proposição acima para calcular o resto de uma divisão.

1. Determinem o resto da divisão de 2^{45} por 7.

   Observem que $2^3 \overset{7}{\equiv} 1$. Então $(2^3)^{15} \overset{7}{\equiv} 1^{15}$, ou, $2^{45} \overset{7}{\equiv} 1$.

2. Determinem o resto da divisão de 5^{12} por 13.

   Observem que $5^2 \overset{13}{\equiv} -1$. Então $(5^2)^6 \overset{13}{\equiv} (-1)^6$, ou, $5^{12} \overset{13}{\equiv} 1$.

1.2.6 Critérios de Divisibilidade

Aplicaremos a proposição (58) para obter alguns critérios de divisibilidade. Para mais critérios vejam o exercício (26).

Seja $a = \overline{a_n a_{n-1} \cdots a_0} \in \mathbb{N}$. A ideia é considerar sua representação decimal e aplicar principalmente os itens (5) e (6) da proposição 58. A expansão de a na base decimal é dada por

$$a = a_0 + a_1 10 + a_2 10^2 + \cdots + a_n 10^n, \;\; 0 \le a_i \le 9, i = 0, \ldots, n.$$

Para obtermos o critério da divisibilidade por 2, observem

$$2 \mid 10 \Rightarrow \forall i, \; 0 < i \le n, \; 2 \mid a_i 10^i,$$

isto é, $a_i 10^i \overset{2}{\equiv} 0$ para todo $0 < i \le n$. Portanto, $a \overset{2}{\equiv} a_0$, ou seja, a é divisível por 2, se, e somente se, a_0 é divisível por 2.

No caso da divisibilidade por 3,

$$10 \overset{3}{\equiv} 1 \Rightarrow \forall i \ge 0, \; 10^i \overset{3}{\equiv} 1 \Rightarrow \forall i \ge 0, \; a_i 10^i \overset{3}{\equiv} a_i.$$

Então

$$a = a_0 + a_1 10 + a_2 10^2 + \cdots + a_n 10^n \overset{3}{\equiv} a_0 + a_1 + \cdots + a_n,$$

ou seja, a é divisível por 3, se, e somente se, $3 \mid a_0 + a_1 + \cdots + a_n$.

1.2.7 Pequeno Teorema de Fermat e Teorema de Al-Haytham-Wilson

Esses teoremas são fundamentais quando trabalhamos com congruências módulos a um número primo. O teorema de Fermat é muito útil para calcular o resto da divisão por um número primo e ambos podem servir para saber se um número é primo ou não.

Teorema 60 (Pequeno Teorema de Fermat) Sejam p um número primo e $a \in \mathbb{Z}$. Se $(a,p) = 1$, então $a^{p-1} \overset{p}{\equiv} 1$.

Prova. Seja $\mathscr{R} = \{1, \ldots, p-1\}$ o conjunto dos restos não nulos da divisão por p. Considerem

$$\begin{cases} \psi & : & \mathscr{R} & \longrightarrow & \mathscr{R} \\ & & r & \longmapsto & ar(\text{mod } p) \end{cases},$$

onde $ar(\text{mod } p)$ é o resto da divisão de ar por p. Devemos verificar que ψ está bem definida. Pelo corolário (37),

$$ar \equiv 0(\text{mod } p) \Rightarrow p \mid ar \overset{p \nmid a}{\Longrightarrow} p \mid r.$$

Isto é, se $r \neq 0$, então $\psi(r) \not\equiv 0(\text{mod } p)$, portanto a função ψ está bem definida. Além disso,

$$\psi(r_1) = \psi(r_2) \Rightarrow ar_1 \equiv ar_2(\text{mod } p) \Rightarrow p \mid ar_1 - ar_2 = a(r_1 - r_2)$$

$$\overset{p \nmid a}{\Longrightarrow} p \mid r_1 - r_2 \xrightarrow{0 \leq r_1, r_2 < p} r_1 = r_2,$$

ou seja, ψ é injetiva. Pela finitude de $\mathscr{R}$, concluímos que ψ é sobrejetiva também. Isto é, ψ é uma bijeção. Isso implica que

$$\{1, \ldots, p-1\} = \{a \cdot 1(\text{mod } p), \ldots, a \cdot (p-1)(\text{mod } p)\}.$$

Consequentemente, o produto de todos os números em $\mathscr{R}$ é igual ao produto dos números em $\{a \cdot 1(\text{mod } p), \ldots, a \cdot (p-1)(\text{mod } p)\}$, então

$$1 \times \cdots \times (p-1) \equiv a \cdot 1 \times \cdots \times a \cdot (p-1) \ (\text{mod } p),$$

ou, $(p-1)! \equiv a^{p-1}(p-1)!(\text{mod } p)$. Então

$$a^{p-1}(p-1)! \equiv (p-1)!(\text{mod } p) \Rightarrow p \mid a^{p-1}(p-1)! - (p-1)! = (a^{p-1} - 1) \cdot (p-1)!.$$

Observem que $p \nmid (p-1)!$; caso contrário, $p \mid s$ para algum $1 \leq s \leq p-1$. Portanto, pelo corolário (36), $p \mid a^{p-1} - 1$, ou, $a^{p-1} \equiv 1(\text{mod } p)$. □

Corolário 61 Sejam p um número primo e $a \in \mathbb{Z}$. Então $a^p \overset{p}{\equiv} a$.

Prova. Se $p \mid a$, então $p \mid a^p$; logo, $p \mid a^p - a$, ou, $a^p \overset{p}{\equiv} a$. Se $p \nmid a$, então usem o teorema (60). □

Uma aplicação imediata do pequeno teorema de Fermat é calcular o resto da divisão por um primo.

Exemplos 62

1. $4^{10} \equiv 1 (\mathrm{mod}\ 11)$, basta aplicar o teorema (60) para $a = 4$ e $p = 11$.

2. Para calcular o resto da divisão de 10^{30} por 7, observem que $30 = 5 \cdot 6$ e pelo teorema (60), $10^6 \equiv 1 (\mathrm{mod}\ 7)$; portanto,

$$(10^6)^5 \equiv 1^5 (\mathrm{mod}\ 7) \Rightarrow 10^{30} \equiv 1^5 (\mathrm{mod}\ 7).$$

Outra aplicação do pequeno teorema de Fermat é determinar se um número é primo ou não. Seja $n > 2$ um inteiro ímpar. Se n for primo, então aplicamos esse teorema para $p = n$ e $a = 2$. Portanto,

$$2^{n-1} \equiv 1 (\mathrm{mod}\ n).$$

Logo,

$$n > 2,\ \ 2^{n-1} \not\equiv 1 (\mathrm{mod}\ n) \Longrightarrow \text{então } n \text{ não é primo}.$$

Esse é um critério para determinar se n é primo ou não. O único problema é a grandeza de 2^{n-1}. Ou seja, se n for muito grande, calcular o resto da divisão de 2^{n-1} por n pode ser difícil. Por isso, esse critério não é muito eficiente.

Observem que em geral a recíproca do teorema de Fermat não é verdadeira. Isto é,

$$(m, a) = 1,\ a^{m-1} \equiv 1 (\mathrm{mod}\ m) \not\Rightarrow m \text{ é primo}.$$

Por exemplo, se $a = 9$ e $m = 4$, então $(4, 9) = 1$ e $9^{4-1} \equiv 1 (\mathrm{mod}\ 4)$ e 4 não é primo. Como veremos no teorema (68), a recíproca vale com uma hipótese adicional. Para isso precisamos demonstrar uma generalização do pequeno teorema de Fermat conhecida por teorema de Euler[8].

Definição 63 A função ϕ de Euler é definida por

$$\begin{cases} \phi \ : \ \mathbb{Z}^+ & \longrightarrow \quad \mathbb{Z}^+ \\ \qquad m & \longmapsto \quad \#\{k \mid 1 \leq k \leq m, (k, m) = 1\} \end{cases}.$$

[8]Leonhard Paul Euler, matemático e físico suíço, 1707-1783.

Por exemplo, $\phi(1) = 1, \phi(6) = 2$ e $\phi(p) = p - 1$ para todo primo p. Pela definição acima:

- se $m > 1$, então $\phi(m) \leq m - 1$,
- se $m > 1$, então $\phi(m) = m - 1$, se, e somente se, m é primo.

Existe uma fórmula explícita para calcular $\phi(m)$ a partir da fatoração de m; vejam o exercício (41).

Definição 64 Seja $m \in \mathbb{Z}^+$. Um sistema completo de resíduos módulo m é um conjunto de inteiros $\{r_1, \ldots, r_k\}$ tal que

1. $\forall i \neq j, r_i \not\equiv r_j (\text{mod } m)$,
2. $\forall s \in \mathbb{Z}, \exists i$ tal que $s \equiv r_i (\text{mod } m)$.

Pelo algoritmo da divisão, um sistema completo de resíduo módulo m possui m elementos. Para todo inteiro m o conjunto $\{0, 1, \ldots, m-1\}$ é um sistema completo de resíduos módulo m. Observem que sistema completo de resíduo não é único. Por exemplo, se $\{r_1, \ldots, r_m\}$ é um sistema completo de resíduos módulo m, então para todo $a_1, \ldots, a_m \in \mathbb{Z}$ o conjunto $\{r_1 + a_1 m, \ldots, r_k + a_m m\}$ é um sistema completo de resíduos módulo m. De fato, todo sistema completo de resíduos módulo m é obtido dessa forma a partir do sistema $\{0, 1, \ldots, m-1\}$. Mais precisamente, se $\{s_1, \ldots, s_m\}$ é um completo de resíduos módulo m, para todo $i = 1, \ldots, m$, escrevam $s_i = mq_i + r_i$, onde $q_i \in \mathbb{Z}$ e $0 \leq r_i < m$. Ou seja, $\{s_1, \ldots, s_m\}$ é obtido a partir de $\{0, 1, \ldots, m-1\}$ por meio das igualdades $s_i = mq_i + r_i$.

Definição 65 Um sistema reduzido de resíduos módulo m é um conjunto de inteiros $\{r_1, \ldots, r_k\}$ tal que

1. $\forall i, (r_i, m) = 1$,
2. $\forall i \neq j, r_i \not\equiv r_j (\text{mod } m)$,
3. $\forall s \in \mathbb{Z}, (s, m) = 1, \exists i$ tal que $s \equiv r_i (\text{mod } m)$.

Pela definição (63), um sistema reduzido de resíduos módulo m possui $\phi(m)$ elementos.

Por exemplo, $\{1, 5\}$ é um sistema reduzido de resíduos módulo 6. Para todo primo p o conjunto $\{1, \ldots, p-1\}$ é um sistema reduzido de resíduos módulo p. Em geral, para obtermos um sistema reduzido de resíduos módulo m podemos considerar um sistema completo de resíduos módulo

m, por exemplo $R = \{0, 1, \ldots, m-1\}$, e retirar todos os inteiros $s \in R$ tais que $(s, m) > 1$.

O próximo lema mostra como obter um sistema reduzido de resíduos a partir de um outro. Esse lema é o ingrediente principal para mostrar o teorema de Euler e de fato é o caso mais geral do argumento utilizado na demonstração do teorema (60) sobre o conjunto $\mathscr{R}$.

Lema 66 Sejam $\{a_1, \ldots, a_{\phi(m)}\}$ um sistema reduzido de resíduos módulo m e $a \in \mathbb{Z}$ tal que $(a, m) = 1$. Então $\{aa_i \mid 1 \leq i \leq \phi(m)\}$ também é um sistema reduzido de resíduos módulo m.

Prova. Exercício. □

A generalização do pequeno teorema de Fermat é a seguinte:

Teorema 67 (Euler) Sejam $a, m \in \mathbb{Z}$, $m > 0$ e $(a, m) = 1$. Então $a^{\phi(m)} \equiv 1 (\text{mod}\, m)$.

Prova. Seja $\{k \mid 1 \leq k \leq m, (k, m) = 1\} = \{a_1, \ldots, a_{\phi(m)}\}$. Pelo lema (66), $\{aa_i \mid 1 \leq i \leq \phi(m)\}$ também é um sistema reduzido de resíduos módulo m. Portanto,

$$(aa_1) \cdots (aa_{\phi(m)}) \overset{m}{\equiv} a_1 \cdots a_{\phi(m)}, \text{ ou, } a^{\phi(m)} a_1 \cdots a_{\phi(m)} \overset{m}{\equiv} a_1 \cdots a_{\phi(m)}.$$

Além disso,

$$\forall i = 1, \ldots \phi(m),\ (a_i, m) = 1 \Rightarrow (a_1 \cdots a_{\phi(m)}, m) = 1.$$

Então $a^{\phi(m)} \overset{m}{\equiv} 1$. □

Agora podemos provar quando a recíproca do pequeno teorema de Fermat é verdadeira.

Teorema 68 Sejam $a, m \in \mathbb{Z}^+$. Se $a^{m-1} \equiv 1 (\text{mod } m)$ e $a^d \not\equiv 1 (\text{mod } m)$ para todo divisor d de $m-1$ tal que $d < m-1$, então m é primo.

Prova. Basta mostrar $\phi(m) = m-1$. Pela hipótese $(a, m) = 1$ e

$$m - 1 \in A := \{k \in \mathbb{Z}^+ \mid a^k \equiv 1 (\text{mod}\, m)\}.$$

Então pelo P.B.O esse conjunto possui menor elemento. Seja $n_0 = \min A$. Então $n_0 \leq m-1$. Pelo algoritmo da divisão,

$$m - 1 = n_0 q + r,\ \ q \in \mathbb{Z},\ 0 \leq r < n_0.$$

Pelas propriedades de congruência concluímos $a^r \equiv 1 (\text{mod } m)$, o que pela minimalidade de n_0 somente é possível se $r = 0$. Portanto, $n_0 \mid m-1$. Pela hipótese, $a^d \not\equiv 1 (\text{mod}\, m)$ para todo divisor d de $m-1$ tal que $d < m-1$, então $n_0 = m-1$. Por outro lado, pelo teorema de Euler, $a^{\phi(m)} \equiv 1 (\text{mod}\, m)$, ou seja, $\phi(m) \in A$. Logo, $\phi(m) \geq \min A = n_0 = m-1$. Em geral, $\phi(m) \leq m-1$. Então concluímos $\phi(m) = m-1$, e isso é possível somente quando m é primo. □

Lembrem que para todo $m > 1$, $m - \phi(m) \geq 1$. Se $a \in \mathbb{Z}$ e $(a,m) = 1$, pelo teorema de Euler

$$a^{\phi(m)} \equiv 1 (\text{mod } m).$$

Ao multiplicarmos os dois lados por $a^{m-\phi(m)}$, concluímos

$$a^m \equiv a^{m-\phi(m)} (\text{mod } m), \quad \text{se } (a,m) = 1.$$

Essa congruência vale ainda sem a hipótese $(a,m) = 1$. Sua demonstração é feita sem utilizar o teorema de Euler, e é fácil obter este último a partir do teorema 69. Por isso, esse teorema é uma generalização do teorema de Euler.

Teorema 69 Sejam $a, m \in \mathbb{Z}$, $m > 1$. Então $a^m \equiv a^{m-\phi(m)} (\text{mod } m)$.

Prova. Vejam [4].

Teorema 70 (Al-Haytham[9], Wilson[10]) Um inteiro p é primo, se, e somente se, $(p-1)! \overset{p}{\equiv} -1$.

Prova. Claramente o resultado vale para $p = 2, 3$. Seja $p \geq 5$ um primo. Por definição,

$$(p-1)! = 1 \times 2 \times \cdots \times (p-2) \times (p-1).$$

Como $p \geq 5$ é primo, $(p,a) = 1$ para todo a tal que $2 \leq a \leq p-2$. Portanto, pelo teorema de Bézout, existem $r, s \in \mathbb{Z}$ tais que $ra + sp = 1$; logo, $ra \equiv 1 (\text{mod } p)$. Pelo algoritmo da divisão $r = tp + u$, onde $0 \leq u < p$. Logo, $ua \equiv 1 (\text{mod } p)$. Além disso,

$$2 \leq a \leq p-2 \Longrightarrow u \neq 0, 1 \Longrightarrow 2 \leq u \leq p-2.$$

Isso mostra que para cada número natural a tal que $2 \leq a \leq p-2$ existe um único u no mesmo intervalo tal que $ua \equiv 1 (\text{mod } p)$. Observem que nesse intervalo há $p-3$ números inteiros que por sua vez é um número par. Então

$$2 \times \cdots \times (p-2) \equiv 1 (\text{mod } p).$$

Logo,

$$(p-1)! = 1 \times 2 \times \cdots \times (p-2) \times (p-1) \equiv 1 \times (p-1) (\text{mod } p).$$

Ou, $(p-1)! \overset{p}{\equiv} -1$.

[9] Abu Ali al-Hasan ibn al-Haytham, ou al-Basri, matemático e físico persa, 965-1040.

[10] John Wilson, matemático inglês, 1741-1793.

Para a recíproca, seja r, $0 < r < p$, um divisor de p. Portanto,

$$r \mid (p-1)!.$$

Além disso,

$$p \mid (p-1)!+1 \overset{r|p}{\Longrightarrow} r \mid (p-1)!+1.$$

Então $r \mid 1$; logo, $r = 1$. Então concluímos que 1 e p são os únicos fatores de p, i.e., p é primo. □

Observações 71

1. A congruência $(p-1)! \overset{p}{\equiv} -1$ é equivalente a $(p-2)! \overset{p}{\equiv} 1$. Pois

$$(p-1)! \overset{p}{\equiv} -1 \Leftrightarrow (p-1)! \overset{p}{\equiv} p-1 \Leftrightarrow p \mid (p-1)! - (p-1) = (p-1) \cdot \big((p-2)! - 1\big)$$

$$\overset{(p,p-1)=1}{\Longleftrightarrow} p \mid (p-2)! - 1, \text{ ou } (p-2)! \overset{p}{\equiv} 1.$$

2. O teorema (70) também é um critério para determinar se um número natural n é primo ou não. O único problema seria a grandeza de $(n-1)!$ que pode dificultar o cálculo do resto da divisão por n.

3. Para números compostos $n \neq 4$, $(n-1)! \overset{n}{\equiv} 0$.

1.2.8 Equações de Congruência Linear

Sejam $a, b, m \in \mathbb{Z}$ e $m > 1$. Uma equação da forma $ax \equiv b(\text{mod } m)$ é chamada de uma equação de congruência linear. Pela definição de congruência, essa equação possui solução, se, e somente se,

$$\exists x, q \in \mathbb{Z} \text{ tais que } ax - b = mq, \text{ ou, } ax - mq = b.$$

Ou seja, uma equação de congruência linear é de fato uma equação diofantina linear. Pelo teorema (52), concluímos:

Teorema 72 Sejam $a, b, m \in \mathbb{Z}$ e $m > 1$. A equação da congruência linear $ax \equiv b(\text{mod } m)$ possui solução, se, e somente se, $(a, m) \mid b$. Nesse caso, se x_0 é uma solução, então todas as outras são dadas por $x_0 + \frac{m}{(a,m)}t, t \in \mathbb{Z}$.

Considerem a equação de congruência linear $ax \equiv b(\text{mod } m)$. Observem

$$\exists x_0 \in \mathbb{Z},\ ax_0 \equiv b(\text{mod } m) \Leftrightarrow \exists x_0, q \in \mathbb{Z},\ ax_0 - mq = b$$

$$\Leftrightarrow \exists x_0, q \in \mathbb{Z}, \frac{a}{(a,m)}x_0 - \frac{m}{(a,m)}q = \frac{b}{(a,m)} \Leftrightarrow \frac{a}{(a,m)}x_0 \equiv \frac{b}{(a,m)}(\text{mod } \frac{m}{(a,m)}).$$

Ou seja, a equação $ax \equiv b(\text{mod } m)$ possui solução, se, e somente se,

$$\frac{a}{(a,m)}x \equiv \frac{b}{(a,m)}(\text{mod } \frac{m}{(a,m)})$$

possui solução. Além disso, pelo fato de que $(\frac{a}{(a,m)}, \frac{m}{(a,m)}) = 1$, concluímos que toda equação $ax \equiv b(\text{mod } m)$, caso tenha solução, é reduzida a uma equação da forma $a'x \equiv b'(\text{mod } m')$, onde $(a', m') = 1$. Afirmamos que esta última possui solução única módulo m'. Sejam x_1 e x_2 tais que $a'x_1 \equiv b'(\text{mod } m')$ e $a'x_2 \equiv b'(\text{mod } m')$. Então

$$a'x_1 \equiv a'x_2(\text{mod } m') \Leftrightarrow m' \mid a'x_1 - a'x_2 = a'(x_1 - x_2) \overset{(a',m')=1}{\Longleftrightarrow} m' \mid x_1 - x_2,$$

ou seja, a solução módulo m' é única. Então concluímos:

Proposição 73 A equação $ax \equiv b(\text{mod } m)$ possui no máximo uma solução módulo $\frac{m}{(a,m)}$.

A solução da equação $ax \equiv b(\text{mod } m)$, onde $(a,m) = 1$, pode ser obtida pelo teorema de Bézout. Como $(a,m) = 1$, existem $r, s \in \mathbb{Z}$ tais que $ra + sm = 1$, ou, $ra \equiv 1(\text{mod } m)$. Ao multiplicarmos os dois lados da equação por r concluímos $rax \equiv rb(\text{mod } m)$; logo, $x \equiv rb(\text{mod } m)$.

Definição 74 Sejam $a, m \in \mathbb{Z}$, $m > 1$ e $(a,m) = 1$. Pelo teorema de Bézout, existe um único inteiro r módulo m tal que $ra \equiv 1(\text{mod } m)$. Esse inteiro é chamado inverso multiplicativo de a módulo m.

Por exemplo, 3 é inverso multiplicativo de 3 módulo 4, pois $3 \cdot 3 \equiv 1(\text{mod } 4)$; e 5 é inverso multiplicativo de 2 módulo 9, pois $5 \cdot 2 \equiv 1(\text{mod } 9)$.

Exemplos 75 Determinem as soluções das equações dadas.

1. $2x \equiv 4(\text{mod } 8)$.

   Possui solução, pois $(2,8) = 2 \mid 4$. Claramente $x_0 = 2$ é uma solução. Pelo teorema (72), todas as soluções são dadas por

   $$x = 2 + \frac{8}{(2,8)}t = 2 + 4t, t \in \mathbb{Z}.$$

   Observem que $x_0 = 2$ é a única solução módulo $4 = \frac{8}{(2,8)}$.

2. $3x \equiv 1 (\text{mod } 7)$.

   Observem que $(3,7) = 1$. O inverso multiplicativo de 3 módulo 7 é 5, pois $5 \cdot 3 \equiv 1 (\text{mod } 7)$. Ao multiplicarmos os dois lados da equação por 5,
$$5 \cdot 3x \equiv 5 \cdot 1 (\text{mod } 7) \Rightarrow x \equiv 5 (\text{mod } 7),$$
   ou seja, todas as soluções são dadas por $x = 5 + 7t, t \in \mathbb{Z}$. Observem que $x_0 = 5$ é a única solução módulo 7.

1.2.9 Teorema Chinês do Resto

O teorema chinês do resto estuda as soluções de um sistema de equações de congruência linear. Os registros mais antigos desse resultado são atribuídos a Sun Tzu Suan Ching[11] e aparecem num manual de matemática escrito durante os séculos III a V d.C.

Teorema 76 (Teorema Chinês do Resto) Sejam $a_1, \ldots, a_k \in \mathbb{Z}$ e $m_1, \ldots, m_k \in \mathbb{Z}^+$ tais que $(m_i, m_j) = 1$ para todo $i \neq j$. Então o sistema de equações
$$\begin{cases} x \equiv a_1 (\text{mod} m_1) \\ x \equiv a_2 (\text{mod} m_2) \\ \qquad \vdots \\ x \equiv a_k (\text{mod} m_k) \end{cases}$$
possui uma única solução módulo $m := m_1 \cdots m_k$.

Prova. Para $i = 1, \ldots, k$, seja $\widehat{m}_i := \frac{m}{m_i} = m_1 \cdots m_{i-1} m_{i+1} \cdots m_k$. Pela hipótese $m_1, \ldots, m_k$ são dois a dois primos, então $(m_i, \widehat{m}_i) = 1$ para todo $i = 1, \ldots, k$. Consequentemente, as equações $\widehat{m}_i x \equiv 1 (\text{mod } m_i)$ possuem solução. Para $i = 1, \ldots, k$, seja x_i a única solução dessa equação módulo m_i. É fácil verificar que $x = a_1 \widehat{m}_1 x_1 + \cdots a_k \widehat{m}_k x_k$ é solução do sistema. Para a unicidade, seja $\bar{x}$ uma outra solução do sistema. Então
$$\forall i = 1, \ldots, k, \quad x \equiv \bar{x} (\text{mod} m_i), \text{ ou, } m_i \mid x - \bar{x}.$$
Pela hipótese $m_1, \ldots, m_k$ são dois a dois primos; logo, $m_1 \cdots m_k \mid x - \bar{x}$. Isto é, a solução é única módulo $m := m_1 \cdots m_k$. □

Observem que a demonstração acima fornece um algoritmo para determinar as soluções do sistema: basta determinar os inversos multiplicativos de $\widehat{m}_i$ módulo m_i para todo $i = 1, \ldots, k$ e usar a expressão apresentada para determinar a solução.

[11] Sun Tzu Suan Ching, general, estrategista e filósofo chinês.

Exemplos 77

1. Determinem as soluções do sistema

$$\begin{cases} x \equiv 3 (\text{mod } 5) \\ x \equiv 1 (\text{mod } 8) \end{cases}.$$

Observem que $(5,8) = 1$, portanto, pelo teorema (76), o sistema possui solução. O inverso multiplicativo de 8 módulo 5 é 2, e de 5 módulo 8 é 5, i.é., $x_1 = 2$ e $x_2 = 5$; logo,

$$x = \underbrace{3}_{a_1} \cdot \underbrace{8}_{\widehat{m}_1} \cdot \underbrace{2}_{x_1} + \underbrace{1}_{a_2} \cdot \underbrace{5}_{\widehat{m}_2} \cdot \underbrace{5}_{x_2} = 73 \equiv 33 (\text{mod } 40).$$

Portanto, 33 é a única solução módulo 40 e todas as soluções são da forma $33 + 40t, t \in \mathbb{Z}$.

2. Se organizarmos um grupo de pessoas nas fileiras de 6 pessoas, sobrarão duas pessoas e nas fileiras de 11, sobrarão 5. Qual é o menor número para esse grupo?

Seja x o número das pessoas. Então $x = 6t + 2 = 11t' + 5$, onde t e t' representam os números das pessoas por fileira em cada caso. Podemos escrever essas equações na forma de um sistema de equações de congruência:

$$\begin{cases} x \equiv 2 (\text{mod } 6) \\ x \equiv 5 (\text{mod } 11) \end{cases}.$$

Seguindo o algoritmo apresentado no teorema (76), o menor inteiro positivo que satisfaz esse sistema é 38. Ou seja, esse grupo tem 38 pessoas. Outras possibilidades são $38 + 66t, t \in \mathbb{N}$.

1.2.10 Equações Diofantinas e Congruências

Estudar uma equação diofantina módulo a um número inteiro é uma técnica para mostrar que a equação não possui solução. Essa ideia é baseada no seguinte fato: Seja f um polinômio em k variáveis. Se $(a_1, \ldots, a_k)$ for uma solução de $f(x_1, \ldots, x_k) = 0$, i.e., $f(a_1, \ldots, a_k) = 0$, então

$$\forall n \in \mathbb{Z}, n > 1, \; f(a_1, \ldots, a_k) \equiv 0 (\text{mod } n),$$

ou seja,

$$\forall n \in \mathbb{Z}, n > 1, \; f(x_1, \ldots, x_k) \equiv 0 (\text{mod } n) \text{ possui solução.}$$

Portanto, se existe $n \in \mathbb{Z}, n > 1$ tal que $f(x_1, \ldots, x_k) \equiv 0 (\text{mod } n)$ não possui solução, então $f(x_1, \ldots, x_k) = 0$ não possui solução inteira. O desafio, nesse caso, é achar esse n.

Exemplos 78

1. Verifiquem se a equação $x^2 + 3y^2 + 7z^2 = 2021$ possui solução inteira.

   Analisaremos a equação módulo 7. A equação é reduzida a

   $$x^2 + 3y^2 = 5.$$

   Observem que todo quadrado perfeito é congruente $0, 1$ ou -1 módulo 5. Ao analisarmos todos os casos, observamos que a única possibilidade para $x^2 + 3y^2 = 5$ é quando $5 \mid x$ e $5 \mid y$. Mas, nesse caso, $25 \mid x^2 + 3y^2$, portanto não poderia ser igual a 5. Então a equação $x^2 + 3y^2 + 7z^2 = 2021$ não possui solução inteira.

2. Verifiquem se a equação $x^2 - 2y^2 + 8z = 3$ possui solução inteira.

   É fácil observar que numa solução inteira x deve ser ímpar, portanto $x^2 \equiv 1 (\text{mod} 8)$. Por isso, analisaremos a equação módulo 8. Escrevam a equação da forma

   $$(x^2 - 1) + 8z = 2(y^2 + 1).$$

   O lado esquerdo é múltiplo de 8, portanto $8 \mid 2(y^2 + 1)$, ou, $4 \mid y^2 + 1$. Por outro lado, todo quadrado perfeito é congruente 0 ou 1 módulo 4, portanto

   $$y^2 + 1 \equiv 1 \text{ ou } 2 (\text{mod} 4).$$

   Ou seja, $4 \mid y^2 + 1$ é impossível. Portanto, a equação não possui solução inteira.

Exercícios

1. Mostrem que para todo $n \in \mathbb{Z}^+$,

   (a) $1 + 3 + \cdots + (2n - 1) = n^2$

   (b) $n^2 \geq n + 1, \quad n \geq 2$

   (c) $2^n \geq n^2, \quad n \geq 4$

(d) Desigualdade de Bernoulli[12]: $(a+1)^n \geq 1+na, a \in \mathbb{R}, a \geq -1$

(e) $1^2+\cdots+n^2 = \frac{n(n+1)(2n+1)}{6}$

(f) $1^3+\cdots+n^3 = (1+\cdots+n)^2$

(g) Sejam $a,b \in \mathbb{R}$ e $n \in \mathbb{Z}^+$. Mostrem

i. $(a+b)^n = \binom{n}{0}a^n + \binom{n}{1}a^{n-1}b + \cdots + \binom{n}{n-1}ab^{n-1} + \binom{n}{n}b^n$

ii. $a^n - b^n = (a-b)(a^{n-1}+a^{n-2}b+\cdots+ab^{n-2}+b^{n-1})$

iii. se $2 \nmid n$, então $a^n + b^n = (a+b)(a^{n-1} - a^{n-2}b + \cdots - ab^{n-2} + b^{n-1})$

iv. se $m \mid n$ e $2 \nmid m$, então $a^{n/m} + b^{n/m} \mid a^n + b^n$

v. se $2 \nmid n, m \mid n$, então $a^m + b^m \mid a^n + b^n$.

(h) Seja $S_n(m) = 1^n + 2^n + \cdots + m^n, m \in \mathbb{Z}^+$. Mostrem que $S_n(m)$ é um polinômio de grau $n+1$ em termo de m cujo coeficiente líder é $\frac{1}{n+1}$. (Dica: $(r+1)^{m+1} - r^{m+1} = \binom{m+1}{1}r^m + \binom{m+1}{2}r^{m-1} + \cdots + \binom{m+1}{m}r + \binom{m+1}{m+1}$.)

(i) $1(1+1)+\cdots+n(n+1) = \frac{n(n+1)(n+2)}{3}$

(j) Mostrem que $A_1 \Delta A_2 \Delta \cdots \Delta A_n$ consiste em elementos que pertencem a um número ímpar dos conjuntos $A_1 \Delta A_2 \Delta \cdots \Delta A_n$. Usando esse fato, desenhem o diagrama de Venn de $A_1 \Delta A_2 \Delta A_3$ no caso em que $A_i \cap A_j \neq \varnothing$ para todo i e j.

2. Sejam $a,b \in \mathbb{Z}$ tais que $a \mid b$ e $n,m \in \mathbb{N}$, $n \leq m$. Então $a^n \mid b^m$.

3. Sejam $a,b \in \mathbb{Z}$ e p um número primo tais que $p \mid ab$, então $p \mid a$ ou $p \mid b$. (Não usem os corolários do teorema de Bézout.)

4. Para todo p número primo, $\sqrt{p} \notin \mathbb{Q}$.

5. Deduzam uma fórmula para o número dos divisores positivos de um número inteiro não nulo a partir de sua fatoração.

6. Mostrem que um número primo $p > 3$ só pode ser da forma $6q+1$ ou $6q+5$ para algum $q \in \mathbb{Z}^+$. Concluam que a única sequência de três primos consecutivos $p, p+2, p+4$ é a $3,5,7$.

7. Mostrem que o quadrado de um número ímpar é sempre da forma $8q+1$. Concluam que a equação $x^2+y^2 = 2021$ não possui solução inteira.

[12]Jakob Bernoulli, ou Jacob, ou Jacques, ou Jacob I Bernoulli, matemático suíço, 1654-1705.

8. Neste exercício mostraremos uma outra forma de indução.
   (a) Seja $P(n)$ uma sentença associada a cada $n \in \mathbb{N}$. Se
      - existe $n_0 \in \mathbb{N}$ tal que $P(n_0)$ é verdadeira,
      - $P(k)$ é verdadeira implica que $P(k-1)$ é verdadeira, $k > n_0$,
      - $P(k)$ é verdadeira implica que $P(2k)$ é verdadeira, $k \geq n_0$,

      então $P(n)$ é verdadeira para todo $n \in \mathbb{N}$ tal que $n \geq n_0$.
   (b) Provem a desigualdade entre as médias aritmética e geométrica: sejam $x_1, \ldots, x_n$ números reais positivos, então
   $$\frac{x_1 + \cdots + x_n}{n} \geq \sqrt[n]{x_1 \cdots x_n}.$$
9. Seja $a \in \mathbb{Z}$. Então existem únicos $n \in \mathbb{N}$ e $m \in \mathbb{Z}$, $2 \nmid m$ tais que $a = 2^n \cdot m$.
10. Mostrem que todo inteiro $a, b, c \in \mathbb{Z}$, $\big(a, (b, c)\big) = \big((a, b), c\big)$ e $\big[a, [b, c]\big] = \big[[a, b], c\big]$.
11. Seja $n \in \mathbb{Z}^+$. Mostrem que entre n números inteiros consecutivos exatamente um deles é múltiplo de n. Concluam que o produto de n números inteiros consecutivos sempre é múltiplo de n.
12. Sejam $a, b \in \mathbb{Z}$, $(a, b) = 1$ e $m, n \in \mathbb{N}$. Mostrem $(a^n - b^n, a^m - b^m) = a^{(m,n)} - b^{(m,n)}$. Verifiquem que a condição $(a, b) = 1$ é necessária.
13. Seja $\{f_n\}_{n \geq 0}$ uma sequência de números inteiros tal que $f_0 = 0$ e $f_n \equiv f_{n-m} (\text{mod } f_m)$ para todo $n \geq m$. Então $(f_n, f_m) = f_{(m,n)}$.
14. A sequência de Fibonacci[13] é uma sequência de números naturais definida por $F_0 = 0, F_1 = 1$ e $F_n = F_{n-1} + F_{n-2}$ para todo $n \geq 2$. Mostrem $(F_n, F_m) = F_{(m,n)}$ para todo $m, n \in \mathbb{N}$.
15. Mostrem que não existe nenhum polinômio f com coeficientes inteiros tal que $f(n)$ seja primo para todo $n \in \mathbb{Z}$.
16. Os números inteiros dados por $M_n := 2^n - 1, n \geq 1$ são chamados de número de Mersenne[14]. Mostrem que, se M_n é primo, então n é primo. Observem que a recíproca não vale; por exemplo, M_{61} não é primo.

[13] Leonardo Fibonacci, também conhecido como Leonardo de Pisa, Leonardo Pisano ou ainda Leonardo Bigollo, matemático italiano, 1170-1250(?).

[14] Marin Mersenne, padre mínimo, teólogo, matemático, teórico musical e filósofo francês, 1588-1648.

17. Mostrem que, se $2^n + 1$ é primo, então n é uma potência de 2. (Os números da forma $2^{2^n} + 1, n \geq 0$, são chamados de números de Fermat. Para $0 \leq n \leq 4$ todos são primos, mas F_5 não é primo.)

18. Sejam $m \in \mathbb{Z}^+$ e $p \geq 5$ um primo. Então

    (a) $\binom{mp-1}{p-1} \equiv 1 (\text{mod } p^3)$

    (b) $(mp)! \equiv m! p!^m (\text{mod } p^{m+3})$

19. Sejam X um conjunto e $A \subseteq X$. Definam a função característica ou indicadora de A por

$$\begin{cases} \chi_A \ : \ X & \longrightarrow & \{0,1\} \\ \quad\quad\ \ x & \longmapsto & \begin{cases} 1, & x \in A \\ 0, & x \notin A \end{cases} \end{cases}.$$

    Mostrem

    (a) $\chi_X = 1$ e $\chi_\varnothing = 0$.

    (b) $\chi_A \leq \chi_B \Leftrightarrow A \subseteq B$. Logo $A = B$, se, e somente se, $\chi_A = \chi_B$.

    (c) $\chi_{A \cap B} = \min\{\chi_A, \chi_B\} = \chi_A \cdot \chi_B$.

    (d) $\chi_{A \cup B} = \max\{\chi_A, \chi_B\} = (\chi_A + \chi_B + \chi_{A \cap B})(\text{mod } 2)$.

    (e) $\chi_{A^c} = 1 - \chi_A$.

    (f) $\chi_{A \setminus B} = \chi_A(1 - \chi_B)$.

    (g) $\chi_{A \Delta B} = (\chi_A + \chi_B)(\text{mod } 2)$. Apliquem essa propriedade para mostrar a associatividade da operação diferença simétrica.

    (h) $\chi_{\Delta_{i=1}^n A_i} = (\sum_{i=1}^n \chi_{A_i})(\text{mod } 2)$. Concluam que $\Delta_{i=1}^n A_i = A_1 \Delta \cdots \Delta A_n$ contém elementos que pertencem exatamente a um número ímpar desses conjuntos.

20. Mostrem que o produto de n números inteiros consecutivos sempre é múltiplo de $n!$.

21. Sejam $a, b, c \in \mathbb{Z}$ e $m, n \in \mathbb{N}$.

    (a) Se $a \mid c$, $b \mid c$ e $(a,b) = d$, então $ab \mid cd$.

    (b) Se $(a,b) = 1$ e $(a,c) = d$, então $(a,bc) = d$.

    (c) Sejam $a, b \in \mathbb{Z} \setminus$ e $[a,b] = m$, então $a\mathbb{Z} \cap b\mathbb{Z} = m\mathbb{Z}$, onde $k\mathbb{Z} := \{ka \mid a \in \mathbb{Z}\}, k \in \mathbb{Z}$.

(d) $\left(2n+1, \frac{n(n+1)}{2}\right) = 1$.

(e) $(a,b) = (a+bc, a+b(c-1))$.

(f) Se $(b,c) = 1$, então $(a,bc) = (a,b) \cdot (a,c)$.

(g) Se $(a,4) = (b,4) = 2$, então $(ab,4) = 4$.

(h) $(a+b,b) = 1 \Leftrightarrow (a,b) = 1$.

(i) $(a,b) = (a+nb,b)$.

(j) $(a,b) = 1 \Leftrightarrow (a^r, b^s) = 1$ para todo $r,s \in \mathbb{N}$.

(k) $m \mid n \Leftrightarrow a^m - b^m \mid a^n - b^n$.

22. Sejam $a,b,d \in \mathbb{Z}$ tais que $(a,b) = 1$ e $d \mid a+b$. Mostrem $(d,a) = (d,b) = 1$.

23. Seja $n \in \mathbb{Z}^+$. Mostrem que todos os números $(n+1)!+2, (n+1)!+3, \ldots, (n+1)!+n+1$ são compostos. Concluam que para todo $n \geq 2$ há um intervalo I de comprimento n tal que $I \cap \mathbb{Z}$ contém somente números compostos, ou seja, não há nenhum número primo.

24. Sejam $a,b \in \mathbb{Z}$ e $a = \pm p_1^{k_1} \cdots p_n^{k_n}$, $b = \pm q_1^{l_1} \cdots q_m^{l_m}$ suas fatorações em primos. Mostrem que

    (a) $(a,b) = \prod p^{n_p}$, onde os primos p são os primos em comum nas fatorações de a e b e n_p é a menor potência de p nessas fatorações.

    (b) $[a,b] = \prod q^{n_q}$, onde os primos q são todos os primos nas fatorações de a e b e n_q é a maior potência de q nessas fatorações.

25. A partir de fatoração de um inteiro, deduzam fórmulas para determinar o número e a soma de seus divisores positivos.

26. Seja $a = \overline{a_n \cdots a_1 a_0} \in \mathbb{Z}$. Então

    (a) a é divisível por 9, se, e somente se, $9 \mid a_0 + a_1 + \cdots + a_n$.

    (b) a é divisível por 5, se, e somente se, $a_0 = 0$ ou $a_0 = 5$.

    (c) a é divisível por 10, se, e somente se, $a_0 = 0$.

    (d) a é divisível por 4, se, e somente se, $4 \mid \overline{a_1 a_0} = a_0 + 10a_1$.

    (e) a é divisível por 8, se, e somente se, $8 \mid \overline{a_2 a_1 a_0} = a_0 + 10a_1 + 100a_2$.

    (f) a é divisível por 11, se, e somente se, $11 \mid a_0 - a_1 + a_2 - \cdots + (-1)^n a_n$.

27. Exprimam 100 como soma de dois inteiros positivos de modo que o primeiro seja divisível por 7 e o segundo divisível por 11.

28. Determinem $x, y \in \mathbb{Z}$ tais que $x + y$ seja o menor inteiro positivo que satisfaz $18x + 5y = 48$. (Resp: 1 e 6)

29. Seja p um número primo. Provem que: se $p \nmid c$ e $ac \equiv bc (\text{mod} p)$ então $a \equiv b (\text{mod} p)$.

30. Seja $a \in \mathbb{Z}$ tal que $(a, 4) = 2$. Mostrem que $a \equiv 2 (\text{mod} 4)$.

31. Determinem $r, s \in \mathbb{Z}$ tais que $10 = 390r + 70s$.

32. Determinem todas as soluções de $13 \mid x^2 + 1$. Qual é a menor solução positiva?

33. Determinem o algarismo das unidades de 9^{9^9} e 7^{7^7}.

34. Mostrem que $6 \mid n(2n + 7)(7n + 1)$ e $30 \mid n(n^2 - 49)(n^2 + 49)$, para todo $n \in \mathbb{N}$.

35. Sejam $a, b, c \in \mathbb{N}$ primos entre si, tais que $a^2 + b^2 = c^2$. Mostrem que

    (a) a ou b é par.

    (b) a ou b é múltiplo de 3.

36. Seja $a \in \mathbb{Z}$ tal que $5 \nmid a$. Mostrem que $a^4 \equiv 1 (\text{mod } 5)$.

37. De quantas e quais maneiras é possível obter 788,00 reais a partir de fichas de 62,00 e de 11,00 reais?

38. Determinem o resto da divisão de 37^5 por 17.

39. Mostrem que para todo $n \in \mathbb{N}$,

    (a) $2 \mid 3^n - 1$.

    (b) $3 \mid n(n^2 - 1)$.

    (c) $3^{2n+1} + 2^{n+2}$ é divisível por 7.

    (d) $3^{4n+2} + 2 \cdot 4^{3n+1}$ é divisível por 17.

    (e) $2^{2n+1} 3^{n+3} + 1$ é divisível por 11.

40. Sejam $a, b, m, n \in \mathbb{Z}, m, n > 0$. Provem:

    (a) $a \equiv b (\text{mod } m)$ e $(c, m) = d$, então $a \equiv b (\text{mod } \frac{m}{d})$

(b) Seja $(m,n) = 1$. Então $a \equiv b(\text{mod } m)$ e $a \equiv b(\text{mod} n)$, se, e somente se, $a \equiv b(\text{mod } mn)$.

41. Neste exercício, apresentaremos uma fórmula para calcular $\phi(m)$.

    (a) Sejam $(m,n) = 1$ e $\mathscr{R}_n$ (respectivamente $\mathscr{R}_m$) um sistema completo de resíduos módulo n (respectivamente m). Então o conjunto $\{rm + sn \mid r \in \mathscr{R}_n, s \in \mathscr{R}_m\}$ é um sistema de resíduos módulo mn. Usem esse fato para obter um sistema reduzido de resíduos módulo mn.

    (b) Se $(m,n) = 1$, então $\phi(mn) = \phi(m)\phi(n)$. Em geral,

    $$\phi(mn) = \phi(m)\phi(n)\frac{c}{\phi(c)},$$

    onde c é o produto dos fatores primos distintos de a e b.

    (c) Se p é primo, então $\phi(p^k) = p^k - p^{k-1}$ para todo $k \in \mathbb{Z}^+$.

    (d) Usem os itens anteriores para calcular $\phi(m)$ a partir da fatoração de m.

    (e) Usem a fórmula obtida no item anterior para mostrar que $\phi(n) \geq \frac{\sqrt{n}}{2}$.

    (f) Sem utilizar os itens (a) e (c), mostrem se n é ímpar, então $\phi(2n) = \phi(n)$.

    (g) $\phi(n) \mid n \Leftrightarrow n = 2^t, t \geq 0$ ou $n = 2^r 3^s, r, s > 0$.

    (h) Determinem todas as soluções de $m\phi(n) = n$.

    (i) Determinem todas as soluções de $\phi(n) = p$, onde p é um primo.

42. Demonstrem o lema (66).

43. Mostrem as seguintes propriedades da função ϕ de Euler:

    (a) Se $n > 2$, então $\phi(n)$ é par.

    (b) Se $n > 2$, então $\sum_{\substack{1 \leq k < n \\ (k,n)=1}} k = \frac{1}{2}n\phi(n)$.

    (c) Para todo $n > 0$, $\sum_{d|n} \phi(d) = n$.

1.3 Relações e Funções

O objetivo desta seção é introduzir o conceito de relação e a partir disso o de função. Esse conceito aparece com frequência em todas as áreas de matemática quando queremos estabelecer alguma propriedade entre os elementos de um ou mais conjuntos. Além disso, estudaremos dois tipos de relações que são os mais frequentes em diversas áreas de matemática: relação de equivalência e relação de ordem.

1.3.1 Relações

Definição 79 Sejam A e B conjuntos não vazios. Todo conjunto $R \neq \varnothing$, $R \subseteq A \times B$ é chamado de relação binária de A em B. Dizemos que R é uma relação sobre A se $R \subseteq A \times A$. O domínio de uma relação binária é

$$\text{Dom}(R) := \{a \in A \mid \exists b \in B \text{ tal que } (a,b) \in R\},$$

e sua imagem é

$$\text{Im}(R) := \{b \in B \mid \exists a \in A \text{ tal que } (a,b) \in R\}.$$

Escrevemos aRb em vez de $(a,b) \in R$ e dizemos que a está relacionado com b. Caso $(a,b) \notin R$, escrevemos $a\not{R}b$.

Em geral, uma relação n-ária é um subconjunto não vazio de produto cartesiano de n conjuntos, e, em particular, uma relação n-ária sobre o conjunto A é um subconjunto não vazio de A^n. Nosso foco é estudar relações binárias.

No caso em que os conjuntos são finitos, podemos contar o número total das relações definidas. De fato, devemos contar o número dos subconjuntos não vazios de $A \times B$. Se $|A| = n$ e $|B| = m$, então $|A \times B| = nm$; logo, o número das relações binárias é $2^{nm} - 1$. Em particular, o número das relações binárias definidas sobre A é $2^{n^2} - 1$. Alguns autores definem uma relação como qualquer subconjunto de um produto cartesiano, inclusive o conjunto vazio. Nesse caso, esses números são 2^{mn} e 2^{n^2}.

As formas mais comuns de apresentar uma relação são listar todos os seus elementos, i.e., apresentar seus elementos explicitamente; apresentar por meio da condição satisfeita por seus elementos, i.e., por meio da propriedade entre a e b quando aRb; e apresentar por meio de um plano cartesiano. Além disso, se A e B são enumeráveis, podemos apresentar a relação por meio de uma matriz ou por meio de um grafo direcionado, ou seja, um conjunto de pontos e segmentos direcionados entre eles.

Exemplos 80 Veremos exemplos para cada tipo de apresentação.

1. Seja R uma relação de $\mathbb{Z}$ em $\mathbb{Q}$ dada por $\{(1,2),(0,\frac{3}{5}),(-3,\frac{5}{2})\}$. Nesse caso, os elementos de R são apresentados explicitamente.

2. Seja $S = \{(r,[r]) \mid r \in \mathbb{Q}\} \subseteq \mathbb{Q} \times \mathbb{Z}$, onde $[x]$ significa a parte inteira de x. Podemos apresentar S por $\{(r,s) \mid s = [r], r \in \mathbb{Q}\}$. Aqui, S é apresentada por meio da relação entre r e s.

3. Explicaremos a apresentação matricial no caso de uma relação R definida de A em B tal que ambos são conjuntos finitos. Sejam $A = \{a_1,\ldots,a_n\}$ e $B = \{b_1,\ldots,b_m\}$. Definimos uma matriz $n \times m$ cujas entradas são definidas por

$$r_{ij} = \begin{cases} 1 \text{ se } a_i R b_j, \\ 0 \text{ se } a_i \not{R} b_j \end{cases}.$$

Denotaremos essa matriz por $[R]$. Por exemplo, a apresentação matricial de $R = \{(1,1),(1,2),(1,3),(2,4)\} \subseteq \{1,2\} \times \{1,2,3,4\}$ é

$$[R] = \begin{pmatrix} 1 & 1 & 1 & 0 \\ 0 & 0 & 0 & 1 \end{pmatrix}$$

A apresentação matricial de uma relação é muito útil para contar o número das relações definidas sobre um conjunto com certas propriedades; vejam o teorema 86 na página 61.

4. Se R é uma relação sobre $A = \{a_1,\ldots,a_n\}$, então consideramos um grafo de n vértices, i.e., um vértice um para cada elemento de A. As arestas direcionadas são definidas da seguinte forma: se $a_i R a_j$, então traçamos uma aresta de a_i direcionada a a_j. Por exemplo, o grafo associado à relação $R = \{(1,1),(1,2),(3,1)\}$ sobre o conjunto $A = \{1,2,3\}$ é

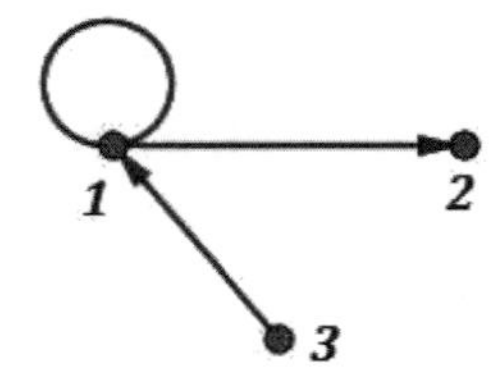

5. A apresentação por meio de grafos de uma relação R de $A = \{a_1, \ldots, a_n\}$ em $B = \{b_1, \ldots, b_m\}$ é, por meio de um grafo bipartido, feita da seguinte forma: Para cada elemento de A e de B marcamos um ponto (vértice), e para cada $(a_i, b_j) \in R$ traçamos uma aresta de a_i a b_j. Por exemplo, para a relação no exemplo (3) teremos a seguinte apresentação:

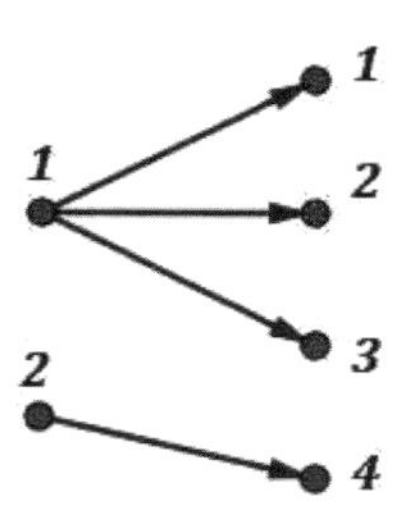

As próximas duas definições mostram como construir relações novas a partir das relações dadas entre conjuntos. A primeira é a inversa de uma relação e a segunda é a composição de duas relações.

Definição 81 Seja R uma relação de A em B. Sua inversa, denotada por R^{-1}, é uma relação de B em A definida por

$$R^{-1} := \{(b,a) \in B \times A \mid (a,b) \in R\}.$$

Ou seja,

$$bR^{-1}a \Longleftrightarrow aRb.$$

Por exemplo, se $R = \{(1,1),(1,2),(1,3),(2,4)\} \subseteq \{1,2\} \times \{1,2,3,4\}$, então

$$R^{-1} = \{(1,1),(2,1),(3,1),(4,2)\} \subseteq \{1,2,3,4\} \times \{1,2\}.$$

Pela definição, é fácil observar que

- $\mathrm{Dom}(R^{-1}) = \mathrm{Im}(R)$,
- $\mathrm{Im}(R^{-1}) = \mathrm{Dom}(R)$,
- a matriz de inversa de uma relação definida entre conjuntos finitos é a transposta da matriz da relação, i.e., $[R^{-1}] = [R]^T$.

Definição 82 Sejam $R \subseteq A \times B$ e $S \subseteq B \times C$ relações. A composição de R e S, denotada por $S \circ R$, é uma relação de A em C definida por

$$S \circ R := \{(a,c) \mid \exists b \in B \text{ tal que } (a,b) \in R \text{ e } (b,c) \in S\}.$$

Pela definição, observamos que é possível construir a composição $S \circ R$ se $\mathrm{Im}(R) \cap \mathrm{Dom}(S) \neq \varnothing$.

Por exemplo, se $R = \{(a,1),(b,3),(b,4),(d,5)\}$ e $S = \{(1,x),(2,y),(5,y),(5,z)\}$, então $S \circ R = \{(a,x),(d,y),(d,z)\}$.

Há dois tipos de relações muito presentes em diversas construções e vários resultados. Eles são as relações de equivalência e de ordem. Em seguida, estudaremos esses dois tipos de relações e apresentaremos alguns resultados nos quais são utilizadas.

Definição 83 Seja R uma relação sobre A.

1. R é reflexiva se para todo $a \in A, aRa$.
2. R é simétrica se
$$aRb \Longrightarrow bRa.$$
3. R é transitiva se
$$aRb \text{ e } bRc \Longrightarrow aRc.$$
4. R é antissimétrica se
$$aRb \text{ e } bRa \Longrightarrow a = b.$$

Seja R uma relação definida sobre um conjunto A. Segue da definição de R^{-1}:

$$R \text{ satisfaz uma das propriedades da definição (83)} \Longleftrightarrow$$

$$R^{-1}\text{satisfaz a mesma propriedade.}$$

Definição 84 Seja R uma relação definida sobre um conjunto A. Diremos que R é uma relação de equivalência se R é reflexiva, simétrica e transitiva; e que R é uma relação de ordem se R é reflexiva, antissimétrica e transitiva. Uma relação de ordem é chamada de ordem total se para todo $a, b \in A$, aRb ou bRa; caso contrário, é chamada de ordem parcial.

É comum denotar uma relação de equivalência por $\sim$ e de ordem por $\leq$ ou $\preceq$.

Exemplos 85

1. Sejam $A = \{1,2\}$ e $R = \{(1,1),(2,2),(1,2)\}$. Então R é reflexiva, mas não é simétrica, pois $(2,1) \notin R$.

2. Seja $a,b,m \in \mathbb{Z}$, $m > 1$. A relação de congruência definida por

$$a \equiv b(\text{mod } m) \Leftrightarrow m \mid a-b$$

sobre $\mathbb{Z}$ é de equivalência.

3. Seja D relação de divisibilidade definida em $\mathbb{Z}$:

$$aDb \Longleftrightarrow a \mid b.$$

Pelas propriedades da divisibilidade, D é reflexiva e transitiva, mas não é simétrica nem antissimétrica. Se considerarmos essa relação em $\mathbb{Z}^+$, então é antissimétrica, portanto a relação de divisibilidade em $\mathbb{Z}^+$ é de ordem. Observem que nesse caso a relação é de ordem parcial.

4. A relação usual de desigualdade entre números reais é uma relação de ordem total.

5. A relação de igualdade definida em qualquer conjunto é de equivalência e de ordem.

6. Sejam Π um plano e $\mathscr{R}$ o conjunto das retas em Π. A relação de paralelismo entre as retas:

$$r,s \in \mathscr{R}, \quad r \parallel s \Longleftrightarrow r = s \text{ ou } r \cap s = \varnothing$$

é uma relação de equivalência. A relação de ortogonalidade em $\mathscr{R}$ é apenas simétrica.

7. Seja X um conjunto. A relação de inclusão no conjunto das partes de X é uma relação de ordem parcial.

No próximo teorema, apresentaremos o número das relações definidas num conjunto finito que satisfazem uma das condições apresentadas na definição (83).

Teorema 86 Seja A um conjunto finito de n elementos. Então

1. O número das relações reflexivas definidas em A é 2^{n^2-n}.

2. O número das relações simétricas definidas em A é $2^{\frac{n^2+n}{2}}$.

3. O número das relações antissimétricas definidas em A é $2^n \cdot 3^{\frac{n^2-n}{2}}$.

Prova. A ideia central da demonstração é utilizar a apresentação matricial de uma relação.

1. Sejam $\Delta_A := \{(a,a) \mid a \in A\}$. O conjunto Δ_A é chamado de diagonal de A. Pela definição, uma relação reflexiva deve conter Δ_A. Então uma relação é reflexiva, se, e somente se, $R = \Delta_A \cup X$, onde $X \subseteq A \times A \setminus \Delta_A$. Portanto, para cada $X \subseteq A \times A \setminus \Delta_A$ teremos uma relação reflexiva em A. Se $|A| = n$, então $|A \times A| = n^2$ e $|\Delta_A| = n$; logo, $|A \times A \setminus \Delta_A| = n^2 - n$. Então concluímos que o número das relações reflexivas definidas num conjunto finito A de n elementos é 2^{n^2-n}. Outra maneira para chegar a esse número é utilizar a forma matricial de R. Observe que R é reflexiva, se, e somente se, todas as entradas do diagonal principal de sua matriz são 1. Uma matriz $n \times n$ possui $n^2 - n$ entradas fora do diagonal principal, e, como há duas possibilidades para essas entradas, teremos 2^{n^2-n} matrizes com essa propriedade, ou seja, 2^{n^2-n} relações reflexivas.

2. Observem que a matriz de uma relação simétrica R em conjunto A é uma matriz simétrica. Para preencher as entradas do diagonal principal há 2^n maneiras e para preencher as entradas acima do diagonal principal, que são $\frac{n(n-1)}{2}$, há $2^{\frac{n(n-1)}{2}}$ maneiras diferentes. Portanto, ao todo teremos $2^n \cdot 2^{\frac{n(n-1)}{2}} = 2^{\frac{n(n+1)}{2}}$ matrizes simétricas cujas entradas são 0 e 1.

3. Seja (r_{ij}) a matriz associada. Como a relação é antissimétrica, as entradas fora do diagonal principal não podem ser iguais a 1 simultaneamente, ou seja,

$$\forall i \neq j, \ \ (r_{ij}, r_{ji}) = (0,0) \text{ ou } (0,1) \text{ ou } (1,0).$$

   Portanto, uma vez escolhendo 0 ou 1 para a entrada r_{ij}, a entrada r_{ji} será unicamente determinada; consequentemente, há $3^{\frac{n^2-n}{2}}$ maneiras de preencher as entradas fora do diagonal principal. No diagonal principal, podemos ter 0 e/ou 1 sem restrição. Então, ao todo haverá $2^n \cdot 3^{\frac{n^2-n}{2}}$ matrizes, ou seja, relações antissimétricas.

□

Para o número das relações transitivas não há fórmula fechada[15]. Isto é, uma fórmula que forneça esse número por meio de uma expressão que envolve polinômios e suas divisões, logaritmos, entre outros. Sejam T_n o número das relações (não vazias) transitivas definidas sobre um conjunto finito de n elementos. Então

$$T_1 = 1,\ T_2 = 12,\ T_3 = 170,\ T_4 = 3993,\ T_6 = 154302, \ldots$$

Para saber mais, vejam [14] e [23].

Definição 87 Seja R uma relação de equivalência sobre A. Para cada $a \in A$ o conjunto

$$\bar{a} := \{x \in A \mid aRx\}$$

é chamado de classe de equivalência de a. O conjunto das classes de equivalência, $\{\bar{a} \mid a \in A\}$, é denotado por A/R e é chamado também de conjunto quociente.

Observem que $A/R \subseteq \mathscr{P}(A)$. Na proposição a seguir, veremos as propriedades das classes de uma relação de equivalência.

Proposição 88 Seja R uma relação de equivalência sobre A. Sejam $a, b \in A$, então

1. $\bar{a} \neq \varnothing$.
2. $a \in \bar{b} \Leftrightarrow \bar{a} = \bar{b}$.
3. $\bar{a} = \bar{b}$ ou $\bar{a} \cap \bar{b} = \varnothing$.
4. $\dot{\bigcup}_{a \in A} \bar{a} = A$.

Prova.

1. Pela definição, R é reflexiva, então para todo $a \in A, aRa$, i.e., $a \in \bar{a}$, portanto $\bar{a} \neq \varnothing$.
2. Sejam $a \in \bar{b}$ e $x \in \bar{a}$. Então xRa e aRb. Pela definição, R é transitiva, portanto xRb, i.e., $x \in \bar{b}$. Então $\bar{a} \subseteq \bar{b}$. Da forma análoga concluímos $\bar{b} \subseteq \bar{a}$. Então $\bar{a} = \bar{b}$. Reciprocamente,

$$\bar{a} = \bar{b} \overset{a \in \bar{a}}{\Longrightarrow} a \in \bar{b}.$$

[15] Até o momento da publicação deste livro!

3. Mostraremos que se $\bar{a} \cap \bar{b} \neq \emptyset$, então $\bar{a} = \bar{b}$. Observem:

$$x \in \bar{a} \cap \bar{b} \Rightarrow x \in \bar{a} \text{ e } x \in \bar{b} \Rightarrow xRa \text{ e } xRb \Rightarrow aRb \overset{(2)}{\Longrightarrow} \bar{a} = \bar{b}.$$

4. Para todo $a \in A, a \in \bar{a}$, então $a \in \bigcup_{a \in A} \bar{a}$, i.e., $A \subseteq \bigcup_{a \in A} \bar{a}$, portanto $\bigcup_{a \in A} \bar{a} = A$. Pelo item anterior, as classes de equivalências são iguais ou disjuntas, portanto A é união disjunta das classes, i.e., $A = \dot{\bigcup}_{a \in A} \bar{a}$.

□

Pela proposição (88), se R é uma relação de equivalência sobre um conjunto, então esse conjunto é a união disjunta das classes de equivalência, e as classes não são vazias. Essas propriedades definem exatamente o conceito de partição de um conjunto, como veremos na próxima definição.

Definição 89 Seja A um conjunto. Uma coleção $\{X_i\}_{i \in I}$ de subconjuntos não vazios de A é chamada de uma partição de A se

- $X_i \cap X_j = \emptyset$ para todo $i, j \in I, i \neq j$,
- $A = \bigcup_{i \in I} X_i$.

Pela definição acima, toda relação de equivalência sobre um conjunto define uma partição cuja coleção $\{X_i\}_{i \in I}$ são as classes $\bar{a}, a \in A$. Reciprocamente, uma partição $\{X_i\}_{i \in I}$ define uma relação de equivalência cujas classes são os conjuntos X_is. Para isso, definam a relação R sobre A por

$$aRb \Longleftrightarrow \exists i \in I \text{ tal que } a, b \in X_i.$$

Essa relação é reflexiva, pois $A = \bigcup_{i \in I} X_i$, portanto todo $a \in A$ pertence a um único X_i, ou seja, para $a \in A, aRa$. Pela definição, R é simétrica. Se aRb e bRc, então existem $i, j \in I$ tais que

$$a, b \in X_i, \text{ e } b, c \in X_j.$$

Então $b \in X_i \cap X_j$; logo, $X_i \cap X_j \neq \emptyset$. Mas isso é possível somente se $i = j$, portanto $a, c \in X_i = X_j$, ou aRc, i.e, R é transitiva. Então R é de equivalência. Dado $a \in A$ a classe definida por a é o único conjunto ao qual a pertence, ou seja, as classes de R são os X_is. Então acabamos de mostrar o seguinte teorema:

Teorema 90 Seja A um conjunto. Então existe uma correspondência biunívoca entre as relações de equivalência sobre A e as partições de A.

Portanto, o número das relações de equivalência sobre um conjunto é dado pelo número das partições desse conjunto. No caso finito, há uma relação de recorrência para esse número. Definam a sequência dos números de Bell[16] por

$$B_{m+1} = \sum_{k=0}^{m} \binom{m}{k} B_k, \quad m \in \mathbb{N}, \ B_0 = 1.$$

O número das partições de um conjunto de n elementos é B_n. Essa relação pode ser obtida da seguinte forma: Seja $\{X_1, \ldots, X_r\}$ uma partição de A e $|A| = n+1$. Para cada escolha de k elementos de A, $k \leq n$, ao removermos esses elementos de algum X_i teremos uma partição de um conjunto de $n-k$ elementos. Como há $\binom{n}{k}$ escolhas para k elementos de A e para cada uma dessas escolhas B_{n-k} número de partições, então

$$B_{n+1} = \sum_{k=0}^{n} \binom{n}{k} B_{n-k} = \sum_{k=0}^{n} \binom{n}{n-k} B_k = \sum_{k=0}^{n} \binom{n}{k} B_k.$$

Sejam A um conjunto finito e R uma relação de equivalência definida em A. Obviamente, se A é finito, então o conjunto quociente A/R é finito. Se A for infinito, então A/R pode ser finito ou infinito, como veremos nos exemplos a seguir.

Exemplos 91

1. Na relação de congruência módulo m definida em $\mathbb{Z}$,

   $$\bar{a} = \{b \in \mathbb{Z} \mid a \equiv b (\mathrm{mod}\ m)\}.$$

   Para todo $a \in \mathbb{Z}$, escrevam $a = mq + r$, $0 \leq r < m$. Então $a \equiv r (\mathrm{mod}\ m)$, ou seja, $a \in \bar{r}$. Pela propriedade (2) da proposição (88), $\bar{a} = \bar{r}$, e pela propriedade (3), as classes $\bar{0}, \ldots, \overline{m-1}$ são distintas. Então, o conjunto das classes de equivalência, i.e., o conjunto quociente nesse caso é $\{\bar{0}, \ldots, \overline{m-1}\}$. Esse conjunto é denotado por $\mathbb{Z}_m := \{\bar{0}, \ldots, \overline{m-1}\}$ e é chamado de conjunto das classes de congruência módulo m. Nesse caso, o conjunto quociente é finito.

2. Sejam $u, v \in \mathbb{R}^2$, definam

   $$uRv \iff \exists \lambda \in \mathbb{R} \setminus \{0\} \text{ tal que } u = \lambda v.$$

   É fácil verificar que R é uma relação de equivalência e

   $$\bar{v} = \{u \in \mathbb{R}^2 \mid u = \lambda v \text{ para algum } \lambda \in \mathbb{R} \setminus \{0\}\}.$$

---

[16] Eric Temple Bell, matemático escocês, 1883-1960.

Notem que $\bar{v} = \{(0,0)\}$ se $v = (0,0)$, e que se $v \neq (0,0)$, então

$$\bar{v} = \{\text{pontos da reta cuja direção é } v\} \setminus \{(0,0)\}.$$

Vejam a figura 1.3. Nesse caso, o conjunto quociente é infinito.

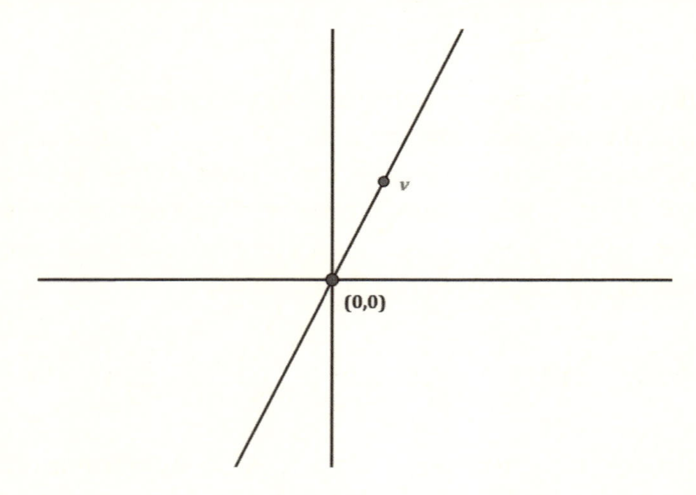

Figura 1.3: relação em $\mathbb{R}^2$

Definição 92 Seja $(A, \preceq)$ parcialmente ordenado e $\emptyset \neq X \subseteq A$. Diremos que:

1. X é limitado superiormente (resp. limitado inferiormente) se

$$\exists a \in A \text{ tal que } \forall x \in X,\ x \preceq a \text{ (resp. } a \preceq x).$$

Todo $a \in A$ com essa propriedade é chamado de limite superior de X (resp. limite inferior de X). Denotamos por

$$\limsup X = \{a \in A \mid x \preceq a, \text{ para todo } x \in X\}$$

e

$$\liminf X = \{a \in A \mid a \preceq x, \text{ para todo } x \in X\}$$

2. Um elemento $a \in A$ é um máximo de X (resp. mínimo de X) se

$$a \in X \cap \limsup X \text{ (resp. } a \in X \cap \liminf X).$$

Escrevemos $a := \max X$ (resp. $a := \min X$)

3. Um elemento $a \in A$ é o supremo de X (resp. ínfimo de X) se $a = \min \limsup X$ (resp. $a = \max \liminf X$). Escrevemos $a := \sup X$ (resp. $a := \inf X$).

4. Um elemento $a \in X$ é um elemento maximal de X (resp. elemento minimal de X) se para todo $x \in A$ tal que $a \prec x$ (resp. $x \prec a$) tem-se que $x \notin X$. Denotamos por

$$\text{elem.max}X := \{\text{elementos maximais de } X\}$$

e

$$\text{elem.min}X := \{\text{elementos minimais de } X\}.$$

Observações 93

1. $\max X$ (resp. $\min X$) se existir, então é único.

2. $\sup X$ e $\inf X$ não são necessariamente elementos de X. Se $\sup X \in X$ (resp. $\inf X \in X$), então $\max X = \sup X$ (resp. $\min X = \inf X$).

3. Se $x \in A$ tal que $x \prec \sup X$ (resp. $\inf X \prec x$), então existe $x_0 \in X$ tal que $x \prec x_0$ (resp. $x_0 \prec x$.)

Exemplos 94

1. Considerem $(\mathbb{R}, \leq)$ e $X = [0,1)$. Então $\lim\sup X = [1, +\infty)$, $\lim\inf X = (-\infty, 0]$, $\text{elem.min}X = \{0\}$, $\nexists \max X$, $\min X = 0$, $\sup X = 1$ e $\inf X = 0$.

2. Sejam V um $\mathbb{K}$-espaço vetorial e $\mathscr{P}(V)$ ordenado pela relação de inclusão.

   (a) Seja $X = \{S \subseteq V \mid S \text{ é linearmente independente}\}$, então

   $$\text{elem.max}X = \{\text{ bases de } V\}, \quad \min X = \varnothing.$$

   (b) Seja $Y = \{S \subseteq V \mid S \text{ gera } V\}$, então

   $$\text{elem.min}Y = \{\text{ bases de } V\}, \quad \max Y = V.$$

Finalizaremos esta seção com um comentário sobre o número das relações de ordem total definidas num conjunto. Começaremos com o caso em que o conjunto é finito. Seja $(A, \preceq)$ um conjunto totalmente ordenado, onde $A = \{a_1, \ldots, a_n\}$. Ao comprarmos os elementos de A por meio da relação $\preceq$, teremos

$$a_{i_1} \preceq a_{i_2} \preceq \cdots \preceq a_{i_n}.$$

Essa sequência define uma permutação dos elementos de A, isto é, uma função bijetora $\tau : A \to A$ dada por $\tau(a_j) = a_{i_j}$ para todo $j = 1,\dots,n$ que pode ser apresentada da seguinte forma:

$$\tau = \begin{pmatrix} a_1 & a_2 & \cdots & a_n \\ a_{i_1} & a_{i_2} & \cdots & a_{i_n} \end{pmatrix}.$$

Reciprocamente, dada uma permutação σ de A, definiremos a relação $\preceq$ da seguinte forma: se $a_i, a_j \in A, \sigma(a_i) = a_k$ e $\sigma(a_j) = a_l$, então

$$a_i \preceq a_j \Leftrightarrow k \leq l,$$

onde $\leq$ é a desigualdade usual entre números. É fácil verificar que $(A, \preceq)$ é totalmente ordenado. Esse argumento pode ser utilizado da mesma forma no caso de conjuntos infinitos enumeráveis. Nesse caso, existe uma bijeção entre A e $\mathbb{N}$, portanto podemos escrever $A = \{a_i \mid i \in \mathbb{N}\}$ e construir um argumento parecido com os índices igual ao caso em que A é finito. Então:

Teorema 95 Seja A um conjunto enumerável. Então existe uma correspondência biunívoca entre as relações de ordem total sobre A e as permutações de A. Portanto, se A for finito e $\#A = n$, então existem $n!$ relações de ordem total sobre A.

Não podemos finalizar esta seção sem mencionar o lema de Kuratowski-Zorn[17]. Esse lema é a ferramenta principal na demonstração de vários resultados em análise, álgebra, topologia, etc. Em geral, é utilizado para mostrar a existência de certos *objetos*, por exemplo a existência de base para espaços vetoriais de dimensão infinita, ideais maximais nos anéis com unidade, entre outros. Na prática, funciona como uma indução infinita nos conjuntos ordenados. Há vários resultados equivalentes a esse lema; vejam [20].

Lema 96 (Kuratowski-Zorn) Seja $(X, \preceq)$ um conjunto parcialmente ordenado. Se toda cadeia dos elementos de X possui elemento maximal, então X possui elemento maximal.

O objetivo aqui não é fazer a demonstração desse lema. Para compreendermos seu funcionamento, faremos alguns exemplos de resultados cujas demonstrações são feitas por meio desse lema.

Seja V um espaço vetorial. Se a dimensão de V for finita, então, por indução sobre sua dimensão, podemos mostrar que V possui base. Essa

[17]Apresentado, independentemente, por Kazimierz Kuratowski (matemático polonês, 1896-1980) em 1922 e por Max Zorn (matemático alemão, 1906-1993) em 1935.

demonstração não funciona no caso em que a dimensão é infinita. Nesse caso, podemos usar o lema 96. De fato, devemos mostrar que o conjunto

$$\mathscr{L} := \{L \subset V \mid L \text{ é linearmente independente}\}$$

possui elemento maximal. Esse conjunto é parcialmente ordenado com respeito à inclusão e não é vazio, pois para todo $v \in V \setminus \{0\}$, $\{v\} \in \mathscr{L}$. Dada uma cadeia dos elementos de $\mathscr{L}$,

$$L_1 \subseteq L_2 \subseteq \cdots,$$

claramente $\bigcup_i L_i \in \mathscr{L}$ e contém todos os L_is, ou seja, toda cadeia dos elementos de $\mathscr{L}$ possui elemento maximal. Portanto, pelo lema de Kuratowski-Zorn, $\mathscr{L}$ possui elemento maximal, i.e., V possui base. Outro exemplo de aplicação do lema de Kuratowski-Zorn é a proposição 249 na página 168.

1.3.2 Funções

Nesta seção, veremos como o conceito de função pode ser definido a partir de relação. Além disso, definiremos as noções de imagens direta e inversa e veremos suas principais propriedades.

Definição 97 Sejam A e B conjuntos não vazios. Uma função de A para B é uma relação $R \subseteq A \times B$ com a seguinte propriedade:

$$aRb \text{ e } aRc \Longrightarrow b = c.$$

Em outras palavras,

$$(x,y),(s,t) \in R, (x,y) \neq (s,t) \Rightarrow x \neq s.$$

Para denotar uma função de A em B é comum usar letras minúsculas como f, g, h... e escrever $f : A \to B$. Se $a \in A$ está relacionado com $b \in B$, ou seja, se (a,b) pertence a relação, então escrevemos $f(a) = b$. Outros termos comuns para função são *aplicação* e *mapa*.

Exemplos 98

1. A relação de divisibilidade definida em $\mathbb{Z}$ não é uma função, basta observar $2 \mid 4$ e $2 \mid 6$ e $4 \neq 6$.

2. A relação $R = \{(a,b) \mid a^2 + b^2 = 1\} \subseteq \mathbb{R}^2$ não é uma função, pois $(1,1), (1,-1) \in R$, mas $1 \neq -1$.

3. Claramente a relação $\{(a,a^2) \mid a \in \mathbb{R}\}$ é uma função de $\mathbb{R}$ em $\mathbb{R}$:

$$\begin{cases} f & : & \mathbb{R} & \longrightarrow & \mathbb{R} \\ & & a & \longmapsto & a^2 \end{cases}.$$

4. A relação $\{(a,|a|) \mid a \in \mathbb{R}\} \subseteq \mathbb{R}^2$ é a função valor absoluto definido em $\mathbb{R}$:

$$\begin{cases} g & : & \mathbb{R} & \longrightarrow & \mathbb{R} \\ & & a & \longmapsto & |a| \end{cases}.$$

Definição 99 Sejam $f: A \to B$ uma função, $X \subseteq A$ e $Y \subseteq B$. A imagem direta de X é definida por

$$f(X) := \{f(x) \mid x \in X\} \subseteq B,$$

e a imagem inversa de Y é

$$f^{-1}(Y) := \{a \in A \mid f(a) \in Y\} \subseteq A.$$

Em particular, a imagem de f é $\mathrm{Im}(f) := f(A)$. Se $Y = \{b\}$, então escrevemos $f^{-1}(b)$ em lugar de $f^{-1}(\{b\})$ e chamamos esse conjunto de fibra sobre b ou conjunto de nível de b.

É importante não confundir a notação utilizada acima com a notação utilizada para a inversa de uma função.

As imagens direta e inversa podem ser vistas como funções entre os conjuntos das potências. Seja $f: A \to B$ uma função. Dado $X \subseteq A$ sua imagem direta pela função f é um subconjunto de B. Então temos a seguinte função:

$$\begin{cases} f_* & : & \mathscr{P}(A) & \longrightarrow & \mathscr{P}(B) \\ & & X & \longmapsto & f(X) \end{cases}.$$

No caso da imagem inversa,

$$\begin{cases} f^* & : & \mathscr{P}(B) & \longrightarrow & \mathscr{P}(A) \\ & & Y & \longmapsto & f^{-1}(Y) \end{cases}.$$

Observações 100 A partir das noções das imagens direta e inversa podemos definir injetividade, sobrejetividade e bijetividade das funções da seguinte forma: Uma função $f: A \to B$

1. é injetiva, se, e somente se, $|f^{-1}(b)| \leq 1$ para todo $b \in B$.

2. é injetiva, se, e somente se, $|f(X)| = |X|$ para todo $X \subseteq A$, $|X| < \infty$.

3. é sobrejetiva, se, e somente se, $f^{-1}(b) \neq \varnothing$ para todo $b \in B$.

4. é bijetiva, se, e somente se, $|f^{-1}(b)| = 1$ para todo $b \in B$.

Na próxima proposição, veremos como as imagens direta e inversa se comportam em relação às operações entre conjuntos.

Proposição 101 Sejam $f : A \to B$ uma função, $X_1, X_2 \subseteq$ e $Y_1, Y_2 \subseteq B$.

1. $f(X_1) = \varnothing \Leftrightarrow X_1 = \varnothing$.
2. $f^{-1}(Y_1) = \varnothing \Leftrightarrow Y_1 \subseteq B \setminus f(A)$.
3. $X_1 \subseteq X_2 \Rightarrow f(X_1) \subseteq f(X_2)$.
4. $Y_1 \subseteq Y_2 \Rightarrow f^{-1}(Y_1) \subseteq f^{-1}(Y_2)$.
5. $f(X_1 \cup X_2) = f(X_1) \cup f(X_2)$.
6. $f(X_1 \cap X_2) \subseteq f(X_1) \cap f(X_2)$, a igualdade ocorre se f é injetiva.
7. $f(X_1) \setminus f(X_2) \subseteq f(X_1 \setminus X_2)$, a igualdade ocorre se f é injetiva.
8. $f(X_1) \Delta f(X_2) \subseteq f(X_1 \Delta X_2)$, a igualdade ocorre se f é injetiva.
9. $f^{-1}(Y_1 \cup Y_2) = f^{-1}(Y_1) \cup f^{-1}(Y_2)$.
10. $f^{-1}(Y_1 \cap Y_2) = f^{-1}(Y_1) \cap f^{-1}(Y_2)$.
11. $f^{-1}(Y_1 \setminus Y_2) = f^{-1}(Y_1) \setminus f^{-1}(Y_2)$.
12. $f^{-1}(Y_1 \Delta Y_2) = f^{-1}(Y_1) \Delta f^{-1}(Y_2)$.

Prova. As demonstrações são simples e as deixaremos como exercício. Observem que o item (8) é consequência direta dos itens (5), (6) e (7); e o item (12) dos itens (9), (10) e (11). Faremos a demonstração do item (6):

$$\begin{aligned} b \in f(X_1 \cap X_2) &\Rightarrow \exists a \in X_1 \cap X_2,\ b = f(a) \overset{a \in X_1}{\underset{a \in X_2}{\Longrightarrow}} b \in f(X_1) \text{ e } b \in f(X_2) \\ &\Rightarrow b \in f(X_1) \cap f(X_2). \end{aligned}$$

Se f é injetiva, então

$$b \in f(X_1) \cap f(X_2) \Rightarrow \exists x_1 \in X_1, x_2 \in X_2,\ b = f(x_1) = f(x_2) \xRightarrow{\text{injetividade de } f} x_1 = x_2,$$

ou seja, $x_1 = x_2 \in X_1 \cap X_2$; logo, $b \in f(X_1 \cap X_2)$. Portanto, se f é injetiva, então $f(X_1 \cap X_2) = f(X_1) \cap f(X_2)$. □

Proposição 102 Sejam $f : A \to B$ uma função, $X \subseteq A$ e $Y \subseteq B$. Então

1. $X \subseteq f^{-1}(f(X))$, a igualdade ocorre, se, e somente se, f é injetiva.
2. $f(f^{-1}(Y)) \subseteq Y$, a igualdade ocorre se $Y \subseteq \text{Im} f$, em particular se f é sobrejetiva.

Prova. Para o primeiro item,

$$a \in X \Rightarrow f(a) \in f(X) \Rightarrow a \in f^{-1}(f(X)),$$

portanto $X \subseteq f^{-1}(f(X))$. Se f é injetiva,

$$a \in f^{-1}(f(X)) \Rightarrow f(a) \in f(X) \Rightarrow \exists a' \in X,\ f(a) = f(a') \xrightarrow{\text{injetividade de } f} a = a',$$

portanto $a = a' \in X$. Então concluímos que, se f é injetiva, então $X = f^{-1}(f(X))$. Reciprocamente,

$$f(a) = f(b) \Rightarrow a \in f^{-1}(f(b)) = \{b\} \Rightarrow a = b,$$

ou seja, f é injetiva. Para demonstrar o segundo item,

$$b \in f(f^{-1}(Y)) \Rightarrow \exists b' \in f^{-1}(Y),\ b = f(b').$$

De $b' \in f^{-1}(Y)$ e pela definição da imagem inversa, $f(b') \in Y$; logo, $b = f(b') \in Y$. Se $Y \subseteq \text{Im} f$,

$$b \in Y \Rightarrow \exists b' \in B,\ b = f(b') \Rightarrow b' \in f^{-1}(b) \subseteq f^{-1}(Y) \Rightarrow b = f(b') \in f(f^{-1}(Y)).$$

Então concluímos que se $Y \subseteq \text{Im} f$, então $f(f^{-1}(Y)) = Y$. Em particular, se f é sobrejetiva, então $\text{Im}(f) = B$; logo, para todo $B \subseteq Y$ teremos a igualdade.

Exemplos 103

1. Seja $f : \mathbb{R} \to \mathbb{R}$ definida por $f(a) = a^2$, $X = \{-1, 0, 1, 2\}$ e $Y = \{0, 2, -3\}$. Então

   $$f(X) = \{f(-1), f(0), f(1), f(2)\} = \{1, 0, 1, 4\} = \{1, 0, 4\}.$$

   Para determinarmos $f^{-1}(Y)$, devemos resolver as equações

   $$f(a) = 0, f(a) = 2 \text{ e } f(a) = -3.$$

   A primeira possui apenas uma solução: $a = 0$; a segunda possui duas: $a = \pm\sqrt{2}$; e a última não possui solução real. Portanto, $f^{-1}(Y) =$

$\{0, \sqrt{2}, -\sqrt{2}\}$. Aproveitamos para verificar a proposição (102). Observem que f não é injetiva e

$$X \subsetneqq f^{-1}(f(X)) = \{-1, 1, 0, -2, 2\};$$

e nem é sobrejetiva e

$$f(f^{-1}(Y)) = \{0, 2\} \subsetneqq Y.$$

2. Considerem a função $\sin : \mathbb{R} \to \mathbb{R}$. Então $\sin(\mathbb{R}) = [-1, 1]$ e $\sin^{-1}(1) = \{2k\pi + \frac{\pi}{2} \mid k \in \mathbb{Z}\}$.

3. Considerem $f : \mathbb{R}^2 \to \mathbb{R}$ dada por $f(x,y) = x^2 + y^2$. Então $f(x,y) \geq 0$ para todo $(x,y) \in \mathbb{R}^2$; logo, $\mathrm{Im} f \subseteq \mathbb{R}^{\geq 0}$. Dado $r \in \mathbb{R}^{\geq 0}$, escrevam $r = (\sqrt{r})^2 + 0 = f(\sqrt{r}, 0)$, então $\mathbb{R}^{\geq 0} \subseteq \mathrm{Im} f$. Isto é, $\mathrm{Im} f = \mathbb{R}^{\geq 0}$. Para todo $r \in \mathbb{R}^+$, a fibra $f^{-1}(r) = \{(x,y) \mid x^2 + y^2 = r\}$ é uma circunferência e $f^{-1}(0) = \{(0,0)\}$ é um ponto.

4. Considerem a função

$$\begin{cases} h & : & \mathbb{R} & \longrightarrow & \mathbb{R}^2 \\ & & x & \longmapsto & (x-1, x+1) \end{cases}.$$

Determinaremos $h(\mathbb{R}) = \mathrm{Im} h$:

$$\mathrm{Im} h = \{h(x) \mid x \in \mathbb{R}\} = \{(x-1, x+1) \mid x \in \mathbb{R}\}.$$

Sejam $t := x - 1$ e $s := x + 1$. Então $s - t = 2$. Reciprocamente, se $(t,s) \in \mathbb{R}^2$ tal que $s - t = 2$, então existe $x \in \mathbb{R}$ tal que $h(x) = (t,s)$, pois

$$h(x) = (t,s) \Leftrightarrow (x-1, x+1) = (t,s) \Leftrightarrow x = t + 1 = s - 1.$$

Então concluímos que a imagem de h é a reta dada pela equação $s - t = 2$. Além disso, a fibra $h^{-1}(t,s) \neq \varnothing$, se, e somente se, $s - t = 2$, e nesse caso consiste em apenas um elemento: $x = t + 1 = s - 1$; vejam a figura (1.4).

5. Considerem a função

$$\begin{cases} g & : & \mathbb{R}^2 & \longrightarrow & \mathbb{R}^2 \\ & & (x,y) & \longmapsto & (x-y, x+y) \end{cases}.$$

Determinaremos $g(C)$, onde $C = \{(a,b) \mid a^2 + b^2 = r^2\}$. Dado $(a,b) \in C$, temos de obter a relação entre as coordenadas do ponto $g(a,b) = (a - b, a + b)$. Sejam

$$\begin{cases} a - b = s \\ a + b = t \end{cases} \Rightarrow \begin{cases} a = \frac{s+t}{2} \\ b = \frac{t-s}{2} \end{cases} \xrightarrow{a^2+b^2=r^2} s^2 + t^2 = 2r^2,$$

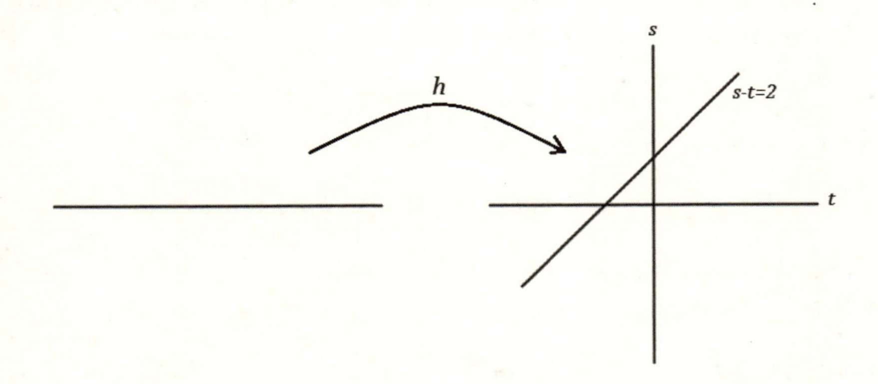

Figura 1.4: função h e sua imagem

ou seja, $g(C) \subseteq C' = \{(s,t) \mid s^2 + t^2 = 2r^2\}$. Reciprocamente, dados $(s,t) \in C'$, é fácil verificar que $g(\frac{s+t}{2}, \frac{t-s}{2}) = (s,t)$ e que $(\frac{s+t}{2}, \frac{t-s}{2}) \in C$. Então concluímos que $g(C) = C'$; vejam a figura (1.5).

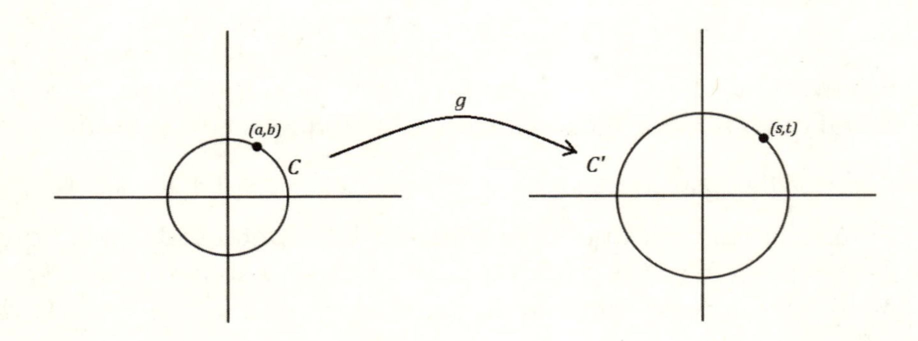

Figura 1.5: $g(C) = C'$

1.4 Operações

O objetivo desta seção é estudar as operações binárias. Essas são fundamentais nas definições de todas as estruturas que estudaremos nos próximos capítulos.

Definição 104 Seja X um conjunto. Toda função $f : X \times X \to X$ é chamada de uma operação binária definida em X.

Em geral, usaremos notações do tipo $*$, $\circ$, etc. para denotar uma operação.

Definição 105 Sejam X um conjunto munido de operação $*$ e $Y \subseteq X$. Diremos que Y é fechado para a operação se $a * b \in Y$ para todo $a, b \in Y$.

Exemplos 106

1. As operações mais conhecidas são adição, subtração e multiplicação nos conjunto numéricos. A divisão é uma operação se considerarmos os números não nulos.

2. A adição entre matrizes da mesma ordem e a multiplicação entre matrizes quadradas são operações.

3. Sejam $m \in \mathbb{Z}, m > 1$ e $\mathbb{Z}_m$ o conjunto das classes de equivalência módulo m. As operações de adição e multiplicação sobre $\mathbb{Z}_m$ são dadas por

$$\bar{a} \oplus \bar{b} := \overline{a+b} \text{ e } \bar{a} \odot \bar{b} := \overline{ab}.$$

Mostremos que as operações estão bem definidas. Suponham que $(\bar{a}, \bar{b}) = (\bar{c}, \bar{d})$, então

$$\bar{a} = \bar{c}, \bar{b} = \bar{d} \Rightarrow a \equiv c (\text{mod } m), b \equiv d (\text{mod } m).$$

Logo, $a + b \equiv c + d (\text{mod } m)$ e $ab \equiv cd (\text{mod } m)$. Então $\overline{a+b} = \overline{c+d}$ e $\overline{ac} = \overline{bd}$, portanto $\bar{a} \oplus \bar{b} = \bar{c} \oplus \bar{d}$ e $\bar{a} \odot \bar{b} = \bar{c} \odot \bar{d}$.

4. A interseção, a união, a diferença e a diferença simétrica definidas entre subconjuntos de um conjunto X são operações em $\mathscr{P}(X)$.

5. Considerem a operação adição em $\mathbb{Z}$. Então o conjunto dos números pares é fechado para a adição, mas o conjunto dos números ímpares não é. Se considerarmos a operação multiplicação, então ambos são fechados.

Definição 107 Seja $* : X \times X \to X$ uma operação. Diremos que:

1. A operação é associativa se para todo $a, b, c \in X, (a * b) * c = a * (b * c)$.

2. A operação é comutativa se para todo $a, b \in X, a * b = b * a$.

3. X admite um elemento neutro para a operação se

$$\exists e \in X \text{ tal que } \forall a \in X,\ e * a = a = a * e.$$

4. Suponham que X admita um elemento neutro e. Um elemento $a \in X$ é invertível com relação a operação se existe um elemento de X, em geral denotado por a^{-1}, tal que $a * a^{-1} = e = a^{-1} * a$. O elemento a^{-1} é chamado de inverso de a com respeito a operação.

5. Um elemento $a \in X$ é regular para a operação se para todo $x, y \in X$ satisfizer as seguintes condições:

$$x * a = y * a \Rightarrow x = y,$$

$$a * x = a * y \Rightarrow x = y.$$

   Se $a \in X$ satisfaz somente a primeira (resp. segunda) condição acima, então diremos que é regular à direita (resp. esquerda).

Proposição 108 Seja X um conjunto e munido de operação $*$.

1. Se X possui elemento neutro, então esse elemento é único.

   Além disso, se a operação for associativa, então:

2. inverso de um elemento invertível é único.

3. todo elemento invertível é regular.

4. se a e b são invertíveis, então $a * b$ também é invertível e $(a * b)^{-1} = b^{-1} * a^{-1}$.

Prova.

1. Se e_1 e e_2 forem elementos neutros, então

$$\begin{aligned} e_1 &= e_1 * e_2 && e_2 \text{ é elemento neutro} \\ &= e_2 && e_1 \text{ é elemento neutro.} \end{aligned}$$

   Portanto, se X admite elemento neutro, então esse é único.

2. Sejam $e \in X$ o elemento neutro e b e c inversos de $a \in X$, então

$$\begin{aligned} b = e * b = (c * a) * b &= c * (a * b) \\ &= c * e \\ &= c. \end{aligned}$$

   Portanto, inverso é único.

3. Sejam $a \in X$ invertível e $x * a = y * a$. Então

$$\begin{aligned}(x*a)*a^{-1} = (y*a)*a^{-1} &\Rightarrow x*(a*a^{-1}) = y*(a*a^{-1}) \\ &\Rightarrow x*e = y*e,\end{aligned}$$

ou seja, $x = y$. A verificação da segunda condição é similar. Portanto, a é regular.

4. Basta verificar que:

$$(a*b)*(b^{-1}*a^{-1}) = (b^{-1}*a^{-1})*(a*b) = e;$$

logo, $(a*b)^{-1} = b^{-1}*a^{-1}$.

□

Exemplos 109

1. Seja $\mathscr{F}(\mathbb{R})$ o conjunto de todas as funções reais. As operações adição, multiplicação e composição em $\mathscr{F}(\mathbb{R})$ são definidas respectivamente por:

$$(f+g)(x) := f(x)+g(x),\ (f \cdot g)(x) := f(x) \cdot g(x),\ (f \circ g)(x) := f(g(x)).$$

Observem que a composição $f \circ g$ é definida somente quando $\mathrm{Im}(g) \cap \mathrm{Dom}(f) \neq \varnothing$.

   (a) $\{f \in \mathscr{F}(\mathbb{R}) \mid f(x) = f(-x), \forall x \in \mathbb{R}\}$ é fechado para todas as operações acima.
   (b) $\{f \in \mathscr{F}(\mathbb{R}) \mid f(x) = -f(-x), \forall x \in \mathbb{R}\}$ é fechado para a adição, mas não é fechado para a multiplicação.
   (c) $\{f \in \mathscr{F}(\mathbb{R}) \mid f \text{ é bijetora}\}$ é fechado para a composição.
   (d) $\{f \in \mathscr{F}(\mathbb{R}) \mid f \text{ é derivável}\}$ é fechado para a multiplicação.

2. Seja $\mathrm{M}_n(\mathbb{R})$ o conjunto das matrizes quadradas de ordem n cujas entradas são números reais.

   (a) $\{A \in \mathrm{M}_n(\mathbb{R}) \mid A = A^t\}$ é fechado para a adição.
   (b) $\{A \in \mathrm{GL}_n(\mathbb{R}) \mid A^{-1} = A^t\}$ é fechado para a multiplicação.

3. A operação adição em $\mathbb{N} = \{0, 1, 2, \ldots\}$ é comutativa e satisfaz a lei de cancelamento, i.e.,

$$a + m = a + n \Rightarrow m = n.$$

Ou seja, todo $a \in \mathbb{N}$ é regular. Observem que $e = 0$ é o elemento neutro de $(\mathbb{N}, +)$, mas não há elementos invertíveis. Isso mostra que e recíproca do item (3) da proposição (108) não vale.

4. A lei de cancelamento é válida para a multiplicação em $\mathbb{Z}\setminus\{0\}$:

$$am = an \Longrightarrow m = n.$$

Ou seja, todo $a \in \mathbb{Z}\setminus\{0\}$ é regular. Observem que nesse caso há elemento neutro, mas, exceto ± 1, nenhum outro inteiro possui inverso multiplicativo.

5. Seja A um conjunto. As operações união, interseção e diferença simétrica definidas em $\mathscr{P}(A)$ são associativas e comutativas. O conjunto vazio é o elemento neutro no caso da união e da diferença simétrica e A no caso da interseção: para todo $Y \in \mathscr{P}(A)$,

$$Y \cup \varnothing = Y, \quad Y\Delta\varnothing = Y, \quad Y \cap A = Y.$$

Somente no caso da diferença simétrica há elementos invertíveis. De fato, nesse caso todo $Y \in \mathscr{P}(A)$ possui inverso:

$$Y\Delta Y = \varnothing,$$

ou seja, o inverso de Y é o próprio Y.

6. Seja $m > 1$ um inteiro e considere $\mathbb{Z}_m$ munido de $\oplus$. Essa operação é associativa, comutativa, a classe $\overline{0}$ é o elemento neutro e o inverso de $\overline{a}$ é $\overline{-a}$.

7. Seja $m > 1$ um inteiro e considere $\mathbb{Z}_m$ munido de $\odot$. Essa operação é associativa, comutativa e a classe $\overline{1}$ é o elemento neutro. Pelo teorema de Bézout, os elementos invertíveis são $U(\mathbb{Z}_m) := \{\overline{a} \in \mathbb{Z}_m \mid (a,m) = 1\}$.

1.4.1 Tábua de uma Operação sobre um Conjunto Finito

Seja $X = \{a_1, \ldots, a_n\}$ munido da operação $*$. A tábua de $(X, *)$ é construída como na tabela abaixo. A primeira linha e a primeira coluna à esquerda são os elementos de X e são chamadas de *linha fundamental* e *coluna fundamental*.

$*$	a_1	...	...	a_i	...	a_j	...	...	a_n
a_1	...	...	...	...	...	...	...	...	...
...	...	...	...	...	...	...	...	...	...
...	...	...	...	...	...	...	...	...	...
a_i	...	...	...	...	...	$a_i * a_j$	...	...	...
...	...	...	...	...	...	...	...	...	...
a_j	...	...	...	$a_j * a_i$	...	...	...	...	$a_j * a_n$
...	...	...	...	...	...	...	...	...	...
...	...	...	...	...	...	...	...	...	...
a_n	...	...	...	...	...	$a_n * a_j$	...	...	...

Algumas propriedades da operação podem ser verificadas a partir dessa tábua.

• A operação $*$ é comutativa se a tábua é simétrica em relação ao diagonal principal.

• Existe um elemento neutro, se existirem uma linha e uma coluna idênticas às fundamentais.

• Seja L_i a linha iniciada por a_i. Se nessa linha o elemento neutro e se situa na coluna C_j, então o inverso de a_i inicia na coluna C_j, ou seja, no cruzamento da linha L_i com a coluna C_j se encontra o elemento neutro e.

• Um elemento a_k é regular para a operação $*$, se na linha L_k e na coluna C_k não há elementos repetidos. Na coluna C_k da tábua acima figuram os elementos $a_i * a_k$ e $a_j * a_k$ que devem ser distintos, pois, caso contrário, implicariam $a_i = a_j$.

Por exemplo, a tábua da operação adição em $\mathbb{Z}_4$ é dada por

$\oplus$	$\overline{0}$	$\overline{1}$	$\overline{2}$	$\overline{3}$
$\overline{0}$	$\overline{0}$	$\overline{1}$	$\overline{2}$	$\overline{3}$
$\overline{1}$	$\overline{1}$	$\overline{2}$	$\overline{3}$	$\overline{0}$
$\overline{2}$	$\overline{2}$	$\overline{3}$	$\overline{0}$	$\overline{1}$
$\overline{3}$	$\overline{3}$	$\overline{0}$	$\overline{1}$	$\overline{2}$

Exercícios

1. Obtenham a relação entre as matrizes de duas relações e sua composição.

2. Obtenham uma condição sobre a matriz de uma relação pela qual possamos verificar se ela é uma função.

3. Determinem $\limsup X$, $\liminf X$, elem.max$X$, elem.min, $\max X$, $\min X$, $\sup X$ e $\inf X$ caso existam.

   (a) $X = \{2,3,5,6,10,15,18\} \subseteq \mathbb{N}$ ordenado pela relação de divisibilidade.

   (b) $X = \{\{a\},\{b\},\{b,c\},\{a,b,c\}\} \subseteq \mathscr{P}(\{a,b,c\})$ ordenado pela relação de inclusão.

4. Seja $f : X \to Y$ uma função. Sobre X definam a relação

$$xRx' \iff f(x) = f(x').$$

   Provem que R é uma relação de equivalência. Determinem as classes de equivalência.

5. Seja $f : [0,1] \to \mathbb{R}$ uma função estritamente decrescente e $S = \mathrm{Im} f$. Mostrem que $f(0) = \max S$ e $f(1) = \min S$.

6. Provem que as relações R abaixo são de equivalência.

   (a) Sobre $\mathbb{R}$ definida por $xRy \Leftrightarrow x = y$ ou $x = -y$.

   (b) Sobre $\mathbb{C}$ definida por $(x+yi)R(z+ti) \Leftrightarrow x^2+y^2 = z^2+t^2$.

7. Mostrem que a relação $\preceq$ definida sobre $\mathbb{N} \times \mathbb{N}$ por

$$(a,b) \preceq (c,d) \iff a \mid c \text{ e } b \leq d$$

   é uma relação de ordem. Seja $A = \{(1,2),(2,1)\}$. Determinem $\limsup A$, $\liminf A$, $\max A$, $\min A$, $\sup A$, $\inf A$, Elem.Max A e Elem.Min A.

8. Mostrem que a relação sobre $\mathbb{N}$ definida por

$$a \leq b \Leftrightarrow \exists x \in \mathbb{N} \text{ tal que } b = a + x$$

   é uma ordem total.

9. Seja $A = \{1,2,3,4,6,9,12,18,36\}$ ordenado pela relação de "divisibilidade". Seja $B = \{3,6,9\}$. Determinem $\limsup B$, $\limsup B$, Elem.Max B, Elem.Min B e, caso existam, determinem $\max B$, $\min B$, $\sup B$ e $\inf B$.

10. Mostrem que a relação $x \sim y \Leftrightarrow xy > 0$ sobre $\mathbb{R} \setminus \{0\}$ é uma relação de equivalência e determinem $\mathbb{R} \setminus \{0\} / \sim$.

11. Seja R uma relação sobre A tal que R é reflexiva e satisfaz a seguinte propriedade:
$$\forall x, y, z \in A,\ xRy \text{ e } yRz \Rightarrow zRx.$$
Mostrem que R é uma relação de equivalência.

12. Seja $A = \{a_1, \ldots, a_n\} \subset \mathbb{N}$ ordenado pela relação de divisibilidade. Se $d = (a_1, \ldots, a_n)$ e $m = [a_1, \ldots, a_n]$, mostrem que $d = \inf A$ e $m = \sup A$.

13. Mostrem que a relação R definida sobre $\mathbb{Q}$ por
$$xRy \iff x - y \in \mathbb{Z},$$
é uma relação de equivalência e determinem $\bar{1}$.

14. Seja $n \in \mathbb{Z}^+$. Mostrem que a relação R definida sobre $\mathbb{Q}$ por
$$xRy \iff \frac{x-y}{n} \in \mathbb{Z},$$
é uma relação de equivalência e determinem suas classes.

15. Neste exercício, veremos a construção do conjunto dos números inteiros a partir dos números naturais. Considerem a seguinte relação sobre $\mathbb{N} \times \mathbb{N}$:
$$(a,b) \sim (c,d) \iff a + d = b + c.$$

    (a) Verifiquem que $\sim$ é uma relação de equivalência. Representem geometricamente $\overline{(0,0)}$ e $\overline{(1,0)}$.

    (b) Denotem o conjunto quociente por $\mathbb{Z}$:
    $$\mathbb{Z} := \mathbb{N} \times \mathbb{N}/\sim = \{\overline{(a,b)} \mid (a,b) \in \mathbb{N} \times \mathbb{N}\}.$$
    Esse conjunto é chamado de *conjunto dos números inteiros*. Definimos as operações de adição e multiplicação em $\mathbb{Z}$ por:
    $$\overline{(a,b)} + \overline{(c,d)} := \overline{(a+c, b+d)},$$
    $$\overline{(a,b)} \cdot \overline{(c,d)} := \overline{(ac+bd, ad+bc)}.$$
    Mostrem que essas operações estão bem definidas e que satisfazem todas as propriedades da definição (107). Observem que $\overline{(0,0)}$ representa o número zero em $\mathbb{Z}$ e o oposto de $\overline{(a,b)}$ é $\overline{(b,a)}$. Além disso, a função $\iota : \mathbb{N} \to \mathbb{Z}$ definida por $\iota(a) = \overline{(a,0)}$ é injetiva. Portanto, podemos identificar sua imagem por $\mathbb{N}$, i.e., podemos identificar $\mathbb{N}$ como subconjunto de $\mathbb{Z}$. Ou seja, $a \in \mathbb{N}$ é o

inteiro $\overline{(a,0)}$, esses serão os inteiros positivos. Como o oposto de $\overline{(a,0)}$ é $\overline{(0,a)}$, podemos dizer que os inteiros negativos são $\overline{(0,a)}$ denotados por $-a$. Pela definição da adição, podemos escrever:

$$\overline{(a,b)} = \overline{(a,0)} + \overline{(0,b)} = \overline{(a,0)} - \overline{(b,0)} = \iota(a) - \iota(b) = a - b.$$

A última igualdade seria um *abuso* de notação: considerar $a \in \mathbb{N}$ igual a sua imagem $\iota(a) \in \mathbb{Z}$. A partir disso, podemos justificar a definição da multiplicação: como queremos que a multiplicação seja distributiva em relação à adição,

$$\begin{aligned}
\overline{(a,b)} \cdot \overline{(c,d)} &= (a-b)\cdot(c-d) = (ac+bd) - (ad+bc) \\
&= \iota(ac+bd) - \iota(ad+bc) \\
&= \overline{(ac+bd,0)} + \overline{(0,ad+bc)} \\
&= \overline{(ac+bd,ad+bc)}.
\end{aligned}$$

(c) Sejam $x = \overline{(a,b)}$ e $y = \overline{(c,d)}$ e definam

$$x \preceq y \Leftrightarrow a+d \leq b+c.$$

Mostrem que $\preceq$ é de ordem total.

16. Neste exercício, veremos a construção do conjunto dos números racionais a partir dos números inteiros. Seja $\mathbb{Z}^* := \mathbb{Z} \setminus \{0\}$ e considerem a seguinte relação sobre $\mathbb{Z} \times \mathbb{Z}^*$:

$$(a,b) \sim (c,d) \Longleftrightarrow ad = bc.$$

(a) Verifiquem se $\sim$ é uma relação de equivalência. Representem geometricamente $\overline{(0,1)}$ e $\overline{(1,1)}$.

(b) Denotem a classe associada a (a,b) por $\frac{a}{b}$ e o conjunto quociente $\mathbb{Z} \times \mathbb{Z}^* / \sim$ por $\mathbb{Q}$:

$$\mathbb{Q} := \left\{ \frac{a}{b} \mid a \in \mathbb{Z}, b \in \mathbb{Z}^* \right\}$$

Esse conjunto é chamado de *conjunto dos números racionais*. Definimos as operações de adição e multiplicação em $\mathbb{Q}$ por:

$$\frac{a}{b} + \frac{c}{d} := \frac{ad+bc}{bd},$$
$$\frac{a}{b} \cdot \frac{c}{d} := \frac{ac}{bd}.$$

Mostrem que essas operações estão bem definidas e que satisfazem todas as propriedades da definição (107). Além disso, a função $f : \mathbb{Z} \to \mathbb{Q}$ definida por $f(a) = \frac{a}{1}$ é injetiva. Portanto, podemos identificar sua imagem por $\mathbb{Z}$, i.e., podemos identificar $\mathbb{Z}$ como subconjunto de $\mathbb{Q}$.

(c) i. Mostrem $\overline{(a,b)} = \overline{(-a,-b)}$.

ii. Sejam $x = \overline{(a,b)}$ e $y = \overline{(c,d)}$, onde $b,d > 0$. Definam

$$x \preceq y \Leftrightarrow ad \leq bc.$$

Mostrem que essa relação é de ordem total.

17. Sejam $f : A \to B$ uma função, $X \subseteq A$ e $Y \subseteq B$. Então

 (a) $f(X \cup f^{-1}(Y)) \subseteq f(X) \cup Y$.
 (b) $f(X \cap f^{-1}(Y)) = f(X) \cap Y$.
 (c) $X \cup f^{-1}(Y) \subseteq f^{-1}(f(X) \cup Y)$.
 (d) $X \cap f^{-1}(Y) \subseteq f^{-1}(f(X) \cap Y)$.

18. Seja $*$ uma operação associativa definida em X. Provem que:

 (a) $a \in X$ é regular à esquerda (resp. direita), se, e somente se, $f : X \to X$ dada por $f(x) = a * x$ (resp. $g(x) = x * a$) é injetora.
 (b) $Y = \{a \in X \mid a \text{ é regular}\}$ é fechado para a operação $*$.

19. Seja $*$ uma operação associativa definida em X e tenha um neutro e. Definam o *centro* de X como sendo

$$Z(X) := \{x \in X \mid a * x = x * a, \forall a \in X\}.$$

Mostrem que $Z(X)$ é fechado com relação à operação $*$.

20. Mostrem que $X = \left\{ \begin{pmatrix} \cos a & \sin a \\ -\sin a & \cos a \end{pmatrix} \mid a \in \mathbb{R} \right\} \subseteq M_2(\mathbb{R})$ é fechado para a multiplicação.

21. Seja $*$ uma operação sobre X com elemento neutro e. Mostrem que essa operação é associativa e comutativa, se, e somente se, para todo $a,b,c,d \in X, (a*b)*(c*d) = (a*c)*(b*d)$.

22. Seja $*$ uma operação sobre X. Mostrem que

$$\mathscr{S} := \{a \in X \mid \forall x, y \in X, a * (x * y) = (a * x) * y\}$$

é fechado para a operação $*$.

23. Definam a adição e a multiplicação de duas sequências numéricas por: $(x_n) + (y_n) = (x_n + y_n)$ e $(x_n) \cdot (y_n) = (x_n y_n)$. Mostrem que os conjuntos abaixo são fechados com relação a essas operações.

    (a) $\{(x_n) \mid (x_n)$ é convergente$\}$

    (b) $\{(x_n) \mid (x_n)$ é limitada$\}$

24. Façam a tábua para $(\mathbb{Z}_6, \oplus)$, $(\mathbb{Z}_6^*, \odot)$ e $(\mathbb{Z}_5^*, \odot)$.

25. Sejam $G = \{f_1, f_2, f_3, f_4\}$, $f_i : \mathbb{R} \setminus \{0\} \to \mathbb{R} \setminus \{0\}$ dadas por $f_1(x) = x$, $f_2(x) = -x$, $f_3(x) = \frac{1}{x}$ e $f_4(x) = -\frac{1}{x}$. Façam a tábua para $(G, \circ)$.

26. Sejam $G = \{f_1, f_2, f_3, f_4\}$, $f_i : \mathbb{R}^2 \to \mathbb{R}^2$ dadas por

$$f_1(x,y) = (x,y), f_2(x,y) = (-x,y),$$

$$f_3(x,y) = (x,-y), f_4(x,y) = (-x,-y).$$

Façam a tábua para $(G, \circ)$.

2. Grupos

O conceito de grupo é um dos conceitos fundamentais em álgebra, aparece em todas as áreas de matemática e possui aplicações em outras áreas de ciência como física e química. Outras estruturas algébricas como anéis, corpos e espaços vetoriais são definidas como grupos dotados de operações e axiomas adicionais.

A primeira definição formal de um grupo apareceu em 1882 depois de um longo período de investigação de vários matemáticos. O conceito de grupo e sua teoria estão fortemente ligados ao problema de determinar raízes de uma equação polinomial. Um dos problemas em aberto, após a descoberta das fórmulas para resolver as equações polinomiais de graus 3 e 4[1], era encontrar fórmulas similares, ou seja, fórmulas que usem apenas operações aritméticas e raízes n-ésimas, para determinar as raízes de polinômios de graus mais altos. Esse problema permaneceu aberto por quase 300 anos. Em 1800, Ruffini afirmou que não há fórmula para quínticas, mas seus contemporâneos não aceitaram sua prova (suas ideias estavam corretas, mas sua prova tinha lacunas). Em 1815, Cauchy introduziu a multiplicação de permutações e provou as propriedades básicas do que chamamos de grupo simétrico S_n. Ele introduziu a notação de ciclo e provou a fatoração única de permutações em ciclos disjuntos. Em 1824, Abel deu uma prova para a afirmação de Ruffini. Em sua prova, construiu permutações das raízes de uma quíntica, usando certas funções racionais introduzidas por Lagrange em 1770. Mais tarde, Galois encontrou a ideia-chave para entender o problema e sua relação com subgrupos de S_n. Para um excelente relato da história desse problema, vejam [13] e [24]. Vale muito a pena assistir ao vídeo de Étienne Ghys; vejam [10].

[1]Esses casos contaram com a contribuição de vários matemáticos, entre eles o matemático e astrônomo chinês Wang Xiaotong (século VII), os persas Omar Khayyam (1048-1131) e Tusi (1135-1213) e os italianos Tartaglia (1500-1557), Cardano (1501-1576) e Ferrari (1522-1565)

2.1 Definições e Propriedades Básicas

Definição 110 Seja G um conjunto munido de operação $*$. Diremos que $(G,*)$ é um grupo se a operação é associativa, se existe elemento neutro e se todo elemento é invertível. Se, além disso, a operação for comutativa, então diremos que o grupo é comutativo ou abeliano[2].

Observem que, pela proposição 108 do capítulo anterior, os elementos neutro e inverso são únicos.

É comum usar o termo de adição para a operação definida num grupo abeliano e denotar a operação por $+$, seu elemento neutro por 0 e o inverso de a por $-a$.

Pela definição (110) num grupo $(G,*)$ para todo $a,b \in G$, as equações $a*x=b$ e $x*a=b$ possuem solução única para x. De fato, todas as propriedades do grupo são utilizadas para determinar as raízes dessas equações. Por exemplo, no caso de $a*x=b$:

$$a*x=b \stackrel{(i)}{\Rightarrow} a^{-1}*(a*x)=a^{-1}*b \stackrel{(ii)}{\Rightarrow} (a^{-1}*a)*x=a^{-1}*b \stackrel{(iii)}{\Rightarrow} e*x=a^{-1}*b$$

$$\stackrel{(iv)}{\Rightarrow} x=a^{-1}*b.$$

Observem que nas conclusões acima foram utilizadas as propriedades: (i) existência de elemento inverso, (ii) associatividade e, por fim, (iii) a propriedade do elemento neutro. A unicidade da solução é garantida pela unicidade do elemento neutro e do inverso de cada elemento. O argumento no caso da equação $x*a=b$ é similar. A recíproca desse argumento é válida. Isto é, se G é um conjunto munido de uma operação associativa tal que as equações $a*x=b$ e $x*a=b$ possuem solução única para x, então $(G,*)$ é um grupo (exercício 1 na página 90). Observem que a associatividade é necessária; por exemplo, $(\mathbb{Z},-)$ não é um grupo, mas satisfaz a hipótese de existência de soluções das equações $a-x=b$ e $x-a=b$.

Definição 111 Sejam $(G,*)$ um grupo e $\varnothing \neq H \subseteq G$. Dizemos que H é um subgrupo de G se H é fechado para a operação e $(H,*)$ é um grupo. Nesse caso, escrevemos $H \leqslant G$.

Se G é um grupo e e seu elemento neutro, então $\{e\}$ e G são subgrupos. Esses são chamados de subgrupos triviais. Outros subgrupos, caso existam, são chamados de subgrupos não triviais.

Observem que as propriedades de associatividade e comutatividade de uma operação não são alteradas ao restringi-la a um subconjunto, pois

[2]Devido às contribuições de Niels Henrik Abel, matemático norueguês, 1802-1829.

essas propriedades são válidas para todos os elementos do conjunto. Isto é, ao verificarmos se $H \subseteq G$, fechado para a operação, é subgrupo, não precisamos verificar se a operação definida em H é associativa, e também se $(G,*)$ é um grupo abeliano, então $(H,*)$ também será. As verificações envolvem somente a existência de elemento neutro e inverso. Além disso, se $H \leqslant G$, então seu elemento neutro é igual ao elemento neutro de G. Sejam $e \in G$ o elemento neutro de G e e_H elemento neutro de H. Então,

$$\forall h \in H, \quad h * h^{-1} = h^{-1} * h = e_H.$$

Por outro lado, $h * h^{-1} = h^{-1} * h = e$. Portanto, $e = e_H$.

A próxima proposição fornece um critério muito útil para verificar se um subconjunto não vazio de um grupo é subgrupo.

Proposição 112 Sejam $(G,*)$ um grupo e $\varnothing \neq H \subseteq G$. Então, $H \leqslant G$, se, e somente se,

$$\forall a,b \in H, \ a * b^{-1} \in H. \tag{2.1}$$

Prova. Se $H \leqslant G$, então claramente a condição 2.1 é válida. Para a recíproca, tomem $a \in H$ e apliquem a hipótese 2.1 para $a = b$. Então, $a * a^{-1} \in H$, portanto $e \in H$. Agora, aplicando a condição 2.1 para $a = e$, garante que para todo $b \in H, b^{-1} \in H$. Por fim,

$$\forall a,b \in H, \quad a * b = a * (b^{-1})^{-1} \in H,$$

ou seja, H é fechado para a operação. Então H reúne todas as condições para ser um subgrupo de G. □

Exemplos 113

1. $(\mathbb{Z},+)$ e $(\mathbb{Q},+)$ são grupos abelianos.

2. $(\mathbb{C},+)$ é um grupo abeliano e $\mathbb{Z}$, $\mathbb{Q}$ e $\mathbb{R}$ são subgrupos de $\mathbb{C}$.

3. $(\mathbb{C}^*,\cdot)$ é um grupo abeliano e $\mathbb{Q}^*$ e $\mathbb{R}^*$ são subgrupos de $\mathbb{C}^*$.

4. $(\mathbb{Z}_n,\oplus)$ é um grupo abeliano.

5. Seja $U(\mathbb{Z}_n) := \{\bar{a} \in \mathbb{Z}_n \mid \bar{a}$ possui inverso com relação à multiplicação$\}$. Pelo teorema de Bézout, $U(\mathbb{Z}_n) := \{\bar{a} \in \mathbb{Z}_n \mid (a,n) = 1\}$. Então $(U(\mathbb{Z}_n),\odot)$ é um grupo abeliano. Em particular, se p é um número primo, então $(\mathbb{Z}_p \setminus \{0\},\odot)$ é um grupo abeliano.

6. Seja $\mathrm{Aff}(1,\mathbb{R}) := \{T_{a,b} : \mathbb{R} \to \mathbb{R} \mid T_{a,b} = ax+b, a,b \in \mathbb{R}, a \neq 0\}$. Esse conjunto munido de composição é um grupo não abeliano, chamado de *grupo afim de grau um*.

7. Seja $(G,*)$ um grupo. O conjunto $\mathscr{F}(G) = \{f \mid f : G \to G \text{ é uma função}\}$ munido da operação

$$(f_1 \bullet f_2)(g) := f_1(g) * f_2(g)$$

é um grupo. Seu elemento neutro é a função constante $f(g) = e$, onde e é o elemento neutro de G e o inverso da função f é a função $\tilde{f}$ definida por $\tilde{f}(g) = (f(g))^{-1}$ para todo $g \in G$. Se $(G,*)$ é abeliano, então $(\mathscr{F}(G), \bullet)$ também é abeliano.

8. O grupo dos quatérnios $(Q_8, \cdot)$, onde $Q_8 := \{\pm 1, \pm i, \pm j, \pm k\}$ e

$$\forall a \in Q_8,\ a \cdot 1 = 1 \cdot a = 1,\ i^2 = j^2 = k^2 = -1,\ i \cdot j = k,$$

é um grupo não abeliano.

9. Seja X um conjunto. Então $(\mathscr{P}(X), \Delta)$ é um grupo abeliano. O elemento neutro é o conjunto vazio e o inverso de A é o próprio A.

10. Sejam $X \neq \varnothing$ um conjunto e $S_X := \{f : X \to X | f \text{ é uma função bijetora}\}$. Então S_X munido de composição de funções é um grupo, chamado de *grupo das permutações de X*. Seu elemento neutro é a função identidade id_X. Se $|X| \geq 3$, então esse grupo não é abeliano. Para verificar isso, basta considerar três elementos distintos $a,b,c \in X$ e as funções $f,g : X \to X$ definidas por

$$f(a) = b, f(b) = c, f(x) = x, \text{ para todo } x \in X \setminus \{a,b\},$$

$$g(a) = c, g(b) = a, g(x) = x \text{ para todo } x \in X \setminus \{a,b\}.$$

Então $(f \circ g)(a) = c$ e $(g \circ f)(a) = a$, portanto $f \circ g \neq g \circ f$. Se X é um conjunto finito de n elementos, então S_X é denotado por S_n e é chamado de grupo de permutações de grau n. Nesse caso, sem perda de generalidade, podemos supor $X = \{1, \ldots, n\}$ e $\sigma \in S_n$ é denotada da seguinte forma:

$$\sigma = \begin{pmatrix} 1 & 2 & \cdots & n \\ \sigma(1) & \sigma(2) & \cdots & \sigma(n) \end{pmatrix}.$$

Por exemplo, S_3 é formado por

$$\begin{pmatrix} 1 & 2 & 3 \\ 1 & 2 & 3 \end{pmatrix}, \begin{pmatrix} 1 & 2 & 3 \\ 2 & 3 & 1 \end{pmatrix}, \begin{pmatrix} 1 & 2 & 3 \\ 3 & 1 & 2 \end{pmatrix}, \begin{pmatrix} 1 & 2 & 3 \\ 1 & 3 & 2 \end{pmatrix}, \begin{pmatrix} 1 & 2 & 3 \\ 3 & 2 & 1 \end{pmatrix}, \begin{pmatrix} 1 & 2 & 3 \\ 2 & 1 & 3 \end{pmatrix}$$

Geometricamente, podemos considerar cada elemento de $S_n, n \geq 3$ como uma permutação definida no conjunto dos vértices de um polígono regular de n lados.

11. Outro exemplo muito importante de grupos é o grupo diedral, denotado por D_{2n}. Esse grupo é um subgrupo de S_n definido da seguinte forma: Lembrem que os elementos de S_n podem ser vistos como permutações no conjunto dos vértices de um polígono regular de n lados. Considerem

$$\theta = \begin{pmatrix} 1 & 2 & \cdots & n-1 & n \\ 2 & 3 & \cdots & n & 1 \end{pmatrix} \in S_n.$$

Observem que θ é de fato a rotação de um ângulo de $\frac{2\pi}{n}$ radiano no sentido anti-horário em torno da origem, considerando o polígono centralizado na origem e o primeiro vértice no eixo x. Além desse, considerem a reflexão em torno do eixo x. Essa reflexão como uma permutação é definida da seguinte forma: Se n for par, o eixo x passa pelos vértices 1 e $\frac{n+2}{2}$ é representado por

$$r = \begin{pmatrix} 1 & 2 & 3 & \cdots & \frac{n+2}{2} & \cdots & n-1 & n \\ 1 & n & n-1 & \cdots & \frac{n+2}{2} & \cdots & 3 & 2 \end{pmatrix}.$$

Observem que, nesse caso, r tem dois pontos fixos. Se n for ímpar, o eixo x passa pelo vértice 1 e o ponto médio do lado entre os vértices $\frac{n+1}{2}$ e $\frac{n+3}{2}$ é representado por

$$r = \begin{pmatrix} 1 & 2 & 3 & \cdots & n-1 & n \\ 1 & n & n-1 & \cdots & 3 & 2 \end{pmatrix}.$$

Nesse caso, r tem apenas um ponto fixo. Observem que $\theta^n = r^2 = \mathrm{id}$ e $r\theta = \theta^{-1}r$. Essas relações mostram que o conjunto

$$D_{2n} := \{\mathrm{id}, r, \theta, \ldots, \theta^{n-1}, r\theta, r\theta^2, \ldots, r\theta^{n-1}\} = \{r^i\theta^j \mid i = 0,1; 0 \leq j \leq n-1\}$$

é um subgrupo de S_n e que possui $2n$ elementos. No caso de triângulo, ou seja, $n = 3$, $D_6 = S_3$, e, nos demais casos, D_{2n} é um subgrupo próprio de S_n.

12. $\mathrm{M}_{m\times n}(\mathbb{R}) = \{(a_{ij}) \mid a_{ij} \in \mathbb{R}\}$ munido de adição é um grupo abeliano.

13. $\mathrm{GL}_n(\mathbb{R}) = \{A \in \mathrm{M}_n(\mathbb{R}) \mid A \text{ é invertível}\}$ é um grupo multiplicativo não abeliano, chamado de *grupo linear geral de grau n*. Um dos subgrupos desse grupo é $\mathrm{SL}_n(\mathbb{R}) = \{A \in \mathrm{GL}_n(\mathbb{R}) \mid \det A = 1\}$, chamado de *grupo linear especial de grau n*. Em lugar de $\mathbb{R}$ podemos considerar $\mathbb{Q}$ ou $\mathbb{C}$.

14. $\mathrm{SO}(2) = \{R_\alpha \mid 0 \leq \alpha < 2\pi\}$, onde $R_\alpha = \begin{pmatrix} \cos\alpha & -\sin\alpha \\ \sin\alpha & \cos\alpha \end{pmatrix}$, munido de multiplicação é um subgrupo de $\mathrm{SL}_2(\mathbb{R})$ (e também de $\mathrm{GL}_2(\mathbb{R})$). Essas matrizes são as rotações de ângulo α em torno da origem no sentido anti-horário no plano cartesiano. A relação $R_\alpha R_\beta = R_\beta R_\alpha = R_{\alpha+\beta}$ garante que SO(2) é um grupo abeliano. Ou seja, SO(2) é um subgrupo abeliano de $\mathrm{GL}_2(\mathbb{R})$. Esse grupo é chamado de grupo ortogonal especial de grau 2.

15. O produto cartesiano de grupos possui naturalmente estrutura de um grupo. Sejam $(G_1, *)$ e $(G_2, \bullet)$ grupos. Em $G_1 \times G_2$ definam a seguinte operação:

$$(g_1, g_2) \diamond (g_1', g_2') = (g_1 * g_1', g_2 \bullet g_2')$$

Então $(G_1 \times G_2, \diamond)$ é um grupo. Esse grupo é chamado de *produto direto* de G_1 e G_2. Se $H_1 \leqslant G_1$ e $H_2 \leqslant G_2$, então $H_1 \times H_2 \leqslant G_1 \times G_2$. Essa construção pode ser feita para qualquer número finito de grupos.

Exercícios

1. Se G é um conjunto munido de uma operação associativa $*$ tal que para todo $a, b \in G$ as equações $a * x = b$ e $x * a = b$ possuem solução única para x, então $(G, *)$ é um grupo.

2. Seja $(G, *)$ um grupo.

   (a) Sejam $H_1, H_2 \leqslant G$. Provem que $H_1 \cup H_2 \leqslant G$, se, e somente se, $H_1 \subseteq H_2$ ou $H_2 \subseteq H_1$.

   (b) Se $\{H_i\}_{i \in I}$ é uma família de subgrupos de G, então $\bigcap_{i \in I} H_i \leqslant G$.

   (c) Dado $h \in G$ definam $C(h) := \{g \in G \mid g * h = h * g\}$. Esse conjunto é chamado de centro de h. Mostrem que $C(h) \leqslant G$.

   (d) Mostrem que $Z(G) := \{a \in G \mid \forall x \in G, a * x = x * a\}$ é um subgrupo de G. Esse subgrupo é chamado de *centro* de G.

   (e) Se $H \leqslant$ e $g \in G$, então $gHg^{-1} := \{g * h * g^{-1} \mid h \in H\} \leqslant G$. Esse subgrupo é chamado de conjugado de H.

3. Verifiquem os detalhes no exemplo 15.

4. Mostrem que os subgrupos de $(\mathbb{Z}, +)$ são da forma $\{nk \mid k \in \mathbb{Z}\}$ para algum $n \in \mathbb{Z}$.

5. Seja $n \in \mathbb{N}$. Mostrem que $\mathbb{Q}[\sqrt{n}] := \{a + b\sqrt{n} \mid a, b \in \mathbb{Q}\}$ é subgrupo de $(\mathbb{R}, +)$.

6. Seja $n \in \mathbb{N}$ livre de quadrados. Mostrem que $\mathbb{Q}[\sqrt{n}] := \{a + b\sqrt{n} \mid a, b \in \mathbb{Q}\} \setminus \{0\}$ é subgrupo de $(\mathbb{R} \setminus \{0\}, \cdot)$.

Na próxima definição veremos a noção de potência em qualquer grupo e em seguida suas propriedades que são basicamente as mesmas propriedades de potência nos conjuntos numéricos.

Definição 114 Sejam $(G, *)$ um grupo e $g \in G$. Dado $n \in \mathbb{Z}$, definam

$$g^n = \begin{cases} e, & n = 0, \\ g * g^{n-1}, & n > 0, \\ (g^{-n})^{-1}, & n < 0. \end{cases}$$

Quando denotamos a operação do grupo por $+$, usamos a notação ng em lugar de g^n.

Proposição 115 Seja $(G, *)$ um grupo. Então, para todo $g \in G$ e todo $m, n \in \mathbb{Z}$, $g^m * g^n = g^{m+n}$ e $(g^m)^n = g^{mn}$.

Prova. Pela definição 114, basta fazer as provas para os inteiros não negativos e essas são feitas por indução, por exemplo, fixando m. □

Corolário 116 Sejam $(G, *)$ um grupo e $g \in G$. Então $\langle g \rangle := \{g^n \mid n \in \mathbb{Z}\} \leqslant G$. Esse subgrupo é o menor subgrupo de G que contém g, ou seja, se $H \leqslant G$ e $g \in H$, então $\langle g \rangle \subseteq H$.

Prova. Segue diretamente da definição de $\langle g \rangle$ e a proposição 115. □

Definição 117 Sejam $(G, *)$ um grupo e $g \in G$. O subgrupo $\langle g \rangle$ é chamado de subgrupo gerado por g, e g é chamado de gerador desse subgrupo.

Observem que, se g é um gerador, então g^{-1} também é.

Exemplos 118

1. Em $(\mathbb{Z}, +)$, o subgrupo gerado por n é $n\mathbb{Z} := \{kn \mid k \in \mathbb{Z}\}$. Em particular, o subgrupo gerado por 1 é o próprio $\mathbb{Z}$.

2. Em $(\mathbb{R} \setminus \{0\}, \cdot)$, o subgrupo gerado por r é $\langle r \rangle = \{r^n \mid n \in \mathbb{Z}\}$. Em particular, $\langle -1 \rangle = \{-1, 1\}$.

3. Em $(\mathbb{C}\setminus\{0\},\cdot)$, o subgrupo gerado por i é $\langle -i\rangle = \{-1,1,-i,i\}$.

4. Em $(\mathbb{Z}_n,\oplus)$, o subgrupo gerado por $\bar{1}$ é o próprio $\mathbb{Z}_n$. O mesmo acontece para $\overline{n-1}$.

5. Seja p um número primo. Em $(\mathbb{Z}_p,\oplus)$, o subgrupo gerado por qualquer $\bar{a}\in\mathbb{Z}_p\setminus\{\bar{0}\}$ é o próprio $\mathbb{Z}_p$.

Como observamos nos exemplos acima, o subgrupo gerado por um elemento de um grupo pode ser finito ou infinito. Se $\langle g\rangle$ é finito, então existem $m,n\in\mathbb{Z}$ distintos tais que $g^n = g^m$, portanto $g^{n-m}=e$. Então concluímos

$$|\langle g\rangle| < \infty \Longrightarrow \exists k\in\mathbb{Z}\setminus\{0\},\ g^k = e.$$

Claramente a recíproca vale, pois se existe $k\in\mathbb{Z}$ tal que $g^k=e$, então $\langle g\rangle = \{e,g,g^2,\ldots,g^{k-1}\}$. Pelas propriedades de potência,

$$g^k = e \Longleftrightarrow g^{-k} = e.$$

Portanto, se existe $k\in\mathbb{Z}\setminus\{0\}$ tal que $g^k=e$ podemos supor que $k>0$. Então, nesse caso, $\{k\mid k>0, g^k=e\}$ não é vazio e pelo P.B.O possui o menor elemento. Essa observação dá origem à seguinte definição:

Definição 119 Sejam G um grupo e $g\in G$. Se existe $m\in\mathbb{Z}\setminus\{0\}$ tal que $g^m=e$ então dizemos que g é de ordem finita. O menor inteiro positivo com essa propriedade é chamado de ordem de g e é denotado por $o(g)$. Se não existir nenhum inteiro com essa propriedade, dizemos que g é de ordem infinita e escrevemos $o(g)=\infty$.

Observem que o único elemento de ordem um é o elemento neutro.

Proposição 120 Se $o(g)=n<\infty$ e $g^m=e$, então $n\mid m$.

Prova. Pelo algoritmo da divisão, escrevam $m=nq+r$. Então

$$e = g^m = g^{nq+r} = g^{nq} * g^r = (g^n)^q * g^r = e^q * g^r = g^r.$$

Como n é a ordem de g e $0\le r<n$, concluímos $r=0$; logo, $m=nq$, ou, $n\mid m$. □

Exemplos 121

1. $o(-1)=2$ em $(\mathbb{R}\setminus\{0\},\cdot)$.

2. $o(i)=4$ em $(\mathbb{C}\setminus\{0\},\cdot)$.

3. $o(2) = \infty$ em $(\mathbb{Z}, +)$.

4. A ordem de $-I_n \in \mathrm{GL}_n(\mathbb{C})$ é 2.

5. Em $(\mathbb{Z}_4, \oplus)$, a ordem de $\bar{3}$ é 4.

6. Em $(\mathscr{P}(X), \Delta)$, todo elemento é de ordem 2.

Outra observação a partir dos exemplos (118) é que em alguns casos o subgrupo gerado por um elemento é todo o grupo: $\mathbb{Z} = \langle 1 \rangle = \langle -1 \rangle$, $\mathbb{Z}_n = \langle \bar{1} \rangle$. Esses grupos possuem um papel importante na teoria dos grupos abelianos.

Definição 122 Um grupo G é chamado de cíclico se existe $g \in G$ tal que $G = \langle g \rangle$.

Exemplo 123 O conjunto das raízes n-ésimas da unidade, $U_n := \{z \in \mathbb{C} \mid z^n = 1\}$, munido de multiplicação, é um grupo cíclico. Esse grupo é gerado por $\omega = \cos\frac{2\pi}{n} + i\sin\frac{2\pi}{n}$.

O primeiro fato sobre os grupos cíclicos é a seguinte proposição que é consequência direta da proposição 115 na página 91:

Proposição 124 Todo grupo cíclico é abeliano.

Observem que, se $G = \langle g \rangle$, então $|G| = o(g)$ e g não é único. Pelas propriedades de potência, $\langle g \rangle = \langle g^{-1} \rangle$ para todo $g \in G$. Portanto, se g é gerador, então g^{-1} também é. Nas próximas duas proposições, identificaremos todos os geradores de um grupo cíclico. Estudaremos os casos finito e infinito separadamente.

Proposição 125 Seja G um grupo cíclico infinito. Se g é um gerador de G, então há apenas um outro gerador que é g^{-1}.

Prova. Seja $h \in G$ outro gerador. Então $G = \langle g \rangle = \langle h \rangle$. Portanto,

$$\exists m, n \in \mathbb{Z} \text{ tais que } g = h^n, h = g^m.$$

Então $h = g^m = (h^n)^m = h^{nm}$. Logo, $h^{nm-1} = e$. Como G é infinito e h é gerador, concluímos $nm - 1 = 0$. Portanto, $n = m = 1$ ou $n = m = -1$. Então $h = g$ ou $h = g^{-1}$.

Proposição 126 Sejam $G = \langle g \rangle$ um grupo cíclico finito e $o(g) = k$. Então todos os geradores de G são da forma g^m, onde $(k, m) = 1$. Em particular, G possui $\phi(k)$ geradores.

Prova. Seja $h \in G$ outro gerador. Então $G = \langle g \rangle = \langle h \rangle$. Portanto,

$$\exists m, n \in \mathbb{Z} \text{ tais que } g = h^n, h = g^m.$$

Então $g = h^n = (g^m)^n = g^{nm}$. Logo, $g^{nm-1} = e$. Então $k \mid nm - 1$. Portanto, existe $q \in \mathbb{Z}$ tal que $mn - 1 = kq$, ou, $nm - kq = 1$; logo, $(k,m) = 1$. Reciprocamente, se $(k,m) = 1$, então, pela identidade de Bézout, existem $r, s \in \mathbb{Z}$ tais que $rk + sm = 1$. Portanto,

$$g = g^{rk+sm} = g^{rk}g^{sm} = (g^m)^s \in \langle g^m \rangle;$$

logo, $\langle g \rangle \subseteq \langle g^m \rangle$. Claramente, $\langle g^m \rangle \subseteq \langle g \rangle$. Então, $\langle g^m \rangle = \langle g \rangle = G$.

Em particular no caso em que $G = \mathbb{Z}_n$:

Corolário 127 Seja $n > 1$ e considerem o grupo $(\mathbb{Z}_n, \oplus)$. Então $\bar{a} \in \mathbb{Z}_n$ é gerador, se, e somente se, $(a,n) = 1$. Portanto, há $\phi(n)$ geradores.

Exemplos 128

1. Os geradores de $\mathbb{Z}_4$ são $\bar{1}$ e $\bar{3}$.

2. Sejam $\omega = \exp(\frac{2\pi i}{8})$ e $G = \langle \omega \rangle$. Então $G = \langle \omega^3 \rangle = \langle \omega^5 \rangle = \langle \omega^7 \rangle$.

Proposição 129 Todos os subgrupos de um grupo cíclico são cíclicos.

Prova. Seja $G = \langle g \rangle$ um grupo cíclico, $H \leqslant G$. Observem que $g^m \in H$, se, e somente se, $g^{-m} \in H$. Portanto, pelo princípio de boa ordem,

$$n := \min\{k \mid k \geq 0, g^k \in H\}$$

existe. Mostraremos que $H = \langle g^n \rangle$. Claramente, $\langle g^n \rangle \subseteq H$. Seja $h \in H$. Então $h = g^m$ para algum $m \in \mathbb{Z}$. Como H é subgrupo, podemos supor $m \geq 0$. Pela minimalidade de n, $m \geq n$. Pelo algoritmo de divisão, $m = nq + r$, onde $r, q \in \mathbb{Z}$ e $0 \leq r < n$. Então $g^r = g^{m-nq} = g^m(g^n)^{-q}$, que claramente é um elemento de H. Pela minimalidade de n, $r = 0$, ou seja, $m = nq$. Logo, $h = g^m = (g^n)^q \in \langle g^n \rangle$. Então $H \subseteq \langle g^n \rangle$. □

A recíproca da proposição (129) não vale. Ou seja, se todos os subgrupos próprios de um grupos são cíclicos, não podemos concluir que o grupo é cíclico. Os grupos $\mathbb{Z}_2 \times \mathbb{Z}_2$ e S_3 são exemplos nesse caso.

O próximo corolário é a consequência direta da proposição (129) para os grupos cíclicos $(\mathbb{Z}, +)$ e $(\mathbb{Z}_n, \oplus)$.

Corolário 130

1. Se $H \leqslant \mathbb{Z}$, então $H = \langle m \rangle$ para algum $m \in \mathbb{Z}$.

2. Se $H \leqslant \mathbb{Z}_n$, então $H = \langle \bar{m} \rangle$ para algum $m \in \mathbb{Z}$.

A noção de grupo cíclico surge a partir de subgrupo gerado por um elemento. A seguir, definiremos a noção de subgrupo gerado para qualquer subconjunto de um grupo.

Definição 131 Sejam $(G, \cdot)$ um grupo e $S \subseteq G$. O subgrupo gerado por S é definido por $\langle S \rangle := \{a_1^{n_1} \cdots a_r^{n_r} \mid a_1, \ldots, a_r \in S,\ n_1, \ldots, n_r \in \mathbb{Z}\}$.

O grupo $\langle S \rangle$ é o menor subgrupo de G que contém S, i.é., se $H \leqslant G$ e $S \subseteq H$, então $\langle S \rangle \subseteq H$. É fácil verificar que $\langle S \rangle = \bigcap_{\substack{S \subset H \\ H \leqslant G}} H$.

Definição 132 Um grupo G é finitamente gerado se existe $S \subseteq G$ tal que S é finito e $\langle S \rangle = G$.

Claramente, todo grupo finito G é finitamente gerado, basta tomar $S = G$, mas um grupo finitamente gerado não é necessariamente finito; vejam o exemplo 3 a seguir.

Exemplos 133

1. O subgrupo gerado pelo conjunto vazio é $\{e\}$, onde e é o elemento neutro do grupo.

2. Sejam $m, n \in \mathbb{Z}^+$. Então $\mathbb{Z}_m \times \mathbb{Z}_n = \langle S \rangle$, onde $S = \{(\bar{1}, \bar{0}), (\bar{0}, \bar{1})\}$.

3. O grupo infinito $\mathbb{Z} \times \mathbb{Z}$ é finitamente gerado, basta tomar $S = \{(1,0), (0,1)\}$.

4. Considerem S_3. Sejam $\sigma = \begin{pmatrix} 1 & 2 & 3 \\ 2 & 3 & 1 \end{pmatrix}$ e $\tau = \begin{pmatrix} 1 & 2 & 3 \\ 1 & 3 & 2 \end{pmatrix}$. Então $\tau \circ \sigma^2 = \sigma \circ \tau$ e $S_3 = \langle \sigma, \tau \rangle$.

5. Sejam $\sigma, \tau \in S_4$ dadas por $\sigma = \begin{pmatrix} 1 & 2 & 3 & 4 \\ 2 & 3 & 4 & 1 \end{pmatrix}$ e $\tau = \begin{pmatrix} 1 & 2 & 3 & 4 \\ 1 & 4 & 3 & 2 \end{pmatrix}$. Temos $\tau \circ \sigma^3 = \sigma \circ \tau$ e $\tau \circ \sigma^2 = \sigma^2 \circ \tau$. Então $D_8 := \langle \sigma, \tau \rangle$. Os subgrupos de D_8 são: $\langle \sigma \rangle$, $K_4 = \{\mathbf{1}, \tau \circ \sigma, \tau \circ \sigma^3, \sigma^2\}$ e $V_4 = \{\mathbf{1}, \tau, \tau \circ \sigma^2, \sigma^2\}$, onde $\mathbf{1}$ é a permutação identidade.

6. Seja Q_3 o grupo dos Quatérnios de ordem 8. Isto é:
$$Q_3 = \left\{ \pm \begin{pmatrix} 1 & 0 \\ 0 & 1 \end{pmatrix}, \pm \begin{pmatrix} 0 & i \\ i & 0 \end{pmatrix}, \pm \begin{pmatrix} 0 & 1 \\ -1 & 0 \end{pmatrix}, \pm \begin{pmatrix} -i & 0 \\ 0 & i \end{pmatrix} \right\}.$$
Sejam $A = \begin{pmatrix} 0 & i \\ i & 0 \end{pmatrix}$ e $B = \begin{pmatrix} 0 & 1 \\ -1 & 0 \end{pmatrix}$. Então $AB = BA^3$ e $Q_3 = \langle A, B \rangle$.

Exercícios

1. Seja $(G,*)$ um grupo e $g \in G$.

    (a) Demonstrem a proposição (120).

    (b) Se para todo $g \in G, g*g = e$, então $g = g^{-1}$ e G é abeliano.

    (c) Provem que $o(g) = o(g^{-1})$.

2. Sejam $(G,*)$ um grupo abeliano e $H = \{x \in G \mid x*x = e\}$. Mostrem que

    (a) $H \leqslant G$.

    (b) Se para todo $a,b,c \in G, a*b = c$ e $a*c = b$, então $H = G$.

3. Sejam $(G,*)$ um grupo abeliano e $g \in G$. Definam a operação $\star$ por $a \star b := a*b*g^{-1}$. Mostrem que $(G,\star)$ é um grupo abeliano.

4. Dado $0 \neq s \in \mathbb{R}$, em $\mathbb{R} \setminus \{-\frac{1}{s}\}$ definam a operação $a*b := a+b+sab$. Mostrem que $(\mathbb{R} \setminus \{-\frac{1}{s}\}, *)$ é um grupo abeliano.

5. Em $G = \mathbb{R} \times \mathbb{R}^*$, definam $(a,b)*(c,d) = (ad+bc, bd)$. Mostrem que

    (a) $(G,*)$ é um grupo abeliano.

    (b) $H = \{(a,1) \mid a \in \mathbb{R}\}$ é um subgrupo de G.

6. Seja X um conjunto. Mostrem que

    (a) $(\mathscr{P}(X), \Delta)$ é um grupo abeliano. (Δ é a diferença simétrica)

    (b) Seja $B \subseteq X$. Então $H = \{A \in \mathscr{P}(X) \mid A \cap B = \varnothing\}$ é um subgrupo de $(\mathscr{P}(X), \Delta)$.

    (c) Seja $X = \{x_1, \ldots, x_n\}$. Mostrem que $(\mathscr{P}(X), \Delta)$ é gerado por $S = \{\{x_i\} \mid i = 1, \ldots, n\}$.

7. Seja $G = \{f : \mathbb{R} \to \mathbb{R} \mid f(x) = ax+b, a \neq 0\}$. Provem que $(G, \circ)$ é um subgrupo de $S_{\mathbb{R}}$.

8. Seja $G = \{e,a,b,c\}$ munido de operação definida pela tábua abaixo. Determinem o subgrupo gerado por cada elemento e sua ordem.

$*$	e	a	b	c
e	e	a	b	c
a	a	e	c	b
b	b	c	e	a
c	c	b	a	e

9. Verifiquem que todos os subgrupos próprios de $\mathbb{Z}_2 \times \mathbb{Z}_2$ são cíclicos, mas $\mathbb{Z}_2 \times \mathbb{Z}_2$ não é cíclico.

10. Seja $n \in \mathbb{N}, n > 1$. Mostrem que $\mathbb{Z}_n \times \mathbb{Z}_n$ não é cíclico.

11. Seja $a \in G$ de ordem k. Então, para todo divisor m de k, $o(a^{k/m}) = m$. Em geral, $o(x^l) = \frac{o(x)}{(l, o(x))}$.

12. Mostrem que $(\mathbb{Q}, +)$ não é finitamente gerado.

13. Seja $N \neq \{0\}$ um subgrupo finitamente gerado de $(\mathbb{Q}, +)$. Se $m, n \in \mathbb{Z}$ e $(m, n) = 1$, então

    (a) se $1 \in N$, então $\frac{m}{n} \in N \Leftrightarrow \frac{1}{n} \in N$

    (b) $\frac{1}{mn} \in N \Leftrightarrow \frac{1}{m}, \frac{1}{n} \in N$

    Concluam que N é cíclico e, a partir disso, que $(\mathbb{Q}, +)$ não é finitamente gerado.

14. Sejam $\{0\} \neq G \leqslant \mathbb{R}$, $G^+ := G \cap \mathbb{R}^+$ e $r = \inf G^+$. Então G é cíclico, se, e somente se, $r > 0$. Caso contrário G é denso.

2.2 Homomorfismo de Grupos

Nesta seção, estudaremos as aplicações definidas entre grupos. O foco está nas aplicações que preservam as operações definidas nos grupos. A ideia de estudar aplicações que preservam operações definidas numa estrutura algébrica não se restringe a apenas grupos. Lembrem do conceito de transformações lineares definidas entre espaços vetoriais na álgebra linear.

Definição 134 Sejam $(G_1, *)$ e $(G_2, \star)$ grupos. Uma função $f : G_1 \to G_2$ é um homomorfismo de grupos se para todo $a, b \in G, f(a * b) = f(a) \star f(b)$. Se $G_1 = G_2$, então diremos que f é um endomorfismo de G_1.

Exemplos 135

1. Sejam G_1 e G_2 grupos e $e_2 \in G_2$ seu elemento neutro. Então, $f : G_1 \to G_2$ dado por $f(a) = e_2$ é um homomorfismo entre grupos.

2. Seja G um grupo. A função identidade $\mathrm{id}_G : G \to G$ é um endomorfismo de G.

3. Seja $k \in \mathbb{Z}$ e considere o grupo aditivo $(\mathbb{Z}, +)$. A função $f : \mathbb{Z} \to \mathbb{Z}$ dada por $f(n) = kn$ é um endomorfismo.

4. Seja $n \in \mathbb{Z}$ e considerem o grupo multiplicativo $(\mathbb{R}^*, \cdot)$. A função $g : \mathbb{R}^* \to \mathbb{R}^*$ dada por $g(x) = x^n$ é um endomorfismo.

5. Seja $k \in \mathbb{Z}$ e considerem o grupo aditivo $(\mathbb{Z}_n, \oplus)$. A função $h : \mathbb{Z}_n \to \mathbb{Z}_n$ dada por $f(\bar{a}) = k\bar{a}$ é um endomorfismo.

6. Sejam $k \in \mathbb{Z}$ e p um número primo e considerem o grupo multiplicativo $(\mathbb{Z}_p^*, \odot)$. A função $\phi : \mathbb{Z}_p^* \to \mathbb{Z}_p^*$ dada por $\bar{a} \mapsto \bar{a}^k$ é um endomorfismo. Se $k = p$, então, pelo pequeno teorema de Fermat, esse homomorfismo é a função identidade.

7. Considerem os grupos aditivos $(\mathrm{M}_n(\mathbb{R}), +)$ e $(\mathbb{R}, +)$. A função traço $\mathrm{tr} : \mathrm{M}_n(\mathbb{R}) \to \mathbb{R}$ definida por $\mathrm{tr}(A) = \sum_{i=1}^{n} a_{ii}$, onde $A = (a_{ij}) \in \mathrm{M}_n(\mathbb{R})$, é um homomorfismo.

8. Considerem os grupos multiplicativos $(\mathrm{GL}_n(\mathbb{R}), \cdot)$ e $(\mathbb{R}^*, \cdot)$. A função determinante $\det : \mathrm{GL}_n(\mathbb{R}) \to \mathbb{R}^*$ é um homomorfismo.

9. Considerem o produto cartesiano de dois grupos definidos no exemplo 15 na página 90. As aplicações

$$\pi_1 : G_1 \times G_2 \to G_1 \;\text{ e }\; \pi_2 : G_1 \times G_2 \to G_2$$

definidas por $(a, b) \mapsto a$ e $(a, b) \mapsto b$, respectivamente, são homomorfismos entre grupos. Esses homomorfismos são chamados de *projeções sobre a primeira e a segunda coordenadas*. As *inclusões*

$$\iota_1 : G_1 \to G_1 \times G_2 \;\text{ e }\; \iota_2 : G_2 \to G_1 \times G_2$$

definidas, respectivamente, por $a \mapsto (a, e_2)$ e $b \mapsto (e_1, b)$ também são homomorfismos.

Na próxima proposição, demonstraremos as principais propriedades de um homomorfismo entre grupos. As demonstrações são simples e deixadas como exercícios.

Proposição 136 Seja $f : G_1 \to G_2$ um homomorfismo de grupos.

1. Se $e_1 \in G_1$ e $e_2 \in G_2$ são os elementos neutros, então $f(e_1) = e_2$.

2. $\forall g \in G_1,\ f(g^{-1}) = (f(g))^{-1}$.

3. Se $H_1 \leqslant G_1$ então $f(H_1) \leqslant G_2$.

4. Se $H_2 \leqslant G_2$ então $f^{-1}(H_2) \leqslant G_1$.

Definição 137 Sejam $f : G_1 \to G_2$ um homomorfismo de grupos e e_2 o elemento neutro de G_2. O núcleo de f é

$$\ker f := f^{-1}(e_2) = \{a \in G_1 \mid f(a) = e_2\},$$

e a imagem de f é

$$\mathrm{Im} f := f(G_1) = \{f(a) \mid a \in G_1\}.$$

De $f(e_1) = e_2$, concluímos $e_1 \in \ker f$ e $e_2 \in \mathrm{Im} f$. Isto é, o núcleo e a imagem de um homomorfismo não são vazios. Além disso, pela proposição 136, concluímos:

Corolário 138 Seja $f : G_1 \to G_2$ um homomorfismo de grupos. Então, $\ker f \leqslant G_1$ e $\mathrm{Im} f \leqslant G_2$.

Definição 139 Um homomorfismo $f : G_1 \to G_2$ é dito monomorfismo se f é injetora, epimorfismo se f é sobrejetora e isomorfismo se f é bijetora. Se existe um isomorfismo $f : G_1 \to G_2$, então dizemos que G_1 e G_2 são isomorfos e escrevemos $G_1 \simeq G_2$. Um isomorfismo $f : G_1 \to G_1$ é chamado de um automorfismo de G_1.

Proposição 140 Seja $f : G_1 \to G_2$ um homomorfismo de grupos. Então, f é um monomorfismo, se, e somente se, $\ker f = \{e_1\}$.

Prova. Observem

$$\begin{aligned} f(a) = f(b) \quad &\Leftrightarrow \quad f(a) \star (f(b))^{-1} = e_2 \Leftrightarrow f(a) \star f(b^{-1}) = e_2 \Leftrightarrow f(a * b^{-1}) = e_2 \\ &\Leftrightarrow \quad a * b^{-1} \in \ker f. \end{aligned}$$

Seja $\ker f = \{e_1\}$. Se $f(a) = f(b)$, então $a * b^{-1} = e_1$, ou $a = b$; logo, f é injetivo. Reciprocamente, se f é injetivo e $a \in \ker f$, então $f(a) = e_2 = f(e_1)$; logo, $a = e_1$, i.e., $\ker f = \{e_1\}$.

Exercícios 141

1. Em cada item, mostrem que a aplicação dada é um homomorfismo e determinem seu núcleo.

   (a) $f : \mathbb{R} \to \mathbb{C}^*$ tal que $f(\theta) = \cos(\theta) + i\sin(\theta)$.

   (b) $f : \mathbb{Z} \to \mathbb{Z}_m$ tal que $f(x) = \bar{x}$

2. Sejam $(G, *)$ um grupo abeliano e $g \in G$. Definam a operação $\star$ por $a \star b := a * b * g^{-1}$. Já vimos que $(G, \star)$ é um grupo abeliano. Mostrem que esses grupos são isomorfos e determinem os subgrupos de $(G, \star)$ a partir dos subgrupos de $(G, *)$.

Sejam $(G_1,*)$ e $(G_2,\star)$ grupos, e $\mathrm{Hom}(G_1,G_2)$, o conjunto de todos os homomorfismos entre G_1 e G_2. Pelo primeiro item dos exemplos 135 na página 97, esse conjunto não é vazio. Dados $f,g \in \mathrm{Hom}(G_1,G_2)$, definam $f \bullet g$ por

$$(f \bullet g)(a) := f(a) \star g(a).$$

Se G_2 for abeliano, então $f \bullet g \in \mathrm{Hom}(G_1,G_2)$ e $(\mathrm{Hom}(G_1,G_2),\bullet)$ é um grupo abeliano. A associatividade vale pelas associatividades das operações em G_1 e G_2; seu elemento neutro é o homomorfismo constante, $f(a) = e_2$, onde e_2 é o elemento neutro de G_2; e o inverso de $g \in \mathrm{Hom}(G_1,G_2)$ é definido por $\bar{g}(a) := (g(a))^{-1} = g(a^{-1})$.

Proposição 142 Sejam $f : G_1 \to G_2$ e $g : G_2 \to G_3$ homomorfismos de grupos. Então, $g \circ f : G_1 \to G_3$ é um homomorfismo.

Prova. Sejam $a,b \in G_1$. Então,

$$(g \circ f)(ab) = g(f(ab)) = g(f(a)f(b)) = g(f(a))g(f(b)) = (g \circ f)(a)(g \circ f)(b),$$

portanto, $g \circ f$ é um homomorfismo. □

Proposição 143 Se $f : G_1 \to G_2$ é um isomorfismo, então $f^{-1} : G_2 \to G_1$ é um isomorfismo.

Prova. A bijetividade de f^{-1} é um fato geral sobre funções. Então, só falta provar que f^{-1} é um homomorfismo. Sejam $c,d \in G_2$. Então, existem únicos $a,b \in G_1$ tais que $f(a) = c$ e $f(b) = d$. Então,

$$f^{-1}(cd) = f^{-1}(f(a)f(b)) = f^{-1}(f(ab)) = ab = f^{-1}(c)f^{-1}(d),$$

ou seja, f^{-1} é um isomorfismo. □

Denotem o conjunto de todos os automorfismos de um grupo G por $\mathrm{Aut}(G)$. Observem que $\mathrm{id}_G \in \mathrm{Aut}(G)$. Pela proposição acima:

Corolário 144 Seja G um grupo. Então, $(\mathrm{Aut}(G),\circ)$ é um grupo.

Na próxima proposição, classificaremos os grupos cíclicos.

Teorema 145 Sejam $G = \langle g \rangle$ e $o(g) = n$.

1. Se $n > 0$, então $G \simeq \mathbb{Z}_n$.

2. Se $n = \infty$, então $G \simeq \mathbb{Z}$.

Prova.

(1) Seja $f : \mathbb{Z}_n \to G$ dada por $f(\bar{x}) = g^x$. É fácil verificar que essa aplicação está bem definida e é um epimorfismo. Quanto à injetividade,

$$\bar{x} \in \ker f \Leftrightarrow f(\bar{x}) = e \Leftrightarrow a^x = e \Leftrightarrow n \mid x \Leftrightarrow \bar{x} = \bar{0}.$$

Ou seja, f é injetora, portanto f é um isomorfismo e $G \cong \mathbb{Z}_n$.

(2) Seja $f : \mathbb{Z} \to G$ dada por $f(n) = g^n$. Claramente, f é um epimorfismo. Seja $n \in \ker f$, então

$$f(n) = e \Leftrightarrow g^n = e \Leftrightarrow n = 0.$$

Ou seja, f é injetora, portanto f é um isomorfismo; logo, $G \cong \mathbb{Z}$.

Exercícios

Sempre $(G, *)$ é um grupo e em lugar de $a * b$ escrevemos ab.

1. Seja $\text{Aut}(G) = \{f : G \to G \mid f \text{ é um automorfismo}\}$. Mostrem que $(\text{Aut}(G), \circ)$ é um grupo.

2. Sejam $f : G \to H$ um homomorfismo e $a \in G$ de ordem finita. Mostrem que $f(a)$ é de ordem finita e $o(f(a)) \mid o(a)$. Se f é um monomorfismo, então $o(f(a)) = o(a)$.

3. Seja $f : G \to G$ definida por $f(x) = x^{-1}$. Mostrem que f é um homomorfismo, se, e somente se, G é abeliano.

4. Seja $f : G \to G$ definida por $f(x) = x^2$. Mostrem que f é um homomorfismo, se, e somente se, G é abeliano.

5. Se $a, b \in G$ tais que $ab = ba$ e $\text{mdc}(o(a), o(b)) = 1$, então $o(ab) = o(a)o(b)$. Concluam que em geral $o(ab) = [o(a), o(b)]$.

6. Seja $f : \mathbb{Z}_4 \to \mathbb{C}^*$ tal que $f(\bar{n}) = i^n$. Provem que f é um monomorfismo.

7. Mostrem que todos os endomorfismos de $(\mathbb{Z}, +)$ são dados por $f(n) = kn$ para algum $k \in \mathbb{Z}$. Concluam $(\text{End}(\mathbb{Z}), +) \cong (\mathbb{Z}, +)$.

8. Dado $a \in G$, definam $f_a : G \to G$ por $f_a(x) = axa^{-1}$. Mostrem que

   (a) f_a é um automorfismo.

   (b) $f_a \circ f_b = f_{ab}$.

   (c) $o(x) = o(axa^{-1})$.

(d) $\mathscr{I}(G) := \{f_a \mid a \in G\} \leqslant \mathrm{Aut}(G)$, chamado de *grupo dos automorfismos internos* de G.

(e) $\varphi : G \to \mathscr{I}(G)$ dada por $\varphi(a) = f_a$ é um epimorfismo e $\ker \varphi = Z(G)$.

9. Determinem os núcleos das aplicações-projeção definidas nos exemplos 135 na página 97.

10. Mostrem que:

(a) $G = \{A \in \mathrm{M}_2(\mathbb{R}) \mid A$ é invertível e $A^{-1} = A^t\}$ munido de multiplicação de matrizes é um grupo.

(b) $H = \left\{ \begin{pmatrix} \cos a & -\sin a \\ \sin a & \cos a \end{pmatrix} \mid a \in \mathbb{R} \right\} \leqslant G$.

(c) $f : \mathbb{R} \to H$ dada por $f(a) = \begin{pmatrix} \cos a & -\sin a \\ \sin a & \cos a \end{pmatrix}$ é um homomorfismo e determinem seu núcleo.

11. Seja $f : \mathbb{Z}_6 \to \mathbb{Z}_2$ dada por $f(\bar{x}) = \bar{r}$, onde r é o resto da divisão de x por 2. Verifiquem se

(a) f está bem definida;

(b) f é um homomorfismo;

(c) f é injetora;

(d) f é sobrejetora.

12. Sejam $(G, \cdot)$ um grupo, $H \leqslant G$ e $g \in G$. Provem:

(a) $gHg^{-1} := \{ghg^{-1} \mid h \in H\} \leqslant G$.

(b) Se $f : G \to G$ é um homomorfismo e G é abeliano, então $K := \{g^{-1}f(g) \mid g \in G\} \leqslant G$.

(c) Mostrem que a relação $\sim$ definida em G por

$$x \sim y \iff \exists a \in G \text{ tal que } y = axa^{-1}$$

é de equivalência.

13. Seja $f : \mathbb{C}^* \to \mathbb{C}^*$ tal que $f(z) = z^n$. Mostrem que f é um homomorfismo e determinem $\ker f$.

14. Sejam $m, n \in \mathbb{Z}^+$, $(m, n) = 1$. Mostrem $\mathbb{Z}_m \times \mathbb{Z}_n \cong \mathbb{Z}_{mn}$.

15. Seja $f: G \to J$ um epimorfismo de grupos. Provem que:

    (a) Se G é abeliano, então J é abeliano.

    (b) Se G é cíclico, então J é cíclico.

16. Se os únicos subgrupos de um grupo são os subgrupos triviais, então o grupo é cíclico.

17. Sabendo-se que $G = \{e, a, b, c, d, f\}$ é um grupo isomorfo ao grupo $(\mathbb{Z}_6, \oplus)$ pede-se:

    (a) Construir uma tábua para G.

    (b) Verificar se G é cíclico e, em caso afirmativo, determinar os seus geradores.

18. Considerem

$$H = \left\{ \begin{pmatrix} 1 & 2 & 3 & 4 \\ 1 & 2 & 3 & 4 \end{pmatrix}, \begin{pmatrix} 1 & 2 & 3 & 4 \\ 3 & 4 & 1 & 2 \end{pmatrix}, \begin{pmatrix} 1 & 2 & 3 & 4 \\ 2 & 1 & 4 & 3 \end{pmatrix}, \begin{pmatrix} 1 & 2 & 3 & 4 \\ 4 & 3 & 2 & 1 \end{pmatrix} \right\}$$

como um subgrupo de S_4. Determinem a ordem de cada elemento de H. Verifiquem se H é cíclico.

19. Mostrem que

$$H = \left\{ \begin{pmatrix} 1 & 2 & 3 & 4 \\ 1 & 2 & 3 & 4 \end{pmatrix}, \begin{pmatrix} 1 & 2 & 3 & 4 \\ 2 & 3 & 4 & 1 \end{pmatrix}, \begin{pmatrix} 1 & 2 & 3 & 4 \\ 3 & 4 & 1 & 2 \end{pmatrix}, \begin{pmatrix} 1 & 2 & 3 & 4 \\ 4 & 1 & 2 & 3 \end{pmatrix} \right\}$$

é um subgrupo cíclico de S_4.

20. Sejam $a, b \in \mathbb{Z}$ e $H = \{ax + by \mid x, y \in \mathbb{Z}\}$. Mostrem que:

    (a) $H \leqslant \mathbb{Z}$.

    (b) Se $d = \text{mdc}(a, b)$, então $H = \langle d \rangle$.

21. Dado $n \in \mathbb{N}$ seja $U_n = \{z \in \mathbb{C} \mid z^n = 1\}$. Provem que:

    (a) $U_n \leqslant \mathbb{C}^*$ é cíclico e gerado por $w = \cos(\frac{2k\pi}{n}) + i\sin(\frac{2k\pi}{n})$, onde $(k, n) = 1$.

    (b) $f: \mathbb{Z}_n \to U_n$ dada por $f(\bar{x}) = \cos(\frac{2\pi x}{n}) + i\sin(\frac{2\pi x}{n})$ é um isomorfismo.

2.3 Classes Laterais e Teorema de Lagrange

Sejam G um grupo finito e $H \leqslant G$. O objetivo desta seção é obter uma relação entre $|H|$ e $|G|$. Primeiro definiremos as classes laterais e estudaremos as suas propriedades básicas. Observem que essas definições e propriedades não dependem da finitude de G.

Definição 146 Sejam $(G,*)$ um grupo e $H \leqslant G$. Para cada $g \in G$, definamos a classe lateral à esquerda de g por $g*H := \{g*h \mid h \in H\}$ e a classe lateral à direita de g por $H*g := \{h*g \mid h \in H\}$.

Nesta seção, para facilitar, denotaremos a classe $g*H$ por gH e a classe $H*g$ por Hg. Observem que, se o grupo é abeliano, então as classes laterais à direta e à esquerda são iguais, i.e., $gH = Hg$.

Exemplos 147

1. Considerem $G = \mathbb{Z}$ e $H = m\mathbb{Z}$, onde $m \in \mathbb{Z}, m > 1$. Determinaremos as classes de $m\mathbb{Z}$ em $\mathbb{Z}$. Se $k \in \mathbb{Z}$, então a classe definida por k é

$$k + m\mathbb{Z} = \{k + a \mid a \in m\mathbb{Z}\} = \{k + mq \mid q \in \mathbb{Z}\}.$$

Escrevam $k = mq' + r, 0 \leq r < m$. Então,

$$k + mq = mq' + mq + r = m\underbrace{(q' + q)}_{s} + r.$$

Portanto, todo número da forma $k + mq$ é escrito da forma $ms + r$, onde $0 \leq r < m$. Então,

$$k + m\mathbb{Z} = \{k + mq \mid q \in \mathbb{Z}\} = \{r + ms \mid s \in \mathbb{Z}\} = r + m\mathbb{Z},\ 0 \leq r < m.$$

Logo, as classes de $m\mathbb{Z}$ em $\mathbb{Z}$ são representadas por $0, 1, \ldots$ e $m-1$. Essas classes são distintas, portanto $m\mathbb{Z}$ em $\mathbb{Z}$ possui exatamente m classes.

2. Considerem o grupo $(\mathbb{R} \setminus \{0\}, \cdot)$ e o subgrupo $H = \mathbb{R}^+$. A classe de $s \in \mathbb{R} \setminus \{0\}$ é

$$s\mathbb{R}^+ = \{sr \mid r \in \mathbb{R}^+\}.$$

Se $s > 0$, então $sr \in \mathbb{R}^+$; além disso, $r = s(\frac{1}{s}r) \in s\mathbb{R}^+$ para todo $r \in \mathbb{R}^+$. Então, nesse caso, $s\mathbb{R}^+ = \mathbb{R}^+$. Se $s < 0$, então $-s > 0$ e $sr = -(-sr) \in (-1)\mathbb{R}^+$; além disso, $-r = s(\frac{-1}{s}r) \in s\mathbb{R}^+$. Ou seja, nesse caso, $s\mathbb{R}^+ = (-1)\mathbb{R}^+$. Portanto, há apenas duas classes: $\mathbb{R}^+$ e $(-1)\mathbb{R}^+$.

Na próxima proposição, veremos as propriedades, das classes laterais. Observem que essas não dependem da finitude do grupo ou de seu subgrupo.

Proposição 148 Sejam $(G,*)$ um grupo, $H \leqslant G$ e $g_1, g_2 \in G$. Então:

1. $g_1H = g_2H$, se, e somente se, $g_2^{-1}g_1 \in H$. Em particular, $gH = H$, se, e somente se, $g \in H$.

2. $f_g : H \to gH$ dada por $f_g(h) = g * h$ é bijetora. Em particular, $|H| = |gH|$.

3. A aplicação

$$\varphi : \{\text{classes laterais à esquerda}\} \to \{\text{classes laterais à direita}\}$$
$$gH \mapsto Hg^{-1}$$

é bijetora.

4. A relação dada por

$$g_1 \sim g_2 \Leftrightarrow g_1H = g_2H$$

é de equivalência, e a classe de $g \in G$ é o conjunto gH. Portanto, as classes $gH, g \in G$ definem uma partição de G, ou seja, $G = \dot{\bigcup}_{g\in G} gH$. Analogamente, a relação

$$g_1 \sim g_2 \Leftrightarrow Hg_1 = Hg_2,$$

é de equivalência e as classes Hg formam uma partição de G.

Prova. Exercício. □

Pelo item (3) da proposição 148, há uma correspondência biunívoca entre as classes laterais à direita e à esquerda de um subgrupo. Em particular, os números dessas classes são iguais.

Definição 149 Sejam G um grupo e $H \leqslant G$. O conjunto das classes laterais à esquerda (ou à direita) de H em G é denotado por G/H. O número dos elementos desse conjunto é chamado de índice e de H em G e é denotado por $[G : H]$.

Exemplo 150 Pelos exemplos 147, $[\mathbb{Z} : m\mathbb{Z}] = m$ e $[\mathbb{R} \setminus \{0\} : \mathbb{R}^+] = 2$.

Teorema 151 (Lagrange[3]) Se G é um grupo finito e $H \leqslant G$, então $|G| = |H|[G : H]$. Em particular, $|H|$ divide $|G|$ e $\frac{|G|}{|H|} = [G : H]$.

[3]Joseph Louis Lagrange (Giuseppe Lodovico Lagrangia), matemático italiano, 1736-1813.

Prova. Seja $[G:H]=r$. Pela proposição 148,

$$G=(g_1H)\dot{\bigcup}\cdots\dot{\bigcup}(g_rH)\Rightarrow|G|=|g_1\cdot H|+\cdots+|g_r\cdot H|=r\cdot|H|=[G:H]|H|.$$

Portanto, $|H|\mid|G|$ e $\frac{|G|}{|H|}=[G:H]$. □

A recíproca do teorema de Lagrange não á válida em geral, i.e., se $k\mid|G|$, não podemos garantir que exista $H\leqslant G$ tal que $|H|=k$; vejam o exercício 15 na página 130. Em alguns casos, vale a recíproca do teorema de Lagrange, por exemplo a proposição 165 na página 112 e o teorema 208 na página 139.

Corolário 152 Sejam G um grupo finito e $a\in G$, então $o(a)\mid|G|$. Em particular, $a^{|G|}=e$.

Prova. Como $\langle a\rangle\leqslant G$ e $|\langle a\rangle|=o(a)$, pelo teorema de Lagrange $o(a)\mid|G|$. Além disso, existe $q\in\mathbb{Z}$ tal que $|G|=q\cdot o(a)$, então

$$a^{|G|}=(a^{o(a)})^q=e^q=e.$$

□

Corolário 153 Todo grupo de ordem primo é cíclico.

Prova. Suponham que $|G|=p$, onde p é um número primo. Se $a\in G\setminus\{e\}$, então $o(a)\mid p$; logo, $o(a)=1$ ou p. Como $a\neq e$, $o(a)=p$. Portanto, $G=\langle a\rangle$. □

A seguir, apresentaremos a demonstração do teorema de Euler e do pequeno teorema de Fermat como consequência imediata do corolário 152. Sejam $n\in\mathbb{Z},n>1$ e $a\in\mathbb{Z}$ tais que $(a,n)=1$. Então, $\overline{a}\in U(\mathbb{Z}_n)$. Como $|U(\mathbb{Z}_n)|=\phi(n)$, pelo corolário 152, $\overline{a}^{\phi(n)}=\overline{1}$, i.é., $a^{\phi(n)}\equiv 1 \pmod n$. Em particular, se $n=p$ é primo, então $a^{p-1}\equiv 1 \pmod p$.

Exercícios

1. Sejam $f:G\to G$ um homomorfismo e $H=\ker f$. Mostrem que $aH=bH$, se, e somente se, $f(a)=f(b)$.

2. Sejam $H_1,H_2\leqslant G$. Se $|H_1|=m$ e $|H_2|=n$ e $(m,n)=1$, então $H_1\cap H_2=\{e\}$.

3. Sejam G e H grupos finitos tais que $(|G|,|H|)=1$. Mostrem que o único homomorfismo $f:G\to H$ é o homomorfismo constante: $f(g)=e$ para todo $g\in G$.

4. Determinem todos os automorfismos de $(\mathbb{Z}_n, \oplus)$.

5. Se um grupo G tem ordem primo, então os únicos subgrupos de G são os triviais.

6. Para todo $\bar{a}, \bar{b} \in \mathbb{Z}_p$, temos $(\bar{a} \oplus \bar{b})^p = \bar{a}^p \oplus \bar{b}^p$.

7. Sejam G um grupo finito e $n \in \mathbb{Z}^+, (n, |G|) = 1$ tal que para todo $a, b \in G, (ab)^n = a^n b^n$.

   (a) Mostrem que $a \mapsto a^n$ é um isomorfismo de G.

   (b) Mostrem que para todo $a \in G, a^{n-1} \in Z(G)$. Concluam que $a \mapsto a^{n-1}$ é um homomorfismo de G.

   (c) Se $n = 3$, concluam que G é abeliano.

8. Sejam p um número primo e $n \in \mathbb{Z}^+$. Determinem a ordem de $\overline{p}$ no grupo $U(\mathbb{Z}_{p^n-1})$. Concluam $n \mid \phi(p^n - 1)$, onde ϕ é a função de Euler. Apliquem esse resultado para determinar os últimos dois algarismos de $3^{3^{100}}$.

9. Mostrem que a ordem de $(a_1, \ldots, a_n) \in \prod_{i=1}^n G_i$ é o menor múltiplo comum das ordens de $a_1, \ldots, a_n$.

2.4 Subgrupos Normais e Teoremas de Isomorfismo

Sejam G um grupo e $H \leqslant G$. O objetivo é definir estrutura de grupo no conjunto das classes laterais de H em G. Pela proposição 148 na página 105, basta tratar desse problema somente no conjunto das classes laterais à esquerda. Seja $G/H := \{gH \mid g \in G\}$. Dadas $g_1H, g_2H \in G/H$, a maneira natural de obter um outro elemento de G/H seria considerar g_1g_2H, ou seja, definir a operação em G/H da seguinte forma:

$$(g_1H)(g_2H) := g_1g_2H. \tag{2.2}$$

Observem que elementos diferentes de G podem gerar classes iguais, i.e., podemos ter $a, b \in G, a \neq b$ mas $aH = bH$. Por isso, devemos investigar se a operação (2.2) está bem definida. Para isso, devemos verificar se $a_1H = a_2H$ e $b_1H = b_2H$ implica $a_1b_1H = a_2b_2H$. Pela proposição 148 na página 105, devemos verificar

$$a_2^{-1}a_1 \in H \text{ e } b_2^{-1}b_1 \in H \Rightarrow (a_2b_2)^{-1}(a_1b_1) = b_2^{-1}a_2^{-1}a_1b_1 \in H.$$

Sejam $a_2^{-1}a_1 = h_1$ e $b_2^{-1}b_1 = h_2$, onde $h_1, h_2 \in H$. Então,

$$b_2^{-1}a_2^{-1}a_1b_1 = b_2^{-1}h_1b_1 = b_2^{-1}h_1b_2h_2.$$

Portanto,

$$b_2^{-1}a_2^{-1}a_1b_1 \in H \iff b_2^{-1}h_1b_2 \in H.$$

Assim, para que a operação esteja bem definida é suficiente que

$$\forall g \in G, \forall h \in H, \; g^{-1}hg \in H.$$

Como $g \in G$ é um elemento qualquer, podemos escrever essa condição da forma $ghg^{-1} \in H$. Nesse caso, é fácil verificar que G/H munido de operação (2.2) é um grupo: seu elemento neutro é a classe H e o inverso de gH é $g^{-1}H$. Claramente, se G é abeliano, então G/H também é, mas a recíproca não vale; vejam o exemplo 2 na página 110. Essa verificação nos leva à seguinte definição:

Definição 154 Sejam $(G, \cdot)$ um grupo e $H \leqslant G$. Dizemos que H é um subgrupo normal de G, se para todo $g \in G, h \in H, ghg^{-1} \in H$ e escrevemos $H \trianglelefteq G$. Nesse caso, o conjunto quociente G/H munido da operação (2.2) é um grupo, chamado de grupo quociente.

Se denotarmos o conjunto de todos os elementos da forma $ghg^{-1}, h \in H$ por gHg^{-1}, então, pela definição acima,

$$H \trianglelefteq G \Leftrightarrow \forall g \in G, \; gHg^{-1} \subseteq H.$$

Além disso, se $H \trianglelefteq G$, então para todo $h \in H$ e $g \in G$,

$$h = g\underbrace{(g^{-1}hg)}_{\in H}g^{-1} \in gHg^{-1}.$$

Portanto, se $H \trianglelefteq G$, então para todo $g \in G, gHg^{-1} = H$. É fácil verificar que essa condição é equivalente à igualdade $gH = Hg$ para todo $g \in G$. Portanto, acabamos de demonstrar a seguinte proposição:

Proposição 155 Sejam G um grupo e $H \leqslant G$. Então, são equivalentes:

1. $H \trianglelefteq G$.

2. para todo $g \in G$, $gHg^{-1} = H$.

3. para todo $g \in G$, $gH = Hg$.

Exemplos 156

1. Seja G um grupo. Então, seus subgrupos triviais $\{e\}$ e G e também seu centro, $Z(G)$, são subgrupos normais. Em geral, todo subgrupo H tal que $H \subseteq Z(G)$ é um subgrupo normal.

2. Considerem o grupo afim de grau um definido no exemplo 6 na página 88. Então, $\{T_{1,b} \mid b \in \mathbb{R}\} \trianglelefteq \mathrm{Aff}(1,\mathbb{R})$.

3. Se G é um grupo e H é um subgrupo de G tal que $[G : H] = 2$, então $H \trianglelefteq G$. Seja $g \in G$. Se $g \in H$, então $gH = Hg$. Se $g \in G \setminus H$, então $G = H\dot{\cup}gH = H\dot{\cup}Hg$. Portanto, $gH = Hg$ e, pelo item (3) da proposição 155, $H \trianglelefteq G$.

4. Se G é um grupo abeliano, então todos os subgrupos de G são normais. Mas a recíproca não vale. Por exemplo, todos os subgrupos do grupo não abeliano $(Q_8, \cdot)$ são normais: $Z(Q_8) = \{-1, 1\}$ é o único subgrupos de ordem 2, e os outros subgrupos de ordem 4 são normais, pois possuem índice 2.

5. Seja $f : G_1 \to G_2$ um homomorfismo entre grupos. Então, $\ker f \trianglelefteq G_1$. De fato, se $h \in \ker f$, então

$$\forall g \in G,\ f(ghg^{-1}) = f(g)f(h)f(g^{-1}) = f(g)e(f(g))^{-1} = e \Rightarrow ghg^{-1} \in \ker f.$$

Seja $N \trianglelefteq G$. A aplicação

$$\begin{cases} \pi & : & G & \longrightarrow & G/N \\ & & g & \longmapsto & gN \end{cases}$$

é chamada de *projeção natural* ou *homomorfismo canônico* de G em G/N. Essa aplicação é um homomorfismo entre grupos, e seu núcleo é

$$\ker \pi = \{g \in G \mid gN = N\} = \{g \in G \mid g \in N\} = N.$$

Essa observação e o exemplo 5 acima mostram:

Proposição 157 Um subgrupo de um grupo é normal, se, e somente se, é núcleo de um homomorfismo.

Existem grupos que não possuem subgrupos normais, exceto os triviais. Por exemplo, pelo teorema de Lagrange, $\mathbb{Z}_p$, onde p é um primo, não possui subgrupos não triviais. Outro exemplo é o grupo das permutações pares; vejam o teorema 192 na página 127. Isso dá origem à seguinte definição:

Definição 158 Um grupo G é chamado de simples se os únicos subgrupos normais são $\{e\}$ e G.

Seja $f : G_1 \to G_2$ um homomorfismo entre grupos. No exemplo 5 da página anterior, vimos que $\ker f \trianglelefteq G_1$. Portanto, $G_1/\ker f$ possui estrutura de um grupo. O teorema de isomorfismo identifica esse grupo como um subgrupo de G_2.

Teorema 159 (de isomorfismo) Seja $f : G_1 \to G_2$ um homomorfismo entre grupos. Então, $G_1/\ker f \cong \mathrm{Im} f$.

Prova. Definam $\tilde{f} : G_1/\ker f \to \mathrm{Im} f$ por $g \ker f \mapsto f(g)$. Essa aplicação está bem definida, pois:

$$\begin{aligned} g_1 \ker f = g_2 \ker f &\Rightarrow g_2^{-1} g_1 \in \ker f \Rightarrow f(g_2^{-1} g_1) = e_1 \Rightarrow f(g_2^{-1}) f(g_1) = e_1 \\ &\Rightarrow (f(g_2))^{-1} f(g_1) = e_1. \end{aligned}$$

Portanto, $f(g_1) = f(g_2)$, ou, $\tilde{f}(g_1 \ker f) = \tilde{f}(g_2 \ker f)$. Pelo fato de que f é um homomorfismo, concluímos que $\tilde{f}$ também é um homomorfismo e claramente é sobrejetivo. Quanto à injetividade,

$$\tilde{f}(g \ker f) = e_2 \Rightarrow f(g) = e_2 \Rightarrow g \in \ker f \Rightarrow g \ker f = \ker f \Rightarrow \ker \tilde{f} = \{\ker f\}.$$

Logo, $\tilde{f}$ é injetivo. Então, $\tilde{f}$ é um isomorfismo e $G_1/\ker f \cong \mathrm{Im} f$. □

Exemplos 160

1. Seja $m \in \mathbb{Z}^+, m > 1$. Então, $\mathbb{Z}/m\mathbb{Z} \cong \mathbb{Z}_m$. Basta considerar $\psi : \mathbb{Z} \to \mathbb{Z}_m$ dada por $n \mapsto \bar{n}$. Claramente, ψ é um epimorfismo entre grupos e $\ker \psi = m\mathbb{Z}$. Portanto, pelo teorema 159, $\mathbb{Z}/m\mathbb{Z} \cong \mathbb{Z}_m$.

2. A função determinante é um epimorfismo $\mathrm{GL}_n(\mathbb{C}) \to \mathbb{C}^*$ e seu núcleo é $\mathrm{SL}_n(\mathbb{C})$. Portanto,
$$\frac{\mathrm{GL}_n(\mathbb{C})}{\mathrm{SL}_n(\mathbb{C})} \cong \mathbb{C}^*.$$

3. A função
$$\begin{cases} s \ : \ \mathbb{R}^* \longrightarrow \{-1, 1\} \\ \qquad x \longmapsto \begin{cases} 1 & \text{se } x > 0 \\ -1 & \text{se } x < 0 \end{cases} \end{cases}.$$

é um epimorfismo entre os grupos multiplicativos e seu núcleo é $\mathbb{R}^+$, portanto,

$$\frac{\mathbb{R}^*}{\mathbb{R}^+} \cong \{-1,1\} \cong \mathbb{Z}_2.$$

A seguir, veremos alguns corolários do teorema (159). Antes, precisamos da seguinte definição: Sejam G um grupo e $H,K \leqslant G$. Definam

$$HK := \{hk \mid h \in H, k \in K\}.$$

Observem que

$$\begin{aligned} &\forall h \in H, \ \ h = he \in HK \Rightarrow H \subseteq HK \\ &\forall k \in K, \ \ k = ek \in HK \Rightarrow K \subseteq HK, \end{aligned}$$

em particular $e = e \cdot e \in HK$. Mas, em geral, não é subgrupo de G. De fato, em geral, não podemos concluir se HK é fechado quanto à operação definida em G. Uma condição suficiente é $H \trianglelefteq G$ ou $K \trianglelefteq G$. Se $H \trianglelefteq G$, então dados $h_1k_1, h_2k_2 \in HK$,

$$h_1k_1h_2k_2 = h_1 \underbrace{k_1h_2k_1^{-1}}_{\in H} k_1k_2 \in HK,$$

portanto HK é fechado para a operação. A verificação no caso em que $K \trianglelefteq G$ é análoga. Agora podemos utilizar a proposição 112 para mostrar que $HK \leqslant G$. Observem que, se $H \trianglelefteq G$ (respectivamente, $K \trianglelefteq G$), então $H \cap K \trianglelefteq K$ (respectivamente $H \cap K \trianglelefteq H$). Além disso, se ambos forem normais, então $HK = KH$ e $HK \trianglelefteq G$. Então, acabamos de demonstrar a seguinte proposição:

Proposição 161 Sejam G um grupo e $H,K \leqslant G$. Se $H \trianglelefteq G$ ou $K \trianglelefteq G$, então $HK \leqslant G$. Além disso, se ambos forem normais, então HK é normal e $HK = KH$.

A seguir, demonstraremos dois corolários do teorema de isomorfismo entre grupos. Em alguns livros, esses corolários são chamados de segundo teorema e terceiro teorema de isomorfismo.

Corolário 162 Sejam G um grupo, $H,K \leqslant G$ e $H \trianglelefteq G$. Então,

$$\frac{K}{H \cap K} \cong \frac{HK}{H}.$$

Prova. Definam a aplicação $K \to \frac{HK}{H}$ por $k \mapsto kH$. É fácil verificar que é um epimorfismo entre grupos e seu núcleo é $H \cap K$. Agora, apliquem o teorema 159. □

Em particular, se, além das condições do corolário acima, H e K forem finitos, concluímos $|HK| = \frac{|H||K|}{|H \cap K|}$. Essa igualdade pode ser obtida diretamente sem a hipótese de normalidade de H; vejam exercício 3 na página 116.

Corolário 163 Sejam G um grupo, $H, K \trianglelefteq G$ e $K \subseteq H$. Então, $\frac{H}{K} \trianglelefteq \frac{G}{K}$ e

$$\frac{G/K}{H/K} \cong \frac{G}{H}.$$

Prova. Definam a aplicação $\frac{G}{K} \to \frac{G}{H}$ por $gK \mapsto gH$. Essa aplicação está bem definida e é um epimorfismo entre grupos. Seu núcleo é $\frac{H}{K}$. Agora, apliquem o teorema (159).

O corolário (163) basicamente afirma que num quociente $\frac{G/K}{H/K}$ podemos "*cancelar*" K.

Dado $H \trianglelefteq G$, a aplicação natural $\pi : G \to \frac{G}{H}$ dada por $g \mapsto gH$ é um epimorfismo. Se $K \leqslant G$ e $H \subseteq K$, então $\frac{K}{H} \leqslant \frac{G}{K}$. O próximo teorema, às vezes chamado de quarto teorema de isomorfismo, garante que todos os subgrupos de $\frac{G}{H}$ são obtidos dessa forma.

Teorema 164 Sejam G um grupo e $H \trianglelefteq G$. Então, os subgrupos de $\frac{G}{H}$ são dados por $\frac{K}{H}$ onde $K \leqslant G$ e $H \subseteq K$. Além disso,

1. $\frac{K}{H} \trianglelefteq \frac{G}{H}$, se, e somente se, $K \trianglelefteq G$.

2. $\frac{K_1}{H} \leqslant \frac{K_2}{H}$, se, e somente se, $K_1 \leqslant K_2$, e, nesse caso, $[K_2 : K_1] = \left[\frac{K_2}{H} : \frac{K_1}{H}\right]$.

Prova. A demonstração é simples e é deixada como exercício. □

A seguir, mostraremos algumas aplicações dos teoremas de isomorfismo. O primeiro é a recíproca do teorema de Lagrange para grupos abelianos.

Proposição 165 Seja G um grupo abeliano finito. Se $d \mid |G|$, então existe $H \leqslant G$ de ordem d.

Prova. Seja $|G| = n$. Faremos a prova por indução sobre n. Se $n = 1$, então não há nada a provar. Para $n > 1$, primeiro provaremos o caso em que $d = p$ é um número primo. Como p é um número primo, esse caso é equivalente à existência de um elemento de ordem p. Se existe $a \in G$ tal que $p \mid o(a)$, então $o(a^{o(a)/p}) = p$. Se para todo $a \in G \setminus \{e\}$, $p \nmid o(a)$, observem que $|G/\langle a \rangle| < n$ e $p \mid |G/\langle a \rangle|$; logo, pela hipótese da indução, existe $g\langle a \rangle \in G/\langle a \rangle$

é de ordem p. Observem que $p \mid o(g)$; logo, $o(g^{o(g)/p}) = p$. Para o caso geral, dado um divisor d de $|G|$, seja p um divisor primo de d. Portanto, pelo caso anterior, G possui um subgrupo H de ordem p. Como G é abeliano, $H \trianglelefteq G$ e G/H é um grupo de ordem $\frac{n}{p} < n$ e $\frac{d}{p} \mid \frac{n}{p}$. Portanto, pela hipótese da indução, G/H possui um subgrupo de ordem $\frac{d}{p}$. Pelo teorema (164), esse subgrupo é dado por K/H, onde $K \leqslant G$ e $H \subseteq K$. Observem que

$$\left|\frac{K}{H}\right| = \frac{d}{p} \Rightarrow |K| = |H| \cdot \frac{d}{p} = p \cdot \frac{d}{p} = d,$$

portanto K é o subgrupo que procurávamos. □

Observem que essa proposição não afirma nada sobre a unicidade do subgrupo. De fato, em geral não há unicidade. Por exemplo, no caso de $G = \mathbb{Z}_4 \times \mathbb{Z}_2 \times \mathbb{Z}_2$, os subgrupos $H_1 = \mathbb{Z}_4 \times \{\bar{0}\} \times \{\bar{0}\}$ e $H_2 = \{\bar{0}\} \times \mathbb{Z}_2 \times \mathbb{Z}_2$ são de ordem 4 e não isomorfos, pois H_1 é cíclico e H_2 não é. No caso de grupos cíclicos finitos temos a unicidade.

Proposição 166 Seja G um grupo cíclico finito. Se $d \mid |G|$, então existe um único $H \leqslant G$ de ordem d.

Prova. Seja $G = \langle g \rangle$ de ordem n. Se $n = dq$, então $o(a^q) = d$; logo, $H = \langle g^q \rangle$ é de ordem d. Para a unicidade, se $K = \langle a \rangle$ é um subgrupo de ordem d, então $a = g^m$ para algum $m \in \mathbb{Z}$ e $g^{md} = a^d = e$. Portanto, $n \mid md$, ou

$$\exists q' \in \mathbb{Z}^+,\ nq' = md \overset{n=dq}{\Longrightarrow} qq' = m \Rightarrow a = g^m = g^{qq'} = (g^q)^{q'} \in H$$

$$\Rightarrow K = \langle a \rangle \leqslant \langle g^q \rangle = H.$$

Como $|K| = |H| = d$, concluímos $K = H$. Isto é, $H = \langle g^q \rangle$ é o único subgrupo de ordem d. □

A recíproca da proposição (166) é válida. Portanto, teremos uma caracterização de grupos cíclicos finitos em termo de existência de seus subgrupos. Para prová-la, precisamos considerar a seguinte relação em G:

$$g_1 \sim g_2 \Longleftrightarrow \langle g_1 \rangle = \langle g_2 \rangle.$$

Essa relação é de equivalência. Denotem a classe de g por $gen(\langle g \rangle)$. Então,

$$G = \dot{\bigcup}_{g \in G} gen(\langle g \rangle).$$

Observem que $gen(\langle g \rangle)$ representa todos os geradores do grupo cíclico $\langle g \rangle$. Se G for finito e $|\langle g \rangle| = d$, então, pela proposição (126), $\langle g \rangle$ possui $\phi(d)$ geradores. Então,

$$|G| = \sum |gen(\langle g \rangle)| = \sum_{d \in X} \phi(d), \tag{2.3}$$

onde
$$X = \{d \mid d \mid |G|, \exists H \leq G \text{ cíclico de ordem } d\}.$$

Observem que nessa somatória não estamos considerando todos os divisores de $|G|$; além disso, um divisor pode aparecer várias vezes, pois o grupo pode ter vários subgrupos cíclicos de ordem d. Para esclarecer, considerem $G = \mathbb{Z}_2 \times \mathbb{Z}_2$. Esse grupo possui três subgrupos cíclicos de ordem dois: $\mathbb{Z}_2 \times \{\bar{0}\}, \{\bar{0}\} \times \mathbb{Z}_2$ e $\langle(\bar{1},\bar{1})\rangle$, portanto $d = 2$ aparece três vezes na suma:

$$4 = |\mathbb{Z}_2 \times \mathbb{Z}_2| = \phi(1) + \phi(2) + \phi(2) + \phi(2) = 1+1+1+1.$$

Se G for cíclico de ordem n, então, pela proposição (166), para cada divisor de n há um único subgrupo de G de ordem d, portanto na igualdade (2.3) todos os divisores de $|G| = n$ aparecem uma única vez; logo,

$$n = \sum_{d|n} \phi(d).$$

Lembrem que essa propriedade da função ϕ já foi apresentada no exercício (43) do capítulo 1. Agora, seja G um grupo finito tal que para todo d divisor de $n = |G|$ exista no máximo um subgrupo cíclico de ordem d. Portanto, na igualdade (2.3), para cada divisor d de n, $\phi(d)$ aparece no máximo uma única vez; logo,

$$n = |G| = \sum_{d \in X} \phi(d) \leq \sum_{d|n} \phi(d) = n.$$

Portanto, todos os divisores de n devem aparecer na igualdade acima; em particular, o próprio n aparece, ou seja, existe um subgrupo cíclico de G de ordem $n = |G|$, i.e., G é cíclico. Então, acabamos de demonstrar o seguinte teorema:

Teorema 167 Um grupo finito G é cíclico, se, e somente se, para todo divisor d de $|G|$ existe no máximo um subgrupo cíclico de ordem d.

No caso dos grupos abelianos, temos o seguinte resultado: Observem a diferença da condição sobre os divisores de $|G|$; nesse caso, somente precisamos considerar os divisores primos de $|G|$.

Teorema 168 Um grupo finito abeliano G é cíclico, se, e somente se, para todo divisor primo p de $|G|$ existe no máximo um subgrupo cíclico de ordem p.

Prova. A prova é feita por indução sobre $n = |G|$. Se $n = 1$, então não há nada a provar. Seja $|G| = n > 1$. Pela hipótese da indução, a afirmação é válida para todos os grupos H, $|H| < n$, em particular para todos os subgrupos próprios de G. Seja $y \in G \setminus \{e\}$. Então, $o(y) := k > 1$; portanto, possui pelo menos um fator primo. Escrevam $k = pm$, onde p é um número primo. Pelo teorema de Lagrange, $k \mid |G|$; logo, $p \mid |G|$. Observem que $x := y^m$ é de ordem p. Então, mostramos que G possui pelo menos um elemento de ordem p, onde p é um primo e $p \mid |G|$. Como G é abeliano, a aplicação $\theta : G \to G$ dada por $g \mapsto g^p$ é um homomorfismo e $x \in \ker\theta$. Portanto, $|\ker\theta| \geq p$. Se $|\ker\theta| > p$, então G teria outro elemento de ordem p, o que seria absurdo pela hipótese. Então, $|\ker\theta| = p$. Pelo teorema 159 na página 110, $G/\ker\theta \cong \mathrm{Im}\theta \leqslant G$. Observem que $\mathrm{Im}\theta$ é um subgrupo próprio de G; portanto, pela hipótese da indução, é cíclico. Seja $\mathrm{Im}\theta = \langle z \rangle$. Além disso, $z = b^p$ para algum $b \in G$ e $o(z) = \frac{n}{p}$. Há duas possibilidades: $p \nmid \frac{n}{p}$ e $p \mid \frac{n}{p}$. Na primeira, $o(xz) = o(x)o(z) = p\frac{n}{p} = n$; logo, $G = \langle xz \rangle$. Na segunda, $o(z) = \frac{n}{p}$, então $o(b) = n$; logo, $G = \langle b \rangle$. □

Sejam G_1 e G_2 grupos, $H_1 \leqslant G_1$ e $H_2 \leqslant G_2$. Já vimos que $H_1 \times H_2 \leqslant G_1 \times G_2$. O próximo resultado é sobre o caso em que esses subgrupos são normais.

Proposição 169 Sejam G_1 e G_2 grupos, $H_1 \trianglelefteq G_1$ e $H_2 \trianglelefteq G_2$. Então,

$$H_1 \times H_2 \trianglelefteq G_1 \times G_2$$

e

$$\frac{G_1 \times G_2}{H_1 \times H_2} \cong \frac{G_1}{H_1} \times \frac{G_2}{H_2}.$$

Prova. Considerem a aplicação induzida pelas projeções naturais $\pi : G_1 \to \frac{G_1}{H_1}$ e $\pi' : G_2 \to \frac{G_2}{H_2}$ dada por

$$\begin{cases} \pi \times \pi' & : & G_1 \times G_2 & \longrightarrow & \frac{G_1}{H_1} \times \frac{G_2}{H_2} \\ & & (g_1, g_2) & \longmapsto & (\pi(g_1), \pi'(g_2)) = (g_1H_1, g_2H_2) \end{cases}.$$

Essa aplicação é um epimorfismo entre grupos, e seu núcleo é $H_1 \times H_2$; portanto, $H_1 \times H_2 \trianglelefteq G_1 \times G_2$, e, pelo teorema 159 na página 110, concluímos

$$\frac{G_1 \times G_2}{H_1 \times H_2} \cong \frac{G_1}{H_1} \times \frac{G_2}{H_2}.$$

□

Exercícios

Sejam G um grupo, $Z(G)$ seu centro e $H,K \leqslant G$.

1. Se $G/Z(G)$ é cíclico, então G é abeliano.

2. Se $|G| = pq$, onde p e q são números primos, então $Z(G) = \{e\}$ ou G é abeliano.

3. Mostrem $|HK| = \frac{|H||K|}{|H \cap K|}$.

4. $HK \leqslant G$, se, e somente se, $HK = KH$.

5. Mostrem que $N_G(H) := \{g \in G \mid gHg^{-1} = H\} \leqslant G$ e que $H \trianglelefteq N_G(H)$. Esse subgrupo é chamado de normalizador de H em G. Pela definição de subgrupo normal, $H \trianglelefteq G$, se, e somente se, $N_G(H) = G$.

6. Se $K \leqslant N_G(H)$, então $HK \leqslant G$

7. Se $K \subseteq H$, então $[G:K] < \infty$, se, e somente se, $[G:H], [H:K] < \infty$. Nesse caso, $[G:K] = [G:H][H:K]$.

8. Sejam $[G:H] = n$ e $[G:K] = m$ finitos. Mostrem $[m,n] \leq [G:H \cap K] \leq mn$. Concluam que, se $(m,n) = 1$, então $[G:H \cap K] = [G:H][G:K]$. A condição $(m,n) = 1$ é necessária para termos essa igualdade?

9. Sejam $H,K \trianglelefteq G$ e $G = HK$. Mostrem que $G/H \cap K \cong G/H \times G/K$. Concluam que, se $H \cap K = \{e\}$, então $G \cong H \times K$.

10. Mostrem que $\mathbb{Z}_n \times \mathbb{Z}_m \cong \mathbb{Z}_{mn}$, se, e somente se, $(m,n) = 1$. Em geral,

$$\mathbb{Z}_{n_1} \times \cdots \times \mathbb{Z}_{n_k} \cong \mathbb{Z}_{n_1 \cdots n_k} \iff \forall i \neq j, (n_i, n_j) = 1.$$

11. Considerem $\mathbb{Z}[x] :=$ {polinômios com coeficientes inteiros} munido de adição usual entre polinômios. Mostrem que $H = \{p \in \mathbb{Z}[x] \mid p(0) = 0\} \leqslant \mathbb{Z}[x]$ e $\mathbb{Z}[x]/H \cong \mathbb{Z}$.

12. Sejam G_1 e G_2 grupos, $H_1 \leqslant G_1$ e $H_2 \leqslant G_2$. Se $H_1 \times H_2 \trianglelefteq G_1 \times G_2$, então $H_1 \trianglelefteq G_1$ e $H_2 \trianglelefteq G_2$.

13. Sejam $f : G_1 \to G_2$ um homomorfismo entre grupos e $N \trianglelefteq G_2$. Mostrem que $f^{-1}(N) \trianglelefteq G_1$. Investiguem se a imagem direta de um subgrupo normal de G_1 é normal em G_2.

14. Se $N \trianglelefteq G$ e $H \leqslant G$, então $N \cap H \trianglelefteq H$.

15. Definam o *comutador* de $a,b \in G$ por $[a,b] := aba^{-1}b^{-1}$. Mostrem que
    (a) para todo $g \in G$, $g[a,b]g^{-1} = [gag^{-1}, gbg^{-1}]$.
    (b) o subgrupo gerado por todos os comutadores é normal. (Esse subgrupo, denotado por G', é chamado de *subgrupo de comutadores* de G.)
    (c) G/G' é abeliano.
    (d) se G/H é abeliano, então $G' \subseteq H$. Ou seja, G' é o menor subgrupo de G cujo quociente é abeliano.

16. Mostrem que $\text{Aut}(\mathbb{Z}_n) \cong U(\mathbb{Z}_n)$.

17. Seja G um grupo gerado por a e b. Suponham que $o(a) = n$ e $aba^{-1} = b^s$, para algum s. Mostrem que $o(b) \mid s^n - 1$.

18. Sejam G um grupo finito, $H \leqslant G$ e $N \trianglelefteq G$. Se $(|H|, [G:N]) = 1$, então $H \leqslant N$.

19. Sejam G um grupo finito e $N \trianglelefteq G$. Se $(|N|, [G:N]) = 1$, então N é o único subgrupo G da ordem $|N|$.

20. Sejam $a,b \in \mathbb{Z}$. Sabemos que $(a,b)[a,b] = |ab|$. O objetivo deste exercício é demonstrar esse fato usando o corolário 163 na página 112.
    (a) Sejam $m,n \in Z$ tais que $m \mid n$. Verifiquem que $n\mathbb{Z} \leqslant m\mathbb{Z}$. Determinem a ordem de $\frac{m\mathbb{Z}}{n\mathbb{Z}}$.
    (b) Dados $a,b \in \mathbb{Z}$, mostrem que $a\mathbb{Z} + b\mathbb{Z} = (a,b)\mathbb{Z}$ e $a\mathbb{Z} \cap b\mathbb{Z} = [a,b]\mathbb{Z}$.
    (c) Apliquem o corolário 163 na página 112 para os grupos no item anterior e concluam $(a,b)[a,b] = |ab|$.

21. Neste exercício, responderemos às seguintes perguntas:

$$G/K \cong G/H \overset{?}{\Longrightarrow} H \cong K \text{ ou } H = K;$$

$$H \cong K \overset{?}{\Longrightarrow} G/K \cong G/H.$$

    (a) Sejam $G = Q_8$, $H = \langle i \rangle$ e $K = \langle j \rangle$. Mostrem que $Q_8/H \cong Q_8/K$, mas $H \neq K$.
    (b) Sejam $G = \mathbb{Z}_4 \times \mathbb{Z}_2, H = \langle (\bar{2}, \bar{0}) \rangle$ e $K = \langle (\bar{0}, \bar{1}) \rangle$. Mostrem que $H \cong K$, mas $G/H \ncong G/K$.
    (c) O grupo diedral D_8 possui subgrupos cíclicos de ordem 4; logo, isomorfos a $\mathbb{Z}_4$, e subgrupo isomorfo a $V_4 \cong \mathbb{Z}_2 \times \mathbb{Z}_2$. Esses subgrupos não são isomorfos. Mas, em todos esses casos, os quocientes são isomorfos a $\mathbb{Z}_2$.

2.5 Grupo das Permutações

Os primeiros registros de estudo de permutações aparecem num livro hebraico chamado *O Livro da Criação*. Mais tarde, no século XIII, apareceu a demonstração do número de permutações num conjunto finito por Ibn al-Bannā' [4] e Gershon[5]. Até então, uma permutação era somente um arranjo de um número finito de objetos. Somente no século XVIII o estudo do problema de encontrar raízes de uma equação polinomial levou Lagrange e outros matemáticos a pensar numa permutação como uma função (bijetiva) $X \to X$, onde X é um conjunto finito. O estudo detalhado, as provas dos teoremas básicos e as notações atuais são devidos a Cauchy[6].

O grupo de permutações foi definido no exemplo 10 na página 88. O objetivo desta seção é estudar esse grupo mais detalhadamente. Demonstraremos que todo grupo pode ser visto como um subgrupo de um grupo de permutação, i.e., todo grupo é isomorfo a um subgrupo de um grupo de permutação. Outro resultado importante é o teorema de decomposição para permutações definidas num conjunto finito.

Definição 170 Seja X um conjunto (finito ou infinito) e considerem $S_X := \{\sigma : X \to X \mid \sigma \text{ é bijetora}\}$. Esse conjunto munido de composição de funções é um grupo, chamado de grupo das permutações sobre X. Se X é finito, então sem perda de generalidade podemos supor $X = \{1, \ldots, n\}$. Nesse caso, denotaremos S_X por S_n e $\sigma \in S_n$ por

$$\sigma = \begin{pmatrix} 1 & 2 & \cdots & n \\ \sigma(1) & \sigma(2) & \cdots & \sigma(n) \end{pmatrix}.$$

Observem que, se $n = 1$, então $S_1 = \{\mathrm{id}\}$ é o grupo trivial. Portanto, daqui em diante, se estudarmos o caso finito, então $n \geq 2$. O primeiro resultado desta seção é o teorema de Cayley[7]. Esse teorema, moralmente, demonstra que para estudar grupos bastaria estudar o grupo de permutações e seus subgrupos.

Teorema 171 (Cayley) Seja G um grupo. Então, G é isomorfo a um subgrupo de grupo de permutações definidas em G.

---

[4]Ibn al-Bannā' al-Marrā'kushī', ou, Abu'l-Abbas Ahmad ibn Muhammad ibn Uthman al-Azdi, matemático, filósofo, astrônomo e sufi marroquino, 1256-1321. Traduziu *Os Elementos* para o árabe.

[5]Levi ben Gershon, rabino, filósofo, astrônomo e matemático francês, 1288-1344.

[6]Augustin-Louis Cauchy, matemático francês, 1789-1857.

[7]Arthur Cayley, matemático britânico, 1821-1895.

Prova. Definam

$$\begin{cases} \Phi \ : \ G \longrightarrow S_G \\ \qquad x \longmapsto \Phi_x : \begin{array}{ccc} G & \to & G \\ a & \mapsto & xa \end{array}. \end{cases}$$

Claramente, $\Phi_x \in S_G$. Mostremos que Φ é um homomorfismo injetor. Dados $x, y \in G$,

$$\forall g \in G,\ \Phi(xy)(g) = \Phi_{xy}(g) = (xy)g = x(yg) = \Phi_x(yg) = \Phi_x(\Phi_y(g)) = (\Phi_x \circ \Phi_y)(g).$$

Portanto, $\Phi(xy) = \Phi_x \circ \Phi_y$, i.e., Φ é um homomorfismo. Para a injetividade, sejam $x, y \in G$ tais que $\Phi(x) = \Phi(y)$. Então:

$$\Phi_x = \Phi_y \Rightarrow \forall a \in G, \Phi_x(a) = \Phi_y(a) \Rightarrow xa = ya \Rightarrow x = y.$$

Ou seja, Φ é injetora. Seja $\mathscr{G} := \mathrm{Im}\Phi$. Então, $\mathscr{G} \leqslant S_G$, e, pelo teorema 159 na página 110, $G \simeq \mathscr{G}$. □

A demonstração do próximo resultado é similar à do teorema de Cayley. Além disso, no caso dos grupos finitos, implica o teorema de Cayley.

Teorema 172 Sejam G um grupo e $H \leqslant G$ de índice n. Então, existe um homomorfismo $\Psi : G \to S_n$ tal que $\ker \Psi \subseteq H$.

Prova. Seja $X = \{g_1 H = H, g_2 H, \ldots, g_n H\}$ o conjunto das classes laterais à esquerda de H. Definam

$$\begin{cases} \Psi \ : \ G \longrightarrow S_X \\ \qquad x \longmapsto \Psi_x : \begin{array}{ccc} X & \to & X \\ g_i H & \mapsto & x g_i H \end{array}. \end{cases}$$

Claramente, $\Psi_x \in S_X \simeq S_n$. Além disso, para todo $a, b \in G$ e $g_i H \in X$,

$$\Psi_{ab}(g_i H) = (ab) g_i H = a(b g_i H) = \Psi_a(b g_i H) = \Psi_a(\Psi_b(g_i H)) = (\Psi_a \circ \Psi_b)(g_i H),$$

ou seja, $\Psi(ab) = \Psi(a) \circ \Psi(b)$, portanto Ψ é um homomorfismo de grupos. Além disso,

$$\begin{aligned} a \in \ker \Psi &\iff \Psi(a) = \Psi_a = \mathrm{id}_X \iff \forall g_i H \in X,\ \Psi_a(g_i H) = g_i H \\ &\iff \forall g_i H \in X,\ a g_i H = g_i H \iff \forall g_i H \in X,\ a g_i \in g_i H \\ &\iff a \in \bigcap_i g_i H g_i^{-1}. \end{aligned}$$

Então, $\ker \Psi = \bigcap_i g_i H g_i^{-1} \subseteq H$. □

Observem que $\ker\Psi \trianglelefteq G$ e, pelo teorema 159, $G/\ker\Psi \cong \mathrm{Im}\Psi \leqslant S_n$; logo, $\ker\Psi$ possui índice finito. Então o teorema acima afirma:

Teorema 172′ Todo subgrupo de índice finito de um grupo G contém um subgrupo normal de G também de índice finito.

Como foi comentado anteriormente, o teorema (172) implica o teorema de Cayley no caso dos grupos finitos. Se G é um grupo finito e $|G| = n$, então, no teorema (172), tomem $H = \{e\}$. Esse subgrupo possui índice n e, portanto, o homomorfismo $\Psi : G \to S_n$ é injetivo, pois $\ker\Psi \subseteq \{e\}$, ou, $\ker\Psi = \{e\}$.

O restante desta seção é dedicado ao teorema de decomposição das permutações. O objetivo é escrever uma permutação como composição de outras. Para compreender a ideia, faremos um exemplo. Considerem

$$\sigma = \begin{pmatrix} 1 & 2 & 3 & 4 & 5 & 6 & 7 & 8 & 9 \\ 2 & 3 & 1 & 4 & 6 & 7 & 8 & 5 & 9 \end{pmatrix} \in S_9.$$

Observem que $\sigma(4) = 4$ e $\sigma(9) = 9$, ou seja, 4 e 9 são pontos fixos de σ. Além disso, $\sigma(\{1,2,3\}) = \{1,2,3\}$ e $\sigma(\{5,6,7,8\}) = \{5,6,7,8\}$. É fácil verificar que $\sigma = \sigma_1 \circ \sigma_2$, onde

$$\sigma_1 = \begin{pmatrix} \mathbf{1} & \mathbf{2} & \mathbf{3} & 4 & 5 & 6 & 7 & 8 & 9 \\ \mathbf{2} & \mathbf{3} & \mathbf{1} & 4 & 5 & 6 & 7 & 8 & 9 \end{pmatrix}, \quad \sigma_2 = \begin{pmatrix} 1 & 2 & 3 & 4 & \mathbf{5} & \mathbf{6} & \mathbf{7} & \mathbf{8} & 9 \\ 1 & 2 & 3 & 4 & \mathbf{6} & \mathbf{7} & \mathbf{8} & \mathbf{5} & 9 \end{pmatrix}.$$

O formato especial das permutações σ_1 e σ_2 nos leva à seguinte definição:

Definição 173 Uma permutação $\sigma \in S_n$ é um r-ciclo, $r \geq 2$, se existe $\{a_1, \ldots, a_r\} \subseteq \{1, \ldots, n\}$ tal que $\sigma(a_1) = a_2$, $\sigma(a_2) = a_3$, $\ldots$, $\sigma(a_r) = a_1$ e $\sigma(i) = i$, para todo $i \notin \{a_1, \ldots, a_r\}$. Nesse caso, σ é denotada por $(a_1\ a_2\ \cdots\ a_r)$. Um 2-ciclo é chamado de uma transposição.

Exemplos 174

1. Na decomposição de σ, $\sigma_1 = (1\ 2\ 3)$ é um 3-ciclo e $\sigma_2 = (5\ 6\ 7\ 8)$ é um 4-ciclo.

2. $\begin{pmatrix} 1 & 2 & 3 & 4 & 5 & 6 & 7 \\ 1 & 3 & 5 & 4 & 2 & 6 & 7 \end{pmatrix} = (2\ 3\ 5) \in S_7$ é um 3-ciclo.

3. $\begin{pmatrix} 1 & 2 & 3 & 4 \\ 2 & 1 & 3 & 4 \end{pmatrix} = (1\ 2) \in S_4$ é uma transposição.

O primeiro resultado de decomposição das permutações garante que toda permutação pode ser escrita unicamente como composição de ciclos. Primeiro, veremos algumas propriedades de ciclos.

Proposição 175 Seja $\sigma = (a_1\ a_2\ \cdots\ a_r)$ um r-ciclo. Então,

1. $(a_1\ a_2\ \cdots\ a_r) = (a_2\ a_3\ \cdots\ a_r\ a_1) = \cdots = (a_r\ a_1\ \cdots\ a_{r-1})$.
2. $o(\sigma) = r$.
3. Se σ é uma transposição, então $\sigma = \sigma^{-1}$.
4. $\sigma = (a_1\ a_r) \circ (a_1\ a_{r-1}) \circ \cdots \circ (a_1\ a_2)$, ou seja, todo r-ciclo é composição de $r-1$ transposições.

Prova. Todos os itens são verificações simples e podem ser demonstrados pelo leitor. □

Definição 176 Dois ciclos $\sigma, \tau \in S_n$ são ciclos disjuntos, se para todo $i, j \in \{1, \ldots, n\}$,

$$\sigma(i) \neq i \Rightarrow \tau(i) = i \text{ e } \tau(j) \neq j \Rightarrow \sigma(j) = j.$$

Observem que dois ciclos disjuntos podem ter pontos fixos em comum. Por exemplo, $\sigma = (12), \tau = (34) \in S_5$ são ciclos disjuntos e $\sigma(5) = \tau(5) = 5$.

Proposição 177 Sejam α e β ciclos disjuntos. Então, $\alpha \circ \beta = \beta \circ \alpha$ e a ordem de $\alpha \circ \beta$ é $[o(\alpha), o(\beta)]$.

Prova. A primeira afirmação é fácil de verificar, e a segunda é consequência do exercício 5 na página 101.

Definição 178 Seja $p = \prod_{1 \leq i < j \leq n} (x_i - x_j) \in \mathbb{Z}[x_1, \ldots, x_n]$. Para cada $\sigma \in S_n$, definam

$$p^\sigma := \prod_{1 \leq i < j \leq n} (x_{\sigma(i)} - x_{\sigma(j)}).$$

Exemplo 179 Seja $n = 3$. Então, $p = (x_1 - x_2)(x_1 - x_3)(x_2 - x_3) \in \mathbb{Z}[x_1, x_2, x_3]$.

1. $\sigma = (1\ 2\ 3) \Longrightarrow p^\sigma = (x_2 - x_3)(x_2 - x_1)(x_3 - x_1) = p$.
2. $\tau = (1\ 2) \Longrightarrow p^\tau = (x_2 - x_1)(x_2 - x_3)(x_1 - x_3) = -p$.

Proposição 180 Sejam $\sigma, \tau \in S_n$.

1. $p^\sigma = p$ ou $p^\sigma = -p$.

2. $p^{\sigma\circ\tau} = (p^\tau)^\sigma$. Logo, $p^\sigma = p^{\sigma^{-1}}$.

3. Se σ é uma transposição, então $p^\sigma = -p$.

4. Se σ é um r-ciclo, então $p^\sigma = (-1)^{r-1}p$.

Prova.

1. Segue diretamente da definição.

2. Para a primeira afirmação,
$$p^{\sigma\circ\tau} = \prod_{1\le i<j\le n}(x_{(\sigma\circ\tau)(i)} - x_{(\sigma\circ\tau)(j)}) = \prod_{1\le i<j\le n}(x_{\sigma(\tau(i))} - x_{\sigma(\tau(j))})$$
$$= \left(\prod_{1\le i<j\le n}(x_{\tau(i)} - x_{\tau(j)})\right)^\sigma = (p^\tau)^\sigma.$$
Se $\tau = \sigma^{-1}$, então $(p^\sigma)^{\sigma^{-1}} = p^{\mathrm{id}} = p$. Se $p^\sigma = p$, então $p^{\sigma^{-1}} = p$, e se $p^\sigma = -p$, então $p^{\sigma^{-1}} = -p$. Portanto, $p^\sigma = p^{\sigma^{-1}}$.

3. Seja $\sigma = (k\ l), k < l$. Então, o único termo de p que muda de sinal é $x_k - x_l$. Ou seja, em p^σ teremos o termo $x_l - x_k$. Portanto, $p^{(k\ l)} = -p$.

4. A prova é por indução sobre r. O caso $r = 2$ foi provado no item anterior. Seja $\sigma = (a_1\ \cdots\ a_r), r > 2$. Pelo item (4) da proposição 175 da página anterior,
$$\sigma = (a_1\ a_r)\circ(a_1\ a_{r-1})\circ\cdots\circ(a_1\ a_3)\circ(a_1\ a_2) = (a_1\ a_r)\circ\underbrace{(a_1\ a_2\ \cdots\ a_{r-1})}_{\tau}$$
Observem que τ é um $(r-1)$-ciclo. Então, pela hipótese da indução, $p^\tau = (-1)^{r-2}p$. Logo,
$$p^\sigma = (p^\tau)^{(a_1\ a_r)} = ((-1)^{r-2}p)^{(a_1\ a_r)} = (-1)^{r-2}(-1)p = (-1)^{r-1}p.$$

□

Definição 181 O sinal de $\sigma \in S_n$ é definido por
$$\mathrm{sgn}(\sigma) := \begin{cases} 1, & \text{se } p^\sigma = p \\ -1, & \text{se } p^\sigma = -p \end{cases}.$$

Corolário 182 A aplicação $\mathrm{sgn} : S_n \to \{-1, 1\}$ é um epimorfismo entre grupos.

Prova. Pelo item (2) da proposição (180), a aplicação sinal é um homomorfismo entre grupos. Além disso, $\text{sgn}(\text{id}) = 1$ e $\text{sgn}((1\ 2)) = -1$, portanto é sobrejetivo.

Definição 183 Diremos que $\sigma \in S_n$ é uma permutação par se $p^\sigma = p$, e que é uma permutação ímpar se $p^\sigma = -p$. O subconjunto das permutações pares em S_n é denotado por A_n.

Pelo item (2) da proposição (180) o conjunto das permutações pares forma um subgrupo de S_n. Esse subgrupo, denotado por A_n e chamado de *grupo alternado*, é de fato o núcleo da aplicação sinal; logo, é um subgrupo normal. Observem que os grupos $(\{-1,1\},\cdot)$ e $(\mathbb{Z}_2,\oplus)$ são isomorfos, pois ambos são cíclicos de ordem dois. Pelo teorema de isomorfismo de grupos:

Corolário 184 $\frac{S_n}{A_n} \simeq \mathbb{Z}_2$. Portanto, $|A_n| = \frac{n!}{2}$.

Nos próximos dois teoremas, demonstraremos a existência e a unicidade, a menos de ordem, de decomposição de permutações em termo de ciclos disjuntos.

Teorema 185 Seja $\sigma \in S_n \setminus \{\text{id}\}$. Então existem ciclos disjuntos $\sigma_1,\dots,\sigma_m$ tais que $\sigma = \sigma_1 \circ \cdots \circ \sigma_m$. Ou seja, S_n é gerado por ciclos.

Prova. Seja $X = \{1,2,\dots,n\}$. Pela hipótese, existe $i_1 \in X$ tal que $\sigma(i_1) \neq i_1$. Pela finitude de X, o conjunto $X_1 := \{i_1, \sigma(i_1), \sigma^2(i_1),\dots\}$ é finito; logo, existe r_1 tal que $\sigma^{r_1}(i_1) = i_1$. Tome r_1 o menor inteiro com essa propriedade; logo, $\sigma_1 := (i_1\ \sigma(i_1)\ \cdots\ \sigma^{r_1-1}(i_1))$ é um r_1-ciclo. Se $\sigma = \sigma_1$, acaba a demonstração. Se $\sigma \neq \sigma_1$, então existe $i_2 \in X \setminus X_1$ tal que $\sigma(i_2) \neq i_2$. Repitam o argumento feito para X_1 no caso de $X_2 = \{i_2, \sigma_2(i_2),\dots,\sigma^{r_2-1}(i_2)\}$. Então, existe r_2 tal que $\sigma^{r_2}(i_2) = i_2$ e $\sigma_2 = (i_2\ \sigma(i_2)\ \cdots\ \sigma^{r_2-1}(i_2))$ é um r_2-ciclo. Se $\sigma = \sigma_1 \circ \sigma_2$, acaba a demonstração; caso contrário, $X \neq X_1 \cup X_2$. Usando o mesmo argumento acima sucessivamente, encontraremos $r_1, r_2, \dots, r_m$ e $X_1,\dots,X_m$ disjuntos tais que $X = X_1 \cup \cdots \cup X_m \cup Y$, onde Y é o conjunto dos pontos fixos de σ, e $\sigma = \sigma_1 \circ \cdots \circ \sigma_m$, onde σ_i é r_i-ciclo, $i = 1,\dots,m$. □

Teorema 186 A decomposição obtida no teorema 185 é única a menos de ordem.

Prova. Sejam $\sigma = \tau_1 \circ \cdots \circ \tau_s$ uma outra decomposição de σ em termo de ciclos disjuntos. Mostraremos $\{\sigma_1,\dots,\sigma_m\} = \{\tau_1,\dots,\tau_s\}$. A prova é feita por indução sobre $t = \max\{m,s\}$. Se $t = 1$, então $m = s = 1$, portanto $\sigma = \sigma_1 = \tau_1$. Se $\sigma(i) = i$, então, pelo fato de que σ_ks e τ_ls são ciclos disjuntos, concluímos que i é ponto fixo desses ciclos.

Seja $i \in X$ tal que $\sigma(i) \neq i$. Então, existe um único ciclo em $\{\sigma_1, \ldots, \sigma_m\}$ e um único ciclo em $\{\tau_1, \ldots, \tau_s\}$ tais que movem i. Sem perda de generalidade, suponham $\sigma_m(i) \neq i$ e $\tau_s(i) \neq i$. Então, i é ponto fixo dos outros ciclos $\sigma_1, \ldots, \sigma_{m-1}, \tau_1, \ldots, \tau_{s-1}$. Escrevam

$$\tau_{s-1}^{-1} \circ \cdots \circ \tau_1^{-1} \circ \sigma_1 \circ \cdots \circ \sigma_{m-1} = \tau_s \circ \sigma_m^{-1}. \tag{2.4}$$

Portanto, i é ponto fixo do lado esquerdo em 2.4; logo, $\tau_s(i) = \sigma_m(i)$. Então,

$$\sigma_1 \circ \cdots \circ \sigma_{m-1} = \tau_1 \circ \cdots \circ \tau_{s-1}$$

são decomposições de $\sigma_{|_{X \setminus \{i\}}}$. Então, pela hipótese de indução,

$$\{\sigma_1, \ldots, \sigma_{m-1}\} = \{\tau_1, \ldots, \tau_{s-1}\}.$$

Consequentemente, $\tau_s = \sigma_m$. □

O próximo corolário é consequência imediata dos últimos resultados:

Corolário 187 Toda permutação é composição de transposições, ou seja, S_n é gerado por transposições.

Prova. Observem que $\mathrm{id} = (ab) \circ (ab)$. O caso $\sigma \neq \mathrm{id}$ é consequência imediata do teorema (185) e do item (4) da proposição (175). □

Observem que a decomposição em termo de transposições de uma permutação não é única. Por exemplo, em S_4,

$$(123) = (13)(12) = (23)(13) = (13)(42)(12)(14) = (13)(42)(12)(14)(23)(23).$$

Mas a paridade do número das transposição sempre é a mesma. Esse fato é consequência direta da proposição 180 na página 121. Sejam

$$\sigma = \alpha_1 \circ \cdots \circ \alpha_t = \beta_1 \circ \cdots \circ \beta_s$$

decomposições de σ em termo de transposições. Então, pela proposição 180 na página 121,

$$p^\sigma = p^{\alpha_1 \circ \cdots \circ \alpha_t} = \left(((p)^{\alpha_1})^{\cdot^{\cdot^{\cdot}}} \right)^{\alpha_s} = (-1)^t,$$

$$p^\sigma = p^{\beta_1 \circ \cdots \circ \beta_t} = \left(((p)^{\beta_1})^{\cdot^{\cdot^{\cdot}}} \right)^{\beta_s} = (-1)^s.$$

Portanto,

$$\mathrm{sgn}(\sigma) = (-1)^t = (-1)^s.$$

Essa igualidade é possível, se, e somente se, s e t possuam a mesma paridade. Uma consequência direta desse fato é que podemos definir a função sinal por

$$\text{sgn}(\sigma) = (-1)^t,$$

onde t é o número das transposições numa decomposição de σ em termo de transposições. Para outra demonstração, vejam o exercício 13 na página 129.

Exemplo 188 Considerem a tabela a seguir. A posição assinalada por # é vazia. O objetivo é colocar todos os números na ordem crescente fazendo apenas movimentos verticais e horizontais. Por exemplo, os primeiros movimentos possíveis são trocar 14 por # ou trocar 12 por #.

3	15	4	8
10	11	1	9
2	5	13	12
6	7	14	#

Essa tabela pode ser considerada como uma permutação num conjunto de 16 elementos:

$$\alpha = \begin{pmatrix} 1 & 2 & 3 & 4 & 5 & 6 & 7 & 8 & 9 & 10 & 11 & 12 & 13 & 14 & 15 & 16 \\ 3 & 15 & 4 & 8 & 10 & 11 & 1 & 9 & 2 & 5 & 13 & 12 & 6 & 7 & 14 & 16 \end{pmatrix}$$

Observem que cada movimento permitido representa uma transposição. Portanto, teremos de determinar transposições $\tau_1, \ldots \tau_m$ tais que

$$\tau_m \circ \cdots \circ \tau_1 \circ \alpha = \text{id}, \tag{2.5}$$

onde m representa o número total de movimentos. Esse número é a soma de número de movimento para cima(c), para baixo(b), para a direita(d) e para a esquerda(e). Então, $m = c + b + d + e$. Observem que no final a posição vazia 16 assinalada por # deve continuar vazia; portanto, $c = b$ e $d = e$; portanto, $m = 2c + 2d$ é par. Então, 2.5 implica que $\text{sgn}(\alpha) = 1$. Mas

$$\alpha = (1\ 3\ 4\ 8\ 9\ 2\ 15\ 14\ 7)(5\ 10)(6\ 11\ 13)$$

é ímpar. Portanto, concluímos que não é possível alcançar o objetivo com essa configuração da tabela. Para maiores detalhes sobre esse problema, vejam [15], páginas 229 a 234.

Pelo corolário 187 na página anterior, S_n é gerado pelas transposições, ou seja, pelo conjunto $\{(a\,b) \mid a \neq b\}$. É fácil verificar que esse conjunto possui $\frac{n(n-1)}{2}$ elementos. Há resultados que fornecem conjunto de geradores com um número menor de elementos. O conjunto com o menor número é dado pela seguinte proposição:

Proposição 189 Para todo $n \geq 2$, $S_n = \langle (1\ 2), (1\ 2\ \cdots\ n) \rangle$.

Prova. Basta criar todas as transposições a partir desses dois ciclos. Sejam $t = (1\ 2)$ e $a = (1\ 2\ \cdots\ n)$. Então, $a^{-1} = (1\ n\ n-1\ \cdots\ 3\ 2)$ e por indução sobre m, $a^{-(m-1)} \circ t \circ a^{m-1} = (m\ m+1)$. Ou seja,

$$\forall m = 1, \ldots, n-1, \quad (m\ m+1) = a^{-(m-1)} \circ t \circ a^{m-1} \in \langle (1\ 2), (1\ 2\ \cdots\ n) \rangle.$$

Novamente por indução sobre m, concluímos

$$\forall m = 1, \ldots, n-1, \ (1\ m) = (1\ m-1) \circ (m-1\ m) \circ (1\ m-1);$$

logo, $(1\ m) \in \langle (1\ 2), (1\ 2\ \cdots\ n) \rangle$. Dada uma transposição $(m\ r)$,

$$(m\ r) = (1\ m) \circ (1\ r) \circ (1\ m) \in \langle (1\ 2), (1\ 2\ \cdots\ n) \rangle,$$

consequentemente, $S_n = \langle (1\ 2), (1\ 2\ \cdots\ n) \rangle$. □

Existem vários outros conjuntos geradores para S_n; vejam o exercício 12 na página 129 a seguir e também o livro [12].

A seguir, apresentaremos alguns resultados sobre os geradores do grupo alternado A_n.

Proposição 190 A_n é gerado por 3-ciclos.

Prova. Todo 3-ciclo pertence a A_n, pois $(a\ b\ c) = (a\ c) \circ (a\ b)$. Além disso, $(a\ b)(c\ d) = (b\ d\ c)(a\ c\ b)$. Essas igualdades mostram que o grupo gerado pelos 3-ciclos é exatamente A_n. □

O número de 3-ciclos é $\frac{n(n-1)(n-2)}{3}$. A próxima proposição mostra que, de fato, para gerar A_n precisamos de um número bem menor de 3-ciclos, apenas $n-2$.

Proposição 191 Dados $a, b \in \{1, \ldots, n\}, a \neq b$, o grupo A_n é gerado pelos 3-ciclos $(a\ b\ k), k \in \{1, \ldots, n\} \setminus \{a, b\}$.

Prova. Pela proposição anterior, A_n é gerado por todos os 3-ciclos $(e\ f\ g)$. Além disso,

$$(e\ f\ g) = (a\ g\ f)(a\ e\ f)(a\ e\ g).$$

Portanto, é suficiente provar que cada ciclo do tipo $(a\ f\ g)$ é gerado da forma afirmada. Se $f = b$, não há nada a provar. Se $g = b$, então

$$(a\ f\ g) = (a\ f\ b) = (a\ b\ f)^2 = (a\ b\ f)(a\ b\ f).$$

Se $f \neq b, g \neq b$, então

$$(a\ f\ g) = (a\ b\ g)(a\ b\ g)(a\ b\ f)(a\ b\ g).$$

□

Nos próximos resultados, estudaremos os subgrupos normais de S_n e A_n. Pelo corolário 184 na página 123, $A_n \trianglelefteq S_n$.

Teorema 192 Seja $n \geq 5$. Então A_n é simples.

Prova. Seja $\{\text{id}\} \neq N \trianglelefteq A_n$. Mostraremos $N = A_n$. Se N contém um 3-ciclo $(a\ b\ c)$, então

$$(b\ a\ c) = (a\ b\ c)^2 \in N,$$

e, pela normalidade, tomando $\sigma = (a\ b)(c\ k) \in S_n$,

$$\sigma^{-1}(b\ a\ c)\sigma = (a\ b\ k) \in N,$$

ou seja, N contém todos os ciclos $(a\ b\ k)$, e, pela proposição 191 na página ao lado, concluímos $N = A_n$. Então basta mostrar que qualquer subgrupo normal N de A_n possui pelo menos um 3-ciclo. Tomem $\text{id} \neq \tau \in N$. Se τ não for um 3-ciclo, então sua decomposição possui pelo menos dois ciclos e podemos ter os seguintes casos:

Caso 1. Possui ciclo(s) de comprimento pelo menos 4 na sua decomposição: $\tau = (a_1\ a_2 \cdots\ a_r)\cdots$, $r \geq 4$. Tomem $\sigma = (a_1\ a_2\ a_3) \in A_n$, então

$$\pi := \sigma\tau\sigma^{-1} = (a_2\ a_3\ a_1\ a_4\ \cdots) \in N.$$

Portanto, $\pi\tau^{-1} = (a_1\ a_2\ a_4) \in N$.

Caso 2. Há pelo menos dois 3-ciclos: $\tau = (a\ b\ c)(d\ e\ f)\cdots$. Tomem $\sigma = (c\ d\ e) \in A_n$, então

$$\pi := \sigma\tau\sigma^{-1} = (a\ b\ d)(e\ c\ f)\cdots \in N$$

e $\pi\tau = (a\ d\ c\ b\ f)\cdots \in N$ possui um 5-ciclo na sua decomposição. Ou seja, este caso é reduzido ao primeiro.

Caso 3. Há somente transposições (um número par): $\tau = (a_1\ b_1)(a_2\ b_2)\cdots$. Se há apenas duas transposições, então tomem $a_5 \notin \{a_1, b_2, a_2, b_2\}$ e $\sigma = (a_1\ a_5\ b_1) \in A_n$, então

$$\pi := \sigma\tau\sigma^{-1} = (a_1\ a_5)(a_2\ b_2) \in N$$

E $\pi\tau = (a_1\ b_1\ a_5) \in N$. Para o caso geral, tomem $\sigma = (a_2\ b_1)(a_3\ b_2)$, então

$$\pi := \sigma\tau\sigma^{-1} = (a_1\ a_2)(a_3\ b_1)(b_2\ b_3)(a_4\ b_4) \in N$$

e $\pi\tau = (a_1\ a_3\ b_2)(a_2\ a_3\ b_1)\cdots \in N$ possui pelo menos dois 3-ciclos na sua decomposição. Ou seja, este caso é reduzido ao segundo.

Caso 4. Há exatamente um 3-ciclo e somente transposições: $\tau = (a\ b\ c)(e\ f)\cdots$. Observem que $\tau^2 = (a\ c\ b) \in N$ é um 3-ciclo.

Portanto, em todos os casos N possui pelo menos um 3-ciclo, logo $N = A_n$

□

Agora verificaremos se S_n possui subgrupo normal. Seja $\{\text{id}\} \neq H \trianglelefteq S_n$. Então, $H \cap A_n \trianglelefteq A_n$. Se $n \geq 5$, então, pelo teorema 192,

$$H \cap A_n = A_n \quad \text{ou} \quad H \cap A_n = \{\text{id}\}.$$

No primeiro caso, $A_n \subseteq H$; logo, pelo teorema de Lagrange, $H = A_n$ ou $H = S_n$. O segundo caso é possível somente quando H contém apenas permutações ímpares, além de id. Se $\sigma, \tau \in H$ forem distintas, então $\sigma^2 \neq \text{id}$ ou $\sigma\tau \neq \text{id}$. Mas σ^2 e $\sigma\tau$ são pares. Portanto, $H = \{\text{id}, \sigma\}$, onde σ é uma permutação ímpar[8] (de ordem dois). Logo, na sua decomposição teremos um número ímpar de transposições disjuntas. Sejam $(a\ b)$ uma dessas transposições e $c \notin \{a, b\}$. Pela normalidade de H,

$$\tau := (a\ c)\sigma(a\ c)^{-1} \in H \Longrightarrow \tau = \sigma,$$

mas $\tau(b) = c$, o que é absurdo. Isso mostra que $H = \{\text{id}\}$. Então, acabamos de mostrar:

Corolário 193 Se $n \geq 5$, então o único subgrupo normal não trivial e próprio de S_n é A_n.

Observem que o corolário acima não vale para S_4, pois

$$\{\text{id}, (12)(34), (13)(24), (14)(23)\} \trianglelefteq S_4.$$

Exercícios

1. Determinem as ordens e os sinais dos elementos de D_8.

2. Se $\sigma = (135)(12)$ e $\tau = (1579)$, determinem $\sigma \circ \tau \circ \sigma^{-1}$.

3. Seja B_n o subconjunto de S_n das permutações ímpares. Dada $\sigma \in A_n$ verifiquem que $(1\ 2) \circ \sigma \in B_n$. Mostrem que a aplicação $A_n \to B_n$ dada por $\sigma \mapsto (1\ 2) \circ \sigma$ é uma bijeção e concluam que $|A_n| = \frac{n!}{2}$.

4. Mostrem que a ordem de uma permutação ímpar é um número par. Essa afirmação vale para as permutações pares?

5. Mostrem que a ordem de uma permutação é o menor múltiplo comum dos comprimentos dos ciclos disjuntos na sua decomposição.

[8] Para outra prova dessa parte, vejam o exercício 14 na próxima página.

6. Definam a função de Landau[9] por $g(n) := \max\{o(\sigma) \mid \sigma \in S_n\}$. Determinem $g(n)$ para $n = 3, 4, 5, 6, 7, 13$. Mostrem se p é primo, então $g(p) \geq \frac{p^2-1}{4}$.

7. Sejam $\pi = (a_1 \ \cdots \ a_k)(b_1 \ \cdots \ b_l)\cdots$ a decomposição de π em termo de ciclos e $\sigma \in S_n$. Então,
$$\sigma\pi\sigma^{-1} = (\sigma(a_1) \ \cdots \ \sigma(a_k))(\sigma(b_1) \ \cdots \ \sigma(b_l))\cdots.$$

8. Mostrem que $\ker\Psi$, na demonstração do teorema 172 na página 119, é o maior subgrupo normal de G contido em H.

9. Mostrem que o número de r-ciclos em S_n é dado por
$$\frac{n(n-1)\cdots(n-(r-1))}{r}.$$

10. Mostrem que se $n \geq 3$, então $Z(S_n)$ é trivial.

11. Seja D_{2n} o grupo diedral definido no exemplo 11 na página 89. Mostrem que $Z(D_{2n}) = \begin{cases} \{\mathrm{id}\}, & \text{se } 2 \nmid n \\ \{\mathrm{id}, \theta^{n/2}\}, & \text{se } 2 \mid n \end{cases}$.

12. Mostrem que $S_n = \langle (i\ i+1) \rangle$, $1 \leq i \leq n-1$.

13. Sejam $\sigma \in S_n$ e I_n a matriz identidade de ordem n. A matriz $\sigma(\mathrm{I}_n)$ por definição é a matriz obtida a partir de I_n trocando as linhas j por i se $\sigma(i) = j$. Por exemplo:
$$\sigma = \begin{pmatrix} 1 & 2 & 3 & 4 \\ 4 & 3 & 2 & 1 \end{pmatrix} \in S_4 \Longrightarrow \sigma(\mathrm{I}_4) = \begin{pmatrix} 0 & 0 & 0 & 1 \\ 0 & 0 & 1 & 0 \\ 0 & 1 & 0 & 0 \\ 1 & 0 & 0 & 0 \end{pmatrix}.$$
Claramente, $\det(\mathrm{I}_n) = \pm 1$. Usem esse fato para mostrar que uma permutação não pode ter uma decomposição em transposições contendo um número par e ímpar (de transposições) ao mesmo tempo.

14. Seja $H \leqslant S_n$. Determinem as possibilidades para $|H \cap A_n|$.
    (a) Mostrem que todos os elementos de H são permutações pares ou exatamente metade delas é par.

[9] Edmund Georg Hermann Landau, matemático alemão, 1877 – 1938.

(b) Se $H \trianglelefteq S_n$ tal que $H \cap A_n = \{\text{id}\}$, então $|H| = 2$.

15. Pelo teorema 192 na página 127, mostrem que A_4 não possui subgrupo de ordem seis. (Esse é o menor grupo para o qual não vale a recíproca do teorema de Lagrange, ou seja, se $|G| \leq 11$, então a recíproca do teorema de Lagrange é válida para G.)

16. Mostrem que para todo $n \geq 3$, A_n contém um subgrupo isomorfo a S_{n-2}.

17. Sejam G um grupo finito e $H \leqslant G$ de índice p, onde p é o menor primo que divide $|G|$. Mostrem que $H \trianglelefteq G$.

18. Sejam G um grupo de ordem $3 \cdot 5 \cdot 7 \cdot 11$, $N \trianglelefteq G$ de ordem 55 e $K \leqslant G$ de ordem 35. O que podemos concluir sobre $|N \cap K|$, o subgrupo gerado por $N \cup K$ e a normalidade de NK?

19. Um grupo de ordem 72 possui um subgrupo H de ordem 24. Mostrem que $H \trianglelefteq G$ ou H possui um subgrupo de ordem 12 normal em G.

20. Sejam $n > 2$ e $G \leqslant S_n$. Se G não possui nenhum subgrupo normal não trivial, então $G \leqslant A_n$.

21. Mostrem que $\frac{S_n \times \mathbb{Z}}{A_n \times \mathbb{Z}} \cong \frac{S_n \times \mathbb{Z}}{S_n \times 2\mathbb{Z}}$. Verifiquem se $S_n \times \mathbb{Z} \cong A_n \times 2\mathbb{Z}$. Comparem com o exercício 21 na página 117.

22. Mostrem que $\frac{S_n \times 4\mathbb{Z}}{A_n \times 4\mathbb{Z}} \cong \frac{A_n \times 2\mathbb{Z}}{A_n \times 4\mathbb{Z}}$, mas $S_n \times 4\mathbb{Z} \ncong A_n \times 2\mathbb{Z}$.

2.6 Teoremas de Sylow

Seja H um subgrupo de um grupo finito G. Pelo teorema de Lagrange, $|H| \mid |G|$. Naturalmente, podemos perguntar se a recíproca desse teorema vale, ou seja,

Sejam G um grupo finito, $k \in \mathbb{N}$ e $k \mid |G|$. Existe $H \leqslant G$ tal que $|H| = k$?

Na proposição 165 na página 112 vimos que a resposta no caso dos grupos abelianos é positiva. Mas em geral a resposta é negativa. Por exemplo, o grupo alternado A_4 é de ordem 12 e não possui nenhum subgrupo de ordem 6 (vejam o exercício 15 da seção anterior).

Seja $|G| = p^n \cdot r$, onde p é um número primo e $p \nmid r$. O objetivo principal desta seção é demonstrar o teorema de Sylow[10]. Esse teorema afirma

[10] Peter Ludwig Mejdell Sylow, matemático norueguês, 1832-1918.

que G possui subgrupos de ordem p^m para todo $m \leq n$. Primeiro, demonstraremos o caso em que $m = 1$, conhecido como o teorema de Cauchy, e depois o caso geral. Além disso, o teorema de Sylow fornece informações sobre o número dos subgrupos de ordem p^n e a relação entre eles. Para finalizar, apresentaremos alguns exemplos que mostram como esses resultados podem ser usados para estudar e classificar grupos finitos e até mesmo para demonstrar outros resultados, por exemplo o teorema de Al-Haytham/Wilson (teorema 70 na página 45).

A maioria das demonstrações desta seção utiliza o conceito de ação de um grupo num conjunto e suas propriedades. Esse conceito aparace em diversas demonstrações e construções em matemática.

2.6.1 Ação de um Grupo em um Conjunto

Definição 194 Sejam G um grupo e $X \neq \emptyset$ um conjunto. Uma ação de G em X é um mapa

$$\begin{cases} G \times X & \longrightarrow & X \\ (g,x) & \longmapsto & g \cdot x \end{cases}$$

tal que

- para todo $x \in X, \quad e \cdot x = x$, onde $e \in G$ é o elemento neutro;
- para todo $g_1, g_2 \in G, x \in X, \quad g_1 \cdot (g_2 \cdot x) = (g_1 g_2) \cdot x$.

Quando há uma ação de um grupo G em um conjunto X é comum escrever simplesmente $G \curvearrowright X$ e dizer que X é um G-conjunto.

Exemplos 195 Sejam G um grupo, X um conjunto e $(K, +, \cdot)$ um corpo.

1. O mapa $(g,x) \mapsto x$ define uma ação de G em X, chamado em geral de ação *trivial*.

2. Há duas ações naturais $G \curvearrowright G$:

   - $(g,h) \mapsto gh$, que é basicamente a operação definida em G;
   - $(g,h) \mapsto ghg^{-1}$, chamada de ação *conjugação*.

3. Seja V um K-espaço vetorial. A multiplicação escalar $(\alpha, v) \mapsto \alpha v$, onde $\alpha \in K$ e $v \in V$, que define a estrutura do espaço é de fato uma ação de $(K \setminus \{0\}, \cdot)$ em V.

4. O mapa $k \cdot (k_1, k_2) \mapsto (k_1 + kk_2, k_2)$ define uma ação do grupo aditivo $(K, +)$ em $K \times K$.

Dada uma ação $G \curvearrowright X$ para cada $x \in X$, associamos dois conjuntos; um deles é subconjunto de X e outro de G. Esses conjuntos são muito úteis no estudo das ações.

Definição 196 Sejam X um G-conjunto e $x \in X$. A órbita de x é o conjunto

$$\mathscr{O}(x) := \{g \cdot x \mid g \in G\} \subseteq X.$$

E o estabilizador de x é definido por

$$\mathrm{Stab}(x) := \{g \in G \mid g \cdot x = x\} \subseteq G.$$

Às vezes, $\mathscr{O}(x)$ é denotada por Gx. Pela definição de ação, $e \cdot x = x$, portanto $x \in \mathscr{O}(x)$ e $e \in \mathrm{Stab}(x)$, ou seja, esses conjuntos não são vazios. É fácil verificar que $\mathrm{Stab}(x) \leqslant G$. Além disso, de $x \in \mathscr{O}(x)$, concluímos $X = \bigcup_{x \in X} \mathscr{O}(x)$. A órbita de x é de fato a classe de x na seguinte relação de equivalência definida em X:

$$x_1 \sim x_2 \Longleftrightarrow \exists g \in G \text{ tal que } g \cdot x_1 = x_2.$$

Então, a coleção $\{\mathscr{O}(x)\}_{x \in X}$ define uma partição de X, i.e., $X = \dot{\bigcup}_{x \in X} \mathscr{O}(x)$. Se X for finito,

$$|X| = \sum_{x \in X} |\mathscr{O}(x)|. \tag{2.6}$$

A aplicação

$$\begin{cases} G/\mathrm{Stab}(x) & \longrightarrow & \mathscr{O}(x) \\ \overline{g} & \longmapsto & g \cdot x \end{cases}$$

está bem definida e é uma bijeção entre conjuntos. Portanto,

$$[G : \mathrm{Stab}(x)] = |\mathscr{O}(x)|. \tag{2.7}$$

Se $|G| < \infty$, então $[G : \mathrm{Stab}(x)] = \frac{|G|}{|\mathrm{Stab}(x)|}$; portanto, podemos reescrever a igualdade (2.6) da seguinte forma:

$$|X| = \sum_{x \in X} \frac{|G|}{|\mathrm{Stab}(x)|}. \tag{2.8}$$

Além disso, se $|G| < \infty$, então

$$\frac{|G|}{|\mathrm{Stab}(x)|} = [G : \mathrm{Stab}(x)] = |\mathscr{O}(x)| \Rightarrow |G| = |\mathrm{Stab}(x)| \cdot |\mathscr{O}(x)|;$$

portanto,

$$|\mathscr{O}(x)| \mid |G|. \tag{2.9}$$

As relações obtidas acima são muito úteis em diversas demonstrações. Por isso, nós as reuniremos na próxima proposição.

Proposição 197 Sejam G um grupo finito e X um conjunto. Dada uma ação $G \curvearrowright X$,

1. $[G : \text{Stab}(x)] = |\mathscr{O}(x)|$, portanto $|\mathscr{O}(x)| \mid |G|$,

2. $|X| = \sum_{x \in X} |\mathscr{O}(x)| = \sum_{x \in X} \frac{|G|}{|\text{Stab}(x)|}$.

Agora aplicaremos a proposição 197 no caso em que $G \curvearrowright G$ pela ação conjugação. Nesse caso,

$$\mathscr{O}(h) = \{ghg^{-1} | g \in G\}.$$

Lembrem que o centro de G é $Z(G) := \{a \in G \mid \forall g \in G, ag = ga\}$. Claramente,

$$\mathscr{O}(h) = \{h\} \iff h \in Z(G). \tag{2.10}$$

Ou seja, as órbitas dos elementos do centro de G são conjuntos unitários. Se G for finito, então, pelo item (2) da proposição 197,

$$\begin{aligned} |G| = \sum_{h \in G} |\mathscr{O}(h)| &= \sum_{h \in Z(G)} |\mathscr{O}(h)| + \sum_{h \notin Z(G)} |\mathscr{O}(h)| \\ &= \sum_{h \in Z(G)} 1 + \sum_{h \notin Z(G)} \frac{|G|}{|\text{Stab}(h)|} \\ &= |Z(G)| + \sum_{h \notin Z(G)} \frac{|G|}{|\text{Stab}(x)|} \end{aligned}$$

Por outro lado, o estabilizador de $h \in G$ nessa ação é

$$\text{Stab}(h) = \{g \in G \mid ghg^{-1} = h\} = \{g \in G \mid gh = hg\} := C(h),$$

onde $C(h)$ é o centro de h. Então,

$$|G| = |Z(G)| + \sum_{h \notin Z(G)} [G : C(h)]. \tag{2.11}$$

Definição 198 Seja G um grupo finito. A equação (2.11) é conhecida por equação das classes de conjugação de G.

A seguir, apresentaremos três resultados que são aplicações dessa equação e a igualdade 2.6 na página anterior.

Definição 199 Seja p um número primo. Um grupo finito é chamado de p-grupo se sua ordem é uma potência de p.

Proposição 200 Sejam p um número primo, G um p-grupo e X um conjunto tal que $G \curvearrowright X$. Se $X^G := \{x \in X \mid |\mathscr{O}(x)| = 1\}$, então $p \mid |X| - |X^G|$.

Prova. Pela igualdade (2.6),

$$\begin{aligned}|X| &= \sum_{x\in X, |\mathscr{O}(x)|=1} |\mathscr{O}(x)| + \sum_{x\in X, |\mathscr{O}(x)|>1} |\mathscr{O}(x)|\\ &= |X^G| + \sum_{x\in X, |\mathscr{O}(x)|>1} |\mathscr{O}(x)|.\end{aligned}$$

Pela igualdade (2.7),

$$|\mathscr{O}(x)| > 1 \iff \operatorname{Stab}(x) \subsetneqq G.$$

Escrevam $|G| = p^k$. Então, para todo $x \in X$ existe $l_x < k$ tal que $|\operatorname{Stab}(x)| = p^{l_x}$. Logo, para todo $x \in X$ tal que $|\mathscr{O}(x)| > 1$,

$$|\mathscr{O}(x)| = [G : \operatorname{Stab}(x)] = p^{k-l_x} \Longrightarrow p \mid |\mathscr{O}(x)|,$$

consequentemente $p \mid |X| - |X^G|$. □

Seja G um p-grupo e aplique a proposição 200 no caso em que $X = G$ e a ação $G \curvearrowright G$ é a ação conjugação. Lembrem que por 2.10, $G^G = Z(G)$. Então,

$$p \mid |G| - |Z(G)| \stackrel{p||G|}{\Longrightarrow} p \mid |Z(G)|.$$

Portanto, acabamos de demonstrar a seguinte proposição:

Proposição 201 Seja G um p-grupo. Então, $|Z(G)| \geq p$. Em particular, os p-grupos não são grupos simples.

Uma consequência imediata da proposição acima é a classificação de grupos de ordem p^2, onde p é um número primo.

Corolário 202 Todo grupo G de ordem p^2, onde p é um número primo, é abeliano. Além disso, $G \cong \mathbb{Z}_{p^2}$ ou $G \cong \mathbb{Z}_p \times \mathbb{Z}_p$.

Prova. Pela proposição 201, $|Z(G)| \geq p$. Então, $|Z(G)| = p$ ou p^2. O primeiro caso pelo exercício 1 na página 116 é impossível, portanto G é abeliano. Se G possuir um elemento de ordem p^2, então é cíclico, e, pelo teorema 145 na página 100, concluímos $G \cong \mathbb{Z}_{p^2}$. Caso contrário, todo elemento de $G \setminus \{e\}$ é de ordem p. Sejam $g_1 \in G \setminus \{e\}$ e $g_2 \in G \setminus \langle g_1 \rangle$. Então,

$$\langle g_1 \rangle \subsetneqq \langle g_1, g_2 \rangle \leqslant G,$$

e, pelo teorema de Lagrange, concluímos $G = \langle g_1, g_2 \rangle$. A aplicação

$$\begin{cases} \mathbb{Z}_p \times \mathbb{Z}_p & \longrightarrow & G \\ (\bar{k}, \bar{l}) & \longmapsto & g_1^k g_2^l \end{cases}$$

está bem definida e é um isomorfismo entre grupos. □

Teorema 203 (Cauchy, 1845) Sejam G um grupo finito e p um número primo tal que $p \mid |G|$. Então existe $a \in G$ de ordem p, portanto subgrupos de ordem p.

Prova. Seja $|G| = pm$. A prova é feita por indução sobre m. Se $m = 1$, então G é cíclico de ordem p e não há nada a provar. Se $m > 1$, pela equação de classe de conjugação

$$|G| = |Z(G)| + \sum_{h \notin Z(G)} [G : C(h)].$$

Se para todo $h \notin Z(G), p \mid [G : C(h)]$, então $p \mid |Z(G)|$. Como $Z(G)$ é abeliano, pela proposição 165 na página 112 existe um elemento de ordem p. Se não, existe $h \notin Z(G)$ tal que $p \nmid [G : C(h)]$. De $|G| = |C(h)|[G : C(h)]$ e $p \mid |G|$ concluímos $p \mid |C(h)|$. Observem que, nesse caso, $C(h)$ é um subgrupo próprio de G. Então, pela hipótese da indução, $C(h)$ possui um elemento de ordem p. □

Corolário 204 Seja G um p-grupo. Se $|G| = p^n$, então para todo $i \leq n$ existe um subgrupo normal de ordem p^i.

Prova. A prova é por indução sobre n. Se $n = 1$, então $G \cong \mathbb{Z}_p$ e não há nada a provar. Seja $n \geq 2$. Pela proposição 201 na página anterior, $Z(G)$ é não trivial. Pelo teorema de Cauchy, $Z(G)$ possui um subgrupo H de ordem p. Claramente, $H \trianglelefteq G$ e $|G/H| = p^{n-1}$. Pela hipótese da indução, G/H possui um subgrupo normal de ordem p^i para todo $i \leq n-1$. Os subgrupos normais de G/H são da forma H'/H, onde $H' \trianglelefteq G$ e $H \subseteq H'$. Se $|H'/H| = p^i$, então

$$|H'| = p^i \cdot |H| = p^i \cdot p = p^{i+1}.$$

Ou seja, G possui subgrupo normal de ordem p^j para todo $j \leq n$. □

Outra aplicação dos G-conjuntos é nos problemas de contagem. Esses problemas, quando interpretados em termo de ações, envolvem a contagem do número das órbitas. No próximo resultado, apresentaremos uma fórmula para determinar esse número. Seja X um G-conjunto. Dado $g \in G$, definam $X_g := \{x \in X \mid g \cdot x = x\} \subseteq X$. Esse conjunto é de fato o conjunto dos pontos fixos por $g \in G$.

Exemplos 205 Seja G um grupo.

1. Para todo G-conjunto X, $X_e = X$.

2. Na ação $G \curvearrowright G$ dada pela operação definida em G, $G_e = X$ e para todo $g \neq e, G_g = \varnothing$.

3. Na ação conjugação $G \curvearrowright G$,
$$G_g = \{h \in G \mid ghg^{-1} = h\} = \{h \in G \mid gh = hg\} = C(g).$$

4. Se V é um K-espaço vetorial, então, para todo $\alpha \in K$,
$$V_\alpha = \{v \in V \mid \alpha v = v\} = \begin{cases} V, & \text{se } \alpha = 1 \\ \{0\}, & \text{se } \alpha \neq 1 \end{cases}.$$

Teorema 206 (Fórmula de Burnside[11]) Sejam G um grupo finito, X um G-conjunto finito e r o número das órbitas da ação $G \curvearrowright X$. Então,
$$r|G| = \sum_{g \in G} |X_g|. \tag{2.12}$$

Prova. Seja $\mathscr{S} := \{(g,x) \mid g \cdot x = x\} \subseteq G \times X$. Contaremos o número dos elementos de $\mathscr{S}$ de duas maneiras. Dado $g \in G$, existem $|X_g|$ pares que possuem g na primeira entrada. Então,
$$|\mathscr{S}| = \sum_{g \in G} |X_g|. \tag{2.13}$$

Por outro lado, dado $x \in X$, existem $|\text{Stab}(x)|$ pares que possuem x na segunda entrada. Então,
$$|\mathscr{S}| = \sum_{x \in X} |\text{Stab}(x)|. \tag{2.14}$$

Pela proposição 197 na página 133,
$$|\mathscr{S}| = \sum_{x \in X} \frac{|G|}{|\mathscr{O}(x)|} = |G| \sum_{x \in X} \frac{1}{|\mathscr{O}(x)|}. \tag{2.15}$$

Sejam $\mathscr{O}(x_1), \ldots, \mathscr{O}(x_r)$ as órbitas distintas da ação $G \curvearrowright X$. Então, na soma acima, cada $|\mathscr{O}(x)|$ aparece $|\mathscr{O}(x_i)|$ vezes, $i = 1, \ldots, r$. Portanto,
$$\sum_{x \in X} \frac{1}{|\mathscr{O}(x)|} = \sum_{i=1}^{r} |\mathscr{O}(x_i)| \cdot \frac{1}{|\mathscr{O}(x_i)|} = r \tag{2.16}$$

Então, $|\mathscr{S}| = r \cdot |G| = \sum_{g \in G} |X_g|$. □

[11] William Burnside, matemático inglês, 1852-1927.

Exemplos 207

1. Determinem em quantas maneiras distinguíveis podemos marcar os números de 1 a 6 nas faces de um dado na forma de um cubo.

   Claramente, há $6! = 720$ maneiras de marcar os números nas faces do dados. Mas devemos observar que algumas podem ser obtidas a partir das outras por meio de rotações nos vértices e nas faces do cubo. O número dessas rotações é $4 \cdot 6 = 24$. Essas rotações formam um grupo G de 24 elementos que age no conjunto X de 720 elementos. Temos de determinar o número das órbitas dessa ação. Observem que, para cada $g \in G \setminus \{e\}$, $|X_g| = 0$, pois cada rotação produz uma configuração diferente da anterior e $|X_e| = 720$. Portanto,

   $$r = \frac{1}{|G|} \sum_{g \in G} |X_g| = \frac{1}{24} \cdot 720 = 30.$$

   Ou seja, efetivamente teremos 30 cubos diferentes.

2. Determinem de quantas maneiras distinguíveis podemos pintar as faces de um cubo usando oito cores diferentes. A repetição de cores não é permitida.

   Claramente, há $8 \cdot 7 \cdot 6 \cdot 5 \cdot 4 \cdot 3$ maneiras de pintar o cubo, i.e., $|X| = \frac{8!}{2}$. O resto do argumento é igual ao exemplo anterior. Então, há

   $$r = \frac{1}{|G|} \sum_{g \in G} |X_g| = \frac{1}{24} \cdot \frac{8!}{2} = 840$$

   maneiras distinguíveis de pintar o cubo.

Para mais leituras, vejam [9] e [18].

Exercícios

1. Seja $f : G_1 \to G_2$ um homomorfismo entre grupos e X um G_2-conjunto. Mostrem que $g \cdot x := f(g) \cdot x$ define uma ação de G_1 em X.

2. Determinem as órbitas e os estabilizadores nas ações $K \curvearrowright K \times K$ definidas no exemplo 4 dos Exemplos 195 na página 131.

3. Generalizem a proposição 201 na página 134: seja G um p-grupo e $\{e\} \neq N \trianglelefteq G$. Mostrem que $N \cap Z(G) \neq \{e\}$. Concluam que, se $|N| = p$, então $N \subseteq Z(G)$.

4. Sejam G um grupo de ordem 60 e X um conjunto com 4 elementos e considerem que há uma ação não trivial de G em X. Mostrem que G possui pelo menos um subgrupo normal.

5. Sejam X um conjunto e $n \in \mathbb{Z}^+$. Considerem o produto cartesiano X^n e o grupo cíclico $\mathbb{Z}_n$. Mostrem que

$$\bar{k} \cdot (x_1, \ldots, x_n) := (x_{k+1}, \ldots, x_n, x_1, \ldots, x_k)$$

define uma ação $\mathbb{Z}_n \curvearrowright X^n$. Determinem os conjuntos $X^n_{\bar{k}}$ e o número das órbitas dessa ação. No caso em que $n = p$ é um número primo concluam o pequeno teorema de Fermat.

6. Neste exercício, apresentaremos outra demonstração para a proposição 165 na página 112 no caso em que $d = p$ é um número primo. Sejam G um grupo finito abeliano, p um número primo tal que $p \mid |G|$. Considerem o conjunto

$$Y = \{(x_1, \ldots, x_p) \in G^p \mid x_1 \cdots x_p = e\}$$

e sigam os seguintes passos:

- Mostrem $|Y| = |G|^{p-1}$
- Verifiquem que

$$\bar{k} \cdot (x_1, \ldots, x_p) := (x_{k+1}, \ldots, x_p, x_1, \ldots, x_k)$$

define uma ação $\mathbb{Z}_p \curvearrowright Y$.
- Nessa ação, a ordem das órbitas é 1 ou p.
- Usem a equação 2.6 para mostrar que há órbita(s) de ordem 1.
- Concluam que G possui elementos de ordem p; logo, subgrupos de ordem p.
- Determinem os conjuntos $Y_{\bar{k}}$ para todo $\bar{k} \in \mathbb{Z}_p$, o número das órbitas da ação $\mathbb{Z}_p \curvearrowright Y$ e concluam a existência de elementos de ordem p.

7. Seja K um corpo e $n \geq 1$ um inteiro. Mostrem que

$$\alpha \cdot (a_1, \ldots, a_{n+1}) \mapsto (\alpha a_1, \ldots, \alpha a_{n+1})$$

define uma ação do grupo multiplicativo $(K \setminus \{0\}, \cdot)$ em $K^{n+1} \setminus \{(0, \ldots, 0)\}$. O conjunto das órbitas dessa ação é chamado de espaço projetivo definido sobre K, denotado por $\mathbb{P}^n_K$. Observem que os elementos desse conjunto são de fato as retas em K^{n+1} que passam pela origem.

8. Seja $X = \{1, \ldots, n\}$ e considerem a ação $S_n|X$ dada por $(\sigma, i) \mapsto \sigma(i)$. Mostrem que $\text{Stab}(i) \cong S_{n-1}$.

9. Considerem $G = \langle (1\ 3\ 5\ 6) \rangle \leqslant S_8$ e $X = \{1, 2, \ldots, 8\}$ como G-conjunto. Determinem o número das órbitas dessa ação.

10. Façam o exemplo 2 na página 137 se a repetição das cores for permitida. (Dica: Observem que os elementos de G são a identidade, nove elementos que deixam um par das faces opostas invariantes, oito que deixam um par dos vértices opostos invariantes, e seis elementos que deixam um par das arestas opostas invariantes.)

2.6.2 Teorema de Sylow para Grupos Finitos

Nesta seção, provaremos o teorema de Sylow. Sejam G um grupo finito e p um número primo tal que $p \mid |G|$. Escrevam $|G| = p^b m$, onde $(p, m) = 1$ e $b \geq 1$. Mostraremos que para todo $a \leq b$ existe $H \leqslant G$ tal que $|H| = p^a$. Os subgrupos de ordem p^b são chamados de *subgrupos de Sylow* de G, ou p-Sylows de G. Veremos a relação entre os subgrupos de ordem p^a e os p-Sylows e por último informações sobre o número de subgrupos de Sylow que ajudarão a contar a quantidade desses subgrupos.

Teorema 208 (Sylow, 1872) Sejam G um grupo finito, p um número primo e $|G| = p^b m$, onde $p \nmid m$ e $b \geq 1$. Então:

1. Para todo $a \leq b$ existe $H \leqslant G$ tal que $|H| = p^a$.

2. Se $S \leqslant G$ é um p-Sylow de G e $H \leqslant G$ de ordem p^a, então existe $g \in G$ tal que $H \subset gSg^{-1}$. Em particular, os p-Sylows de G são conjugados.

3. Se n_p é o número de p-Sylows, então $n_p \mid |G|$ e $n_p \equiv 1 \pmod{p}$.

Prova.

1. Seja $X = \{L | L \subseteq G, |L| = p^a\}$. Então,

$$|X| = \binom{p^b m}{p^a} = \frac{p^b m(p^b m - 1) \cdots (p^b m - p^a + 1)}{p^a(p^a - 1) \cdots 2 \cdot 1}$$

$$= p^{b-a} \frac{m(p^b m - 1) \cdots (p^b m - p^a + 1)}{(p^a - 1) \cdots 2 \cdot 1}.$$

É fácil verificar que $b - a$ é a maior potência de p tal que $p^{b-a} \mid |X|$, então

$$p^{b-a+1} \nmid |X|. \tag{2.17}$$

Considerem a ação de G em X dada por $(g,L) \mapsto gL$. Sejam

$$\mathscr{O}_i := \mathscr{O}(L_i), \quad i = 1, \ldots, k$$

as órbitas dessa ação. De $|X| = \sum_i |\mathscr{O}_i|$ e (2.17) concluímos que existe pelo menos uma órbita $\mathscr{O}_j = \mathscr{O}(L_j)$ tal que

$$p^{b-a+1} \nmid |\mathscr{O}_j| = \frac{|G|}{|\text{Stab}(L_j)|}.$$

Portanto, $p^a \mid |\text{Stab}(L_j)|$. Em particular,

$$p^a \leq |\text{Stab}(L_j)| \tag{2.18}$$

Por outro lado, para todo $l \in L_j$ a aplicação

$$\begin{cases} \text{Stab}(L_j) & \longrightarrow & L_j \\ g & \longmapsto & g \cdot l \end{cases}$$

é injetiva. Então, $|\text{Stab}(L_j)| \leq |L_j| = p^a$; logo, pela desigualdade (2.18), $|\text{Stab}(L_j)| = p^a$. Então, $\text{Stab}(L_j)$ é o subgrupo que procurávamos.

2. Considerem a ação de H em G/S dada por

$$(h, \overline{g}) \mapsto hgS.$$

Observem que $|G/S| = m$. As órbitas dessa ação são $\mathscr{O}(\overline{g}) = H\overline{g}$. Por 2.9 na página 132,

$$|H\overline{g}| \mid |H| = p^a \Rightarrow |H\overline{g}| = p^c, \text{ para algum } c \in \mathbb{N}.$$

Por outro lado,

$$m = |G/S| = \sum_{\overline{g}} |H\overline{g}|.$$

Como $p \nmid m$, existe alguma órbita trivial, ou seja, existe $H\overline{g_0}$ tal que $|H\overline{g_0}| = 1$. Então,

$$Hg_0S = g_0S \Rightarrow \forall h \in H \ \ \exists s \in S \text{ tal que } hg_0 = g_0s,$$

ou $h = g_0sg_0^{-1} \in g_0Sg_0^{-1}$. Portanto, $H \subseteq g_0Sg_0^{-1}$. Se H é um p-Sylow, então $|H| = |g_0Sg_o^{-1}| = p^b$, portanto $H = g_0Sg_0^{-1}$, ou seja, os p-Sylows são conjugados.

3. Seja S um p-Sylow e considerem a ação de S em G/S dada por

$$(s, gS) \mapsto sgS.$$

Se $Y = \{gS \in G/S \mid SgS = gS\}$, então, pela proposição 200 na página 134,

$$p \mid |G/S| - |Y| \Rightarrow \exists r \in \mathbb{N},\ |Y| = |G/S| - rp.$$

Por outro lado,

$$gS \in Y \Leftrightarrow \forall s \in S,\ sgS = gS \Leftrightarrow g^{-1}Sg \subseteq S \Leftrightarrow g \in N(S) \Leftrightarrow gS \in N(S)/S,$$

onde $N(S)$ é o normalizador de S. Então, $|Y| = |N(S)/S|$, ou

$$|N(S)/S| = |G/S| - rp. \tag{2.19}$$

Pelo item anterior, $\mathscr{S} = \{gSg^{-1} | g \in G\}$ é o conjunto de todos os p-Sylows de G. Esse conjunto é de fato a órbita de S na ação de G em $\{H | H \leqslant G\}$ dada por $(g, H) \mapsto gHg^{-1}$. Então,

$$n_p = |\mathscr{S}| = [G : \mathrm{Stab}(S)] = \frac{|G|}{|\mathrm{Stab}(S)|} \Longrightarrow n_p \mid |G|. \tag{2.20}$$

De $\mathrm{Stab}(S) = \{g \in G \mid gSg^{-1} = S\} = N(S)$ concluímos $|\mathscr{S}| = \frac{|G|}{|N(S)|}$. Lembrem que $S \leqslant N(S) \leqslant G$, então

$$n_p = \frac{|G|}{|N(S)|} = \frac{\frac{|G|}{|S|}}{\frac{|N(S)|}{|S|}} \Longrightarrow \frac{|G|}{|S|} = n_p \cdot \frac{|N(S)|}{|S|} \overset{(2.19)}{\Longrightarrow} rp + \frac{|N(S)|}{|S|} = n_p \cdot \frac{|N(S)|}{|S|}$$

$$\Longrightarrow rp = (n_p - 1)\frac{|N(S)|}{|S|} \Longrightarrow p | (n_p - 1)\frac{|N(S)|}{|S|}.$$

Como $|S| = p^b$ e b é a maior potência de p em $|G|$, $p \nmid \frac{|N(S)|}{|S|}$, portanto $p \mid n_p - 1$, i.e., $n_p \equiv 1 \pmod{p}$. □

Observações 209

1. Às vezes, a igualdade $n_p = \frac{|G|}{|N(S)|}$ obtida durante a demonstração do item (3) é apresentada como o terceiro item do teorema de Sylow.

2. Na prática, para obter as possibilidades para o número dos p-Sylows, analisaremos os divisores de m da forma $pk + 1$, pois de $n_p \equiv 1 \pmod{p}$ concluímos que $(n_p, p) = 1$; logo, $n_p \mid |G|$ implica que $n_p \mid m$.

3. Pelo item (2) do teorema de Sylow, se $n_p = 1$, então o p-Sylow é normal.

4. O teorema de Sylow garante a existência de p-subgrupos de um grupo finito G, onde p é um divisor primo de $|G|$. Em alguns casos, a partir dos p-subgrupos podemos mostrar a existência de subgrupos de G de outras ordens; vejam os exemplos 5 na página 145 e 11 na página 148 a seguir. Mas isso nem sempre é possível. Mais uma vez tomamos A_4 como exemplo: esse grupo possui subgrupos de ordens 2 e 3, mas não de ordem 6.

Alguns resultados sobre grupos finitos G são provados primeiramente no caso em que $|G| = p^k$, onde p é primo e $k \in \mathbb{N}$ e depois usando o teorema de Sylow, para o caso geral. O resultado a seguir é desse tipo:

Teorema 210 Se G é um grupo finito tal que para todo divisor, n, de $|G|$ a equação $x^n = e$ possui no máximo n soluções cíclico, então G é cíclico.

Prova. Primeiro provaremos o caso em que $|G| = p^k$, onde p é um primo. Seja $g \in G$ de maior ordem. Então, $o(g) = p^m$ e $\langle g \rangle$ é de ordem p^m. Pela hipótese $\langle g \rangle$ é exatamente o conjunto de todas as soluções de $x^{p^m} = e$. Para todo $a \in G$, $o(a) = p^l$ para algum l e pela maximalidade de m, $l \leq m$, portanto

$$a^{p^m} = (a^{p^l})^{p^{m-l}} = e \Longrightarrow a \in \langle g \rangle.$$

Assim, $G = \langle g \rangle$. Para o caso geral, seja $|G| = p_1^{k_1} \times \cdots \times p_r^{k_r}$. Para cada $i = 1, \ldots, r$, seja $P_i \in \mathrm{Syl}_{p_i}(G)$. Todos os elementos de P_i e $gP_ig^{-1}, g \in G$ são soluções de $x^{p_i^{k_i}} = e$. Mas pela hipótese essa equação possui no máximo $p_i^{k_i}$ soluções, portanto para todo $g \in G, P_i = gP_ig^{-1}$, ou seja, existe apenas um p_i-Sylow; logo, todos os subgrupos p_i-Sylow de G são normais. Pelo exercício 2 na página 106, $P_i \cap P_j = \{e\}$ para todo $i \neq j$. Claramente, cada P_i satisfaz a hipótese do teorema com relação ao número das soluções da equação $x^n = e$. Então, pela primeira parte do argumento, todos os subgrupos de Sylow de G são cíclicos. Sejam $P_i = \langle g_i \rangle, i = 1, \ldots, r$. Pela normalidade de P_is e $P_i \cap P_j = \{e\}$ para todo $i \neq j$, concluímos que $g_ig_j = g_jg_i$. Como as ordem de g_is são primos entre si,

$$o(g_1 \cdots g_r) = o(g_1) \cdots o(g_r) = p_1^{k_1} \times \cdots \times p_r^{k_r} = |G|,$$

portanto $G = \langle g_1 \cdots g_r \rangle$, ou seja, G é cíclico. □

2.6.3 p-Sylows de Subgrupos e de Grupo Quociente

Sejam $H \leqslant G$ e $N \trianglelefteq G$. É natural perguntarmos se há alguma relação entre os subgrupos p-Sylow de G, H e G/N. Nesta seção, veremos alguns resultados que respondem a essa pergunta. Para as demonstrações, vejam [5].
Denotaremos o conjunto de p-Sylows do grupo K por $\mathrm{Syl}_p(K)$.

Teorema 211 Seja $H \leqslant G$. Então, para todo $S \in \mathrm{Syl}_p(G)$ existe $g \in G$ tal que $gSg^{-1} \cap H \in \mathrm{Syl}_p(H)$.

Esse teorema é usado para fazer uma demonstração da existência de p-Sylows de um grupo G em geral. A ideia é usar o teorema de Cayley para obter uma representação de G em S_{p^k}, ou seja, existência de um monomorfismo $G \hookrightarrow S_{p^k}$. O próximo passo é garantir a existência de p-Sylows de S_{p^k} e finalmente aplicar o teorema acima para garantir a existência de p-Sylows de G; para detalhes vejam [11].

Corolário 212 Seja $N \trianglelefteq G$. Para todo $S \in \mathrm{Syl}_p(G)$, $S \cap N \in \mathrm{Syl}_p(N)$, e todos os p-Sylow de N são obtidos dessa forma. Isto é, a aplicação

$$\begin{cases} \mathrm{Syl}_p(G) & \longrightarrow & \mathrm{Syl}_p(N) \\ S & \longmapsto & S \cap N \end{cases}$$

é sobrejetiva. Em particular, $n_p(N) \leq n_p(G)$.

Teorema 213 Seja $H \leqslant G$. Então, $n_p(H) \leq n_p(G)$.

Teorema 214 Seja $N \trianglelefteq G$. Então os p-Sylows de G/N são da forma SN/N, onde $S \in \mathrm{Syl}_p(G)$. Ou seja, a aplicação

$$\begin{cases} \mathrm{Syl}_p(G) & \longrightarrow & \mathrm{Syl}_p(G/N) \\ S & \longmapsto & SN/N \end{cases}$$

é sobrejetiva. Em particular, $n_p(G/N) \leq n_p(G)$.

Exemplos 215

1. Seja $|G| = 48 = 2^4 \cdot 3$. Mostrem que existe $K \trianglelefteq G$ tal que $|K| = 2^3$ ou 2^4.

   Pelo teorema de Sylow, existe $H \leqslant G$ tal que $|H| = 2^4$. Então, $[G : H] = 3$. Pelo teorema 172 na página 119, H contém um subgrupo normal K tal que $G/K \hookrightarrow S_3$. Então, $|G| \mid 6|K|$, ou seja, $2^3 \mid |K|$, o que implica $|K| = 2^3$ ou $|K| = 2^4$.

2. Seja $|G| = 72 = 2^3 \cdot 3^2$. Mostrem que existe $K \trianglelefteq G$ tal que $|K| \geq 3$.

   Pelo teorema de Sylow, existe $H \leqslant G$ tal que $|H| = 3^2$. Além disso,

   $$n_3 \equiv 1(\text{mod } 3), \quad n_3 \mid 2^3.$$

   Então, $n_3 = 1$ ou $n_3 = 4$. No primeiro caso, $H \trianglelefteq G$. Se $n_3 = 4$, então $n_3 = 4 = \frac{|G|}{|N(H)|} = [G : N(H)]$. Portanto, pelo teorema 172 na página 119, existe $K \trianglelefteq G$ tal que $K \subseteq N(H)$ e $\frac{G}{K} \hookrightarrow S_4$; logo, $|K| \geq 3$.

3. Seja G um grupo tal que $|G| = 231 = 3 \cdot 7 \cdot 11$. Mostrem que existe um único H, 11-subgrupo de Sylow de G tal que $H \subseteq Z(G)$.

   Pelo teorema de Sylow, existem $H, K \leqslant G$ tais que $|H| = 11, |K| = 7$. Pelo corolário 153 na página 106, H é cíclico, portanto $H \cong \mathbb{Z}_{11}$. Além disso,

   $$n_{11} \equiv 1(\text{mod } 11), \quad n_{11} \mid 3 \cdot 7 = 21 \Rightarrow n_{11} = 1.$$

   Ou seja, H é o único 11-subgrupo de Sylow; logo, $H \trianglelefteq G$. Pela normalidade de H, a aplicação

   $$\begin{cases} \psi \; : \; G \longrightarrow \text{Aut}(H) \\ \quad\;\; x \longmapsto f_x : \begin{array}{ccc} H & \to & H \\ h & \mapsto & xhx^{-1} \end{array} \end{cases}$$

   está bem definida. Observem que $\text{Aut}(H) \cong \text{Aut}(\mathbb{Z}_{11})$; portanto, pelo exercício 4 na página 107, $|\text{Aut}(H)| = \phi(11) = 10$. Além disso,

   $$\begin{gathered} o(x) \mid |G| = 3 \cdot 7 \cdot 11, \\ o(f_x) \mid |\text{Aut}(H)| = 10, \\ o(f_x) \mid o(x). \end{gathered}$$

   As condições acima implicam que $o(f(x)) = 1$ para todo $x \in G$, ou seja, $f_x = \text{id}_H$, então

   $$\forall x \in G, a \in H, \quad f_x(a) = xax^{-1} = a \Rightarrow xa = ax \Rightarrow a \in Z(G) \Rightarrow H \subseteq Z(G).$$

4. Mostrem que um grupo G de ordem $2^n \cdot 3$ possui um subgrupo normal de ordem 2^n ou 2^{n-1}.

   A ideia é a mesma utilizada no exemplo 2. Pelo teorema de Sylow, o número de 2-Sylows satisfaz

   $$n_2 \equiv 1(\text{mod } 2), \quad n_2 \mid 3,$$

então $n_2 = 1$, ou, $n_2 = 3$. No primeiro caso, o 2-Sylow é normal. Se $n_2 = 3$, seja H um 2-Sylow. Então, $n_2 = [G : N(H)] = 3$ pelo teorema 172 na página 119; existe $K \trianglelefteq G$ tal que $K \subseteq N(H)$ e $\frac{G}{K} \hookrightarrow S_3$; logo, $|K| = 2^n$ ou 2^{n-1}.

5. Seja $|G| = 380 = 2^2 \cdot 5 \cdot 19$. Mostrem que G possui um subgrupo normal de ordem 5 ou 19. Além disso, G possui um subgrupo de ordem $5 \cdot 19$.

   Pelo teorema de Sylow, existem H e K subgrupos de G tais que $|H| = 5$ e $|K| = 19$. Além disso,

$$n_5 \equiv 1(\text{mod } 5), \; n_5 \mid 2^2 \cdot 19 = 76$$
$$n_{19} \equiv 1(\text{mod } 19), \; n_{19} \mid 2^2 \cdot 5 = 20.$$

   Então, $n_5 = 1$ ou $n_5 = 76$ e $n_{19} = 1$ ou $n_{19} = 20$. Se $n_5 = 76$ e $n_{19} = 20$, então existem $76(5-1) = 304$ elementos de ordem 5 e $20(19-1) = 360$ elementos de ordem 19, totalizando 664 elementos de ordem diferente de 1, o que é um absurdo, pois $|G| = 380$. Portanto, $n_5 = 1$ ou $n_{19} = 1$, ou seja, $H \trianglelefteq G$ ou $K \trianglelefteq G$. Consequentemente, $HK \leqslant G$ e $|HK| = \frac{|H||K|}{|H \cap K|} = \frac{5 \cdot 19}{1} = 5 \cdot 19$.

6. Seja $|G| = pq$, onde p e q são números primos tais que $p < q$. Mostrem que G possui um único subgrupo normal de ordem q. Além disso, se $p \nmid q - 1$, então G é um grupo cíclico.

   Pelo teorema de Sylow, existem $K \leqslant G$ tal que $|K| = q$ e $H \leqslant G$ tais que $|H| = p$. Além disso, pelo exercício 2 na página 106, $H \cap K = \{e\}$. Portanto, $|HK| = \frac{|H||K|}{|H \cap K|} = \frac{pq}{1} = pq = |G|$, ou seja, $G = HK$. Por outro lado,

$$n_q \equiv 1(\text{mod } q), \;\; n_q \mid p \overset{p<q}{\Longrightarrow} n_q = 1,$$

   e

$$n_p \equiv 1(\text{mod } p), \; n_p \mid q.$$

   Se $p \nmid q - 1$, então, pelas condições acima, $n_p = 1$, portanto $H \trianglelefteq G$. Pelo corolário 153 na página 106, H e K são cíclicos. Sejam $H = \langle a \rangle$ e $K = \langle b \rangle$. Observem que

$$\underbrace{(aba^{-1})}_{\in K} b^{-1} \in K, \quad a \underbrace{(ba^{-1}b^{-1})}_{\in H} \in H \Rightarrow aba^{-1}b^{-1} \in H \cap K = \{e\},$$

   ou seja, $ab = ba$. Agora, pelo exercício 5 na página 101, concluímos $o(ab) = o(a)o(b) = pq$, i.e., G possui um elemento de ordem $pq = |G|$; logo, é cíclico.

Observação. O caso em que $p = q$, ou seja, $|G| = p^2$, é um pouco diferente. Pelo exercício 1 na página 116, G é abeliano. Mas não necessariamente cíclico. Por exemplo, $\mathbb{Z}_p \times \mathbb{Z}_p$ é de ordem p^2 e não é cíclico. No caso em que $p|q-1$, há grupos não abelianos, por exemplo $G = S_3$ no caso em que $p = 2$ e $q = 3$. Para a classificação geral nesse caso, vejam [6].

7. Todo grupo G de ordem $11^2 \cdot 13^2$ é abeliano.

   Pelo teorema de Sylow, existem $H, K \leqslant G$ tais que $|H| = 11^2$ e $|K| = 13^2$, e

$$n_{11} \equiv 1(\text{mod } 11),\ n_{11} \mid 13^2,$$

$$n_{13} \equiv 1(\text{mod } 13),\ n_{13} \mid 11^2.$$

   Então, $n_{11} = 1$ e $n_{13} = 1$. Portanto, $H \trianglelefteq G$ e $K \trianglelefteq G$. Além disso, pelo corolário 202 na página 134, H e K são abelianos. Pelo exercício 2 na página 106, $H \cap K = \{e\}$; a partir disso, como foi feito no Exemplo 6, concluímos que para todo $h \in H$ e $k \in K$, $hk = kh$. Além disso,

$$|HK| = \frac{|H||K|}{|H \cap K|} = \frac{11^2 \cdot 13^2}{1} = |G| \Longrightarrow G = HK.$$

   Dados $g_1, g_2 \in G$, escrevam $g_1 = h_1k_1$ e $g_2 = h_2k_2$, onde $h_1, h_2 \in H$ e $k_1, k_2 \in K$; então,

$$g_1g_2 = h_1k_1h_2k_2 = h_1h_2k_1k_2 = h_2h_1k_2k_1 = h_2k_2h_1k_1 = g_2g_1,$$

   portanto G é abeliano.

8. Seja $|G| = pqr$, onde $p < q < r$ são números primos. Mostrem que G possui pelo menos um subgrupo normal.

   Pelo item (2) das observações 209 na página 141, basta mostrar que um dos Sylows de G é único, ou seja, $n_r = 1$ ou $n_q = 1$ ou $n_p = 1$.

   Seja $n_r > 1$, $n_q > 1$ e $n_p > 1$. Pelo teorema de Sylow,

$$n_r \equiv 1(\text{mod } r),\ \ n_r \mid pq \overset{p<q<r}{\Longrightarrow} n_r = pq.$$

   Então,

$$\text{existem } pq(r-1) \text{ elementos de ordem } r.$$

   Se $n_q \neq 1$, então

$$n_q = r \text{ ou } n_q = pr \Rightarrow n_q \geq r,$$

logo,

existem pelo menos $r(q-1)$ elementos de ordem q.

Se ainda $n_p \neq 1$, então de $n_p \mid qr$ concluímos que $n_p \geq q$, portanto

há pelo menos $q(p-1)$ elementos de ordem p.

Assim, G possui pelo menos

$$\begin{aligned} pq(r-1)+r(q-1)+q(p-1)+1 &= pqr+rq-r-q+1 \\ &= pqr+(r-1)(q-1) > pqr \end{aligned}$$

elementos, o que é absurdo. Então, $n_r = 1$ ou $n_q = 1$ ou $n_p = 1$.

9. Seja $|G| = 28 = 2^2 \cdot 7$. Se G possui um subgrupo normal de ordem 4, então G é abeliano.

   Pelo teorema de Sylow, existem $H, K \leqslant G$ tais que $|H| = 2^2$, $|K| = 7$ e

   $$n_2 \equiv 1(\text{mod } 2),\ n_2 \mid 7,$$

   $$n_7 \equiv 1(\text{mod } 7),\ n_7 \mid 4.$$

   Então, $n_7 = 1$ e $n_2 = 1$ ou $n_2 = 7$. Portanto, $K \trianglelefteq G$. Pela hipótese, existe um 2-Sylow $H \trianglelefteq G$. De forma análoga ao Exemplo 6, podemos mostrar que $H \cap K = \{e\}$, $G = HK$ e que para todo $h \in H$ e $k \in K$, $hk = kh$. Observem que H e K são abelianos. Agora, o resto do argumento para concluir que G é abeliano é igual ao do Exemplo 7.

10. Sejam p e q números primos e G um grupo de ordem p^2q. Mostrem que G possui pelo menos um subgrupo próprio normal.

    Analisaremos três casos.

    Caso 1. Se $p = q$, então $|G| = p^3$. Nesse caso, pela proposição 201 na página 134, o centro de G não é trivial e sabemos que centro sempre é um subgrupo normal.

    Caso 2. Se $p > q$. Então $n_p = 1$. Logo, o p-Sylow é normal.

    Caso 3. Se $q > p$. Então $n_q \in \{1, p, p^2\}$. No primeiro caso, o q-Sylow é normal. O segundo caso é impossível, pois $q > p$. Se $n_q = p^2$, então

    $$q|p^2-1 = (p-1)(p+1) \Rightarrow q|p-1 \text{ ou } q|p+1 \overset{q \geq p+1}{\Longrightarrow} q = p+1.$$

Portanto, $p = 2$, $q = 3$ e $|G| = 12$. Nesse caso, mostraremos que G possui um 3-Sylow normal ou $G \cong A_4$, o caso em que possui 2-Sylow normal. Se $n_3 \neq 1$, então $n_3 = [G : N(P)] = 4$, onde $P \in \text{Syl}_3(G)$. Então, $|N(P)| = 3$ e portanto $P = N(P)$. Pelo teorema 172 na página 119, existe um homomorfismo

$$\phi : G \to S_4$$

cujo núcleo $\ker\phi := K$ é um subgrupo de $P = N(P)$. Como P não é normal, K é trivial, i.e., ϕ é injetivo. Então,

$$G \cong \phi(G) \leqslant S_4.$$

Ou seja, $\phi(G)$ é um subgrupo de S_4 com 12 elementos. Observem que G possui $4(3-1) = 8$ elementos de ordem 3. Lembrando que S_4 possui exatamente 8 elementos de ordem 3, todos em A_4, concluímos que $|\phi(G) \cap A_4| \geq 8$; logo, $\phi(G) = A_4$ e $G \cong A_4$. Seja $V \in \text{Syl}_2(A_4)$, então $|V| = 4$; logo, V contém todos os outros (não de ordem 3) elementos de A_4. Em particular, há apenas um 2-Sylow; logo, é normal.

11. Grupo de ordem 30 possui pelo menos um subgrupo normal.

    De fato, mostraremos que G possui um subgrupo de 15 elementos, então de índice 2; logo, normal. Sejam $S_1 \in \text{Syl}_5(G)$ e $S_2 \in \text{Syl}_3(G)$. Se um deles for normal, então S_1S_2 é subgrupo e possui ordem 15. Senão, pelo teorema de Sylow, $n_5 = 6$ e $n_3 = 10$. Então, G terá $6(5-1) = 24$ elementos de ordem 5 e $10(3-1) = 20$ elementos de ordem 3. Logo, $|G| = 30 > 24 + 20 = 44$, o que é absurdo. Isto é, realmente G possui 5-Sylow ou 3-Sylow normal, portanto o subgrupo de 15 elementos.

12. Pelo teorema de Al-Haytham/Wilson, se p é um número primo, então $(p-1)! \equiv -1 \pmod{p}$. Esse teorema e sua recíproca foram demonstrados no capítulo 1. Neste exemplo, demonstraremos este teorema pelo teorema de Sylow.

    Considerem S_p. Como p é primo, $p^2 \nmid p!$, portanto os p-Sylows de S_p possuem ordem p; assim, são grupos cíclicos. O número de p-ciclos de S_p é exatamente $(p-1)!$. Cada p-Sylow contém exatamente $p-1$ desses ciclos, portanto $n_p = \frac{(p-1)!}{p-1} = (p-2)!$. Pelo teorema de Sylow, $n_p \equiv 1 (\text{mod } p)$, então

    $$(p-2)! \equiv 1(\text{mod } p) \Rightarrow (p-1)! \equiv p - 1(\text{mod } p),$$

    ou $(p-1)! \equiv -1(\text{mod } p)$.

2.6.4 p-Sylows de Grupos Infinitos

Não podemos terminar esta seção sem mencionar o conceito de p-Sylows para grupos infinitos. Primeiramente, veremos o conceito de p-grupo em geral.

Definição 216 Seja p um número primo. Um p-grupo é um grupo no qual a ordem de todos os elementos é uma potência de p.

Exemplos 217 Seja p um número primo.

1. O grupo diedral D_8 é um 2-grupo finito.
2. Para todo n, $\mathbb{Z}_{p^n}$ é um p-grupo finito.
3. $\bigoplus_{n\in\mathbb{N}} \mathbb{Z}_p$ é um p-grupo infinito.
4. $\bigoplus_{i>0} \mathbb{Z}_{p^i}$ é um p-grupo infinito.
5. Se $G_1, \ldots, G_n$ são p-grupos, então $G_1 \times \cdots \times G_n$ é um p-grupo. Em geral, se $\{G_i\}_{i\in I}$ é uma família de p-grupos, então $\sum\limits_{i\in I} G_i$ e $\prod\limits_{i\in I} G_i$ são p-grupos.

Se G é um grupo finito, pelos teoremas de Cauchy e de Lagrange, é fácil verificar que:

Proposição 218 Um grupo finito G é um p-grupo, se, e somente se, $|G|$ é uma potência de p.

Em geral, os subgrupos p-Sylow de um grupo são definidos como sendo os p-subgrupos maximais (com respeito à inclusão). Observem que, pelo item (2) do teorema de Sylow (208 na página 139), os p-Sylows no caso dos grupos finitos são p-subgrupos maximais. Os p-Sylows no caso infinito podem ser finitos ou infinitos: em $\mathbb{Z} \oplus \mathbb{Z}_p$ o p-subgrupo $\{0\} \times \mathbb{Z}_p$ é um p-Sylow finito; e em $\mathbb{Z} \oplus (\bigoplus_n \mathbb{Z}_p)$ o p-subgrupo $\bigoplus_{n\in\mathbb{N}} \mathbb{Z}_p$ é um p-Sylow infinito. Em geral, a existência é demonstrada pelo lema de Kuratowski-Zorn.

Teorema 219 Sejam G um grupo infinito, $K \in \mathrm{Syl}_p(G)$ e $|\{gKg^{-1} \mid g \in G\}| < \infty$. Então, todo p-Sylow de G é conjugado com K e $n_p \equiv 1 \pmod{p}$.

Vale observar que existem grupos que possuem p-subgrupos maximais não conjugados. Um exemplo, para $p = 2$, é o grupo diedral infinito:

$$D_\infty = \langle a, b \mid ba = ab^{-1}, o(a) = 2, o(b) = \infty \rangle.$$

Por indução sobre n, $b^n a = ab^{-n}$. Então, todo elemento de D_∞ é representado unicamente da forma $a^i b^j$, onde $i = 0, 1$ e $j \in \mathbb{Z}$. Pela construção, $B = \langle b \rangle$ é um subgrupo cíclico infinito de G. É fácil verificar que todo elemento de $aB = \{ab^n \mid n \in \mathbb{Z}\}$ é de ordem dois, embora todos os elementos de B possuam ordem infinita. Então, todos os 2-subgrupos maximais de D_∞ são de ordem 2, entre eles $\langle a \rangle$ e $\langle ab \rangle$. Afirmamos que a e ab não são conjugados. Observem que para todo $j \in \mathbb{Z}$,

$$(ab^j)^{-1} a (ab^j) = b^{-j} ab^j = aab^{-j} ab^j = ab^j b^j = ab^{2j}.$$

Ou seja, todos os elementos da forma ab^{2j} são conjugados com a, e, similarmente, todos os elementos da forma ab^{2j+1} são conjugados com ab.

Exercícios

1. Demonstrem a proposição 218 na página precedente.

2. Mostrem que todo grupo de ordem $11 \cdot 13^5$ possui um subgrupo normal de ordem 11.

3. Provem que todo grupo de ordem 45 é abeliano. Podemos concluir que é necessariamente cíclico?

4. Mostrem que grupos de ordens 56, 90, 192, 216 e $3^6 \cdot 7$ não são simples.

5. Sejam p, q números primos e $|G| = p^n q$. Mostrem que G não é simples.

6. Sejam $p > 2$ um primo e $|G| = 4p^2$. Se G tiver mais que um p-Sylow, então $|G| = 36$.

7. Todo grupo de ordem $4p^2$, p primo, não é simples.

8. Sejam $p < q$ números primos. Investiguem os grupos de ordem $p^2 q^2$ aplicando o teorema de Sylow.

3. Anéis

No capítulo anterior, estudamos os grupos: estruturas algébricas munidas de apenas uma operação binária. Neste capítulo, estudaremos as estruturas munidas de duas operações binárias. Essas são chamadas de anéis. Dois exemplos importantes são o conjunto dos polinômios e o conjunto dos inteiros munidos de adição e multiplicação usuais entre seus elementos. O estudo desses casos particulares deu origem à teoria dos anéis. O nome anel a essas estruturas foi dado por Hilbert[1] devido à conexão com o anel dos inteiros. A definição formal apareceu somente depois dos anos 1920, e a forma consolidada e axiomática da teoria dos anéis comutativos foi apresentada por Emmy Noether[2] no seu artigo *Ideal Theory in Rings* publicado em 1921; vejam [17].

3.1 Definições e Propriedades Básicas

Definição 220 Seja R um conjunto munido de duas operações binárias $''+''$ e $''\cdot''$, chamadas de adição e multiplicação. Dizemos que $(R,+,\cdot)$ é um anel se

1. $(R,+)$ é um grupo abeliano;
2. a multiplicação é associativa: para todo $a,b,c \in R,\ \ a\cdot(b\cdot c) = (a\cdot b)\cdot c$;
3. valem as regras de distribuição à direita e à esquerda: para todo $a,b,c \in R,\ \ a\cdot(b+c) = a\cdot b + a\cdot c$ e $(b+c)\cdot a = b\cdot a + c\cdot a$.

Além disso, se a multiplicação for comutativa, então diremos que o anel é comutativo. Se $(R,\cdot)$ possuir elemento neutro, então o anel é chamado de um anel com unidade. Observem que a unidade, caso exista, é única (108 na página 76). A unidade em geral é denotada por 1_R, ou simplesmente por 1.

---

[1]David Hilbert, matemático alemão, 1862-1943.
[2]Emmy Noether, matemática alemã, 1882-1935.

Nosso foco é estudar os anéis comutativos com unidade. Mas não deixaremos de dar atenção aos que não possuem essa(s) propriedade(s). Denotaremos o elemento neutro de $(R,+)$ por 0 e o inverso aditivo de a por $-a$. Observem que, em geral, os elementos de R não possuem inverso multiplicativo.

Exemplos 221

1. $(\mathbb{Z},+,\cdot)$ é um anel comutativo com unidade.

2. O conjunto dos polinômios em uma variável com coeficientes inteiros, munido de adição e multiplicação, é um anel comutativo com unidade. Isso vale se substituirmos os coeficientes por números racionais, reais ou complexos. Em geral, se R é um anel comutativo com unidade, então o conjunto dos polinômios em uma variável

$$R[x] := \{a_n x^n + \cdots + a_0 \mid a_0, \ldots, a_n \in R, n \in \mathbb{Z}^{\geq 0}\},$$

munido de adição e multiplicação induzidas pelas operações em R, i.e.,

$$\sum a_i x^i + \sum b_i x^i = \sum (a_i + b_i) x^i,$$
$$\left(\sum_{i=0}^{n} a_i x^i\right) \cdot \left(\sum_{i=0}^{m} b_i x^i\right) = \sum_{k=0}^{m+n} c_k x^k, \quad c_k = \sum_{i=0}^{k} a_i b_{k-i},$$

é um anel comutativo com unidade. De fato, todos as propriedades das operações em $R[x]$ são válidas devido às mesmas propriedades das operações em R. Os elementos neutros da adição e da multiplicação em $R[x]$ são os mesmos de R: 0 e 1. Podemos fazer essa construção com duas ou mais variáveis.

3. Seja $m > 1$ um inteiro. Então, $(\mathbb{Z}_m, \oplus, \odot)$ é um anel comutativo com unidade.

4. Seja $\mathbb{H} := \{a + bi + cj + dk \mid a,b,c,d \in \mathbb{R}\}$, tal que $i^2 = j^2 = k^2 = -1$ e $ij = k$. Sejam $h_1 = a_1 + b_1 i + c_1 j + d_1 k$ e $h_2 = a_2 + b_2 i + c_2 j + d_2 k$. Definam

$$h_1 + h_2 = (a_1 + a_2) + (b_1 + b_2)i + (c_1 + c_2)j + (d_1 + d_2)k$$

e $h_1 \cdot h_2$ impondo as regras de distribuição e as relações entre i, j e k. Dessa forma, obteremos um anel não comutativo com unidade. Esse anel é chamado de anel dos quatérnios.

5. Sejam X um conjunto e $\mathscr{P}(X)$ seu conjunto das partes. Pela proposição 9 na página 12, $(\mathscr{P}(X), \Delta, \cap)$ é um anel comutativo com unidade.

6. O conjunto das matrizes quadradas com entradas inteiras, racionais, reais ou complexas, munido de adição e multiplicação de matrizes, é um anel não comutativo com unidade. A matriz unidade é a unidade do anel. Em geral, se R é um anel comutativo com unidade, então o conjunto das matrizes quadradas de ordem n, $\mathrm{M}_n(R)$, munido de adição e de multiplicação induzidas pelas operações em R, é um anel não comutativo com unidade. Nesse caso, a unidade é a matriz unidade
$$\mathrm{I}_n = \begin{pmatrix} 1_R & 0 & \cdots & 0 \\ 0 & 1_R & \cdots & 0 \\ \vdots & \vdots & \ddots & \vdots \\ 0 & 0 & \cdots & 1_R \end{pmatrix}.$$

7. O conjunto dos inteiros de Gauss[3] definido por
$$\mathbb{Z}[i] := \{a + bi \mid a, b \in \mathbb{Z}\},$$
munido de adição e multiplicação usuais entre os números complexos, é um anel comutativo com unidade.

8. Sejam $(G, +)$ um grupo abeliano e 0 seu elemento neutro. Definam
$$a \cdot b = 0, \ \forall a, b \in G.$$
Então, $(G, +, \cdot)$ é um anel comutativo sem unidade.

9. Seja $\mathscr{F}(\mathbb{R})$ o conjunto de todas as funções reais. Esse conjunto, munido de adição e de multiplicação de funções, é um anel comutativo com unidade. Da mesma forma, os conjuntos das funções contínuas ou diferenciáveis também são anéis comutativos com unidade. Em todos esses casos, a unidade é a função constante $f : \mathbb{R} \to \mathbb{R}$ dada por $f(x) = 1$.

10. Sejam $(R_1, \maltese, *)$ e $(R_2, \pmb{+}, \star)$ anéis. O produto cartesiano $R_1 \times R_2$ possui estrutura de um anel pelas operações induzidas de R_1 e R_2:
$$(a_1, b_1) + (a_2, b_2) := (a_1 \maltese a_2, b_1 \pmb{+} b_2),$$
$$(a_1, b_1) \cdot (a_2, b_2) := (a_1 * a_2, b_1 \star b_2).$$

[3]Johann Carl Friedrich Gauss, matemático, astrônomo e físico alemão, 1777-1885.

Se ambos forem comutativos, então $(R_1 \times R_2, +, \cdot)$ também é comutativo. Se ambos forem com unidade, então $(1_{R_1}, 1_{R_2})$ é a unidade de $R_1 \times R_2$, onde 1_{R_1} é a unidade de R_1 e 1_{R_2} a de R_2. Claramente, essa construção pode ser feita para qualquer família de anéis.

11. Sejam V um $\mathbb{C}$-espaço vetorial e $\mathrm{End}(V)$ seu conjunto de todas as transformações lineares. Então, $(\mathrm{End}(V), +, \circ)$ é um anel não comutativo com unidade.

Proposição 222 Sejam R um anel e 0 seu elemento neutro. Então, para todo $a, b \in R$,

1. $a \cdot 0 = 0 \cdot a = 0$; logo, 0 não possui inverso multiplicativo,
2. $a \cdot (-b) = (-a) \cdot b = -(a \cdot b)$,
3. $(-a) \cdot (-b) = a \cdot b$,
4. Se R tiver unidade, então $-a = (-1)a$.

Prova.

1. Pela distributividade à esquerda,

$$a \cdot (0+0) = a \cdot 0 + a \cdot 0 \Rightarrow a \cdot 0 = a \cdot 0 + a \cdot 0 \Rightarrow a \cdot 0 = 0.$$

De forma similar, aplicando a propriedade distributividade à direita, concluímos $0 \cdot a = 0$.

2. Pela distributividade à esquerda,

$$a \cdot (b + (-b)) = a \cdot b + a \cdot (-b) \Rightarrow a \cdot 0 = a \cdot b + a \cdot (-b)$$

$$\Rightarrow 0 = a \cdot b + a \cdot (-b) \Rightarrow a \cdot (-b) = -(a \cdot b).$$

Observem que na última conclusão estamos usando a unicidade do inverso aditivo de $a \cdot b$. A demonstração de $(-a) \cdot b = -(a \cdot b)$ é similar.

3. Aplicaremos o item anterior:

$$(-a) \cdot (-b) = -(a \cdot (-b)) = -(-(a \cdot b)) = a \cdot b.$$

4. No item (2), tomem $b = 1$. □

Definição 223 Sejam $(R, +, \cdot)$ um anel e $\varnothing \neq S \subseteq R$. Dizemos que S é um subanel de R, e escrevemos $S \leqslant R$, se $(S, +, \cdot)$ é um anel, onde as operações em S são as restrições das mesmas já definidas em R.

Observem que na definição acima estamos exigindo que S seja fechado quanto às duas operações definidas em R. Além disso, as propriedades de associatividade e distributividade são válidas em qualquer subconjunto de R. Portanto, para saber se S é subanel de R basta verificar se $(S,+)$ é um subgrupo do grupo abeliano $(R,+)$. Portanto, pela proposição 112 na página 87, concluímos:

Proposição 224 Seja $(R,+,\cdot)$ um anel e $\varnothing \neq S \subseteq R$. Então, S é um subanel de R, se, e somente se, para todo $s_1, s_2 \in S$,

$$s_1 - s_2,\ s_1 \cdot s_2 \in S,$$

onde $s_1 - s_2 = s_1 + (-s_2)$, e $-s_2$ é o inverso de s_2 em $(R,+)$.

Exemplos 225

1. $\mathbb{Z} \leqslant \mathbb{Q} \leqslant \mathbb{R} \leqslant \mathbb{C}$ e $\mathbb{Z}[i] \leqslant \mathbb{C}$.
2. $\mathrm{M}_n(\mathbb{Z}) \leqslant \mathrm{M}_n(\mathbb{Q}) \leqslant \mathrm{M}_n(\mathbb{R}) \leqslant \mathrm{M}_n(\mathbb{C})$.
3. $\mathbb{Z}[x] \leqslant \mathbb{Q}[x] \leqslant \mathbb{R}[x] \leqslant \mathbb{C}[x]$.
4. O conjunto das funções polinomiais (com coeficientes reais) é subanel do anel de todas as funções reais.

Todo subanel de um anel comutativo é claramente comutativo. Mas, no caso da existência da unidade, a situação é diferente. Por exemplo, o conjunto dos inteiros pares é um subanel dos inteiros, mas não possui unidade; vejam também os exercícios 2 e 3 na página 162.

3.2 Ideais e Anel Quociente

Sejam R um anel comutativo com unidade e $S \leqslant R$. Como $(R,+)$ é um grupo abeliano, $(S,+)$ é um subgrupo normal. Portanto, podemos considerar o grupo quociente

$$R/S = \{r + S \mid r \in R\}.$$

O objetivo é definir estrutura de um anel nesse conjunto por meio da operação natural

$$(r_1 + S) \cdot (r_2 + S) := r_1 \cdot r_2 + S.$$

Primeiramente, devemos verificar se essa operação está bem definida. Ou seja, se $r_1 + S = r_1' + S$ e $r_2 + S = r_2' + S$ garantem que $r_1 \cdot r_2 + S = r_1' \cdot r_2' + S$.

Essa verificação é similar ao caso de grupos e subgrupos que resultou em definir a noção de subgrupos normais. Observem

$$r_1 + S = r_1' + S \Rightarrow r_1 = r_1' + s_1, s_1 \in S,$$
$$r_2 + S = r_2' + S \Rightarrow r_2 = r_2' + s_2, s_1 \in S.$$

Então,

$$r_1 \cdot r_2 - r_1' \cdot r_2' = (r_1' + s_1) \cdot (r_2' + s_2) - r_1' \cdot r_2' = r_1' \cdot s_2 + s_1 \cdot r_2' + s_1 \cdot s_2.$$

Como $s_1 \cdot s_2 \in S$,

$$r_1 \cdot r_2 - r_1' \cdot r_2' \in S \Longleftrightarrow r_1' \cdot s_2 + s_1 \cdot r_2' \in S.$$

Para isso é suficiente que $r_1' \cdot s_2, s_1 \cdot r_2' \in S$. Isso nos leva à seguinte definição:

Definição 226 Sejam R um anel comutativo com unidade e $S \leqslant R$. Dizemos que S é um ideal de R, e escrevemos $S \trianglelefteq R$, se para todo $r \in R, s \in S, rs \in S$. Se $S \neq R$, então dizemos que S é um ideal próprio de R.

Observem que S é um ideal próprio, se, e somente se, $1 \notin S$.

Proposição 227 Sejam R um anel comutativo com unidade e S um ideal próprio. Então, o grupo quociente $R/S = \{r + S \mid r \in R\}$ munido de operação

$$(r_1 + S) \cdot (r_2 + S) := r_1 \cdot r_2 + S$$

é um anel comutativo com unidade: seu elemento neutro é $0 + S = S$ e sua unidade é $1 + S$.

Prova. Já vimos que a multiplicação acima está bem definida. Todas as propriedades são válidas devidas às mesmas no anel R. □

Lembrem que no caso dos grupos foi possível construir o grupo quociente a partir dos subgrupos normais. Então, nesse sentido, podemos dizer que os ideais na teoria dos anéis possuem o mesmo papel que os subgrupos normais na teoria dos grupos.

Exemplos 228

1. Se R é um anel, então $\{0\}$ e R são ideais de R, chamados de ideais triviais.

2. Seja $n \in \mathbb{Z}^{\geq 0}$. Então, $n\mathbb{Z} := \{nk \mid k \in Z\}$ é um ideal de $\mathbb{Z}$. Sabemos que esse conjunto é um subgrupo de $(\mathbb{Z}, +)$ e, além disso,

$$\forall m, k \in \mathbb{Z},\ m(nk) = n(mk) \in n\mathbb{Z},$$

portanto $n\mathbb{Z} \trianglelefteq \mathbb{Z}$. De fato, todos os ideais de $\mathbb{Z}$ são dessa forma. Se $I \trianglelefteq \mathbb{Z}$, então, $(I, +)$ é subgrupo do grupo $(\mathbb{Z}, +)$. Então existe $n \in \mathbb{Z}^{\geq 0}$ tal que $I = n\mathbb{Z}$. Pelo que foi demonstrado, $I = n\mathbb{Z} \trianglelefteq \mathbb{Z}$.

3. Sejam $\mathbb{R}[x]$ o anel dos polinômios de uma variável com coeficientes reais e $p \in \mathbb{R}[x]$. Então, $\{fp \mid f \in \mathbb{R}[x]\}$ é um ideal.

4. Sejam R um anel comutativo com unidade e $t \in R$. O ideal gerado por t, denotado por $\langle t \rangle$, é o menor ideal que contém t. É fácil verificar

$$\langle t \rangle = \{rt \mid r \in R\}.$$

Em geral, o ideal gerado por $S \subseteq R$, denotado por $\langle S \rangle$, é o menor ideal que contém S. Se R é comutativo com unidade, então

$$\langle S \rangle = \left\{ \sum_{\text{finito}} rs \mid r \in R, s \in S \right\}.$$

Se $S = \varnothing$, então $\langle S \rangle = \{0\}$. Um ideal I é chamado de finitamente gerado se existe $S \subseteq I$ finito tal que $I = \langle S \rangle$.

5. Sejam $\mathscr{F}(\mathbb{R})$ o anel das funções reais (veja exemplo 9 na página 153) e $c \in \mathbb{R}$. Então, $\{f \in \mathscr{F}(\mathbb{R}) \mid f(c) = 0\} \trianglelefteq \mathscr{F}(\mathbb{R})$.

Definição 229 Sejam R um anel e $I \trianglelefteq R$. Dizemos que I é um ideal principal se existe $a \in R$ tal que $I = \langle a \rangle$. Se todos os ideais de um anel forem principais, diremos que o anel é principal. Se o anel for um domínio, então é chamado de um domínio de ideais principais ou domínio principal.

Exemplo 230 O anel dos inteiros é principal. Outro exemplo importante é dado pelo corolário 279 na página 188.

Na próxima proposição, demonstraremos um critério para saber quando $S \subseteq R$ é um ideal.

Proposição 231 Sejam R um anel comutativo com unidade e $\varnothing \neq S \subseteq R$. Então, $S \trianglelefteq R$, se, e somente se, para todo $s_1, s_2 \in S$ e $r \in R$, $s_1 + rs_2 \in S$.

Prova. Se $S \trianglelefteq R$, então, pela definição de ideal, para todo $s_1, s_2 \in S$ e $r \in R$, $s_1 + rs_2 \in S$. Para a recíproca, tomem $s \in S$ e apliquem a hipótese para $s_1 = s_2 = s$ e $r = -1$. Então,

$$s + (-1)s = 0 \in S.$$

Agora, apliquem a hipótese para $r = -1$. Então, para todo $s_1, s_2 \in S$,

$$s_1 + (-1)s_2 = s_1 - s_2 \in S.$$

Agora, apliquem a hipótese para $s_1 = 0$. Então, para todo $r \in R$ e $s \in S$,

$$0 + rs = rs \in S.$$

Portanto, $S \trianglelefteq R$. □

A partir de dois ideais de um anel R, podemos construir novos ideais. Isso pode ser feito a partir de operações entre conjuntos e de operações definidas no anel. Sejam $I, J \trianglelefteq R$. É fácil verificar que $I \cap J \trianglelefteq R$. Em geral, isso não funciona se considerarmos a união; vejam o exercício 12 na página 163. Na próxima definição, veremos outras construções.

Definição 232 Sejam R um anel e $I, J \trianglelefteq R$.

1. A soma de I e J é definida por $I + J = \{a + b \mid a \in I, b \in J\}$.

2. O produto de I e J é definido por $IJ = \{\sum_{\text{finito}} ab \mid a \in I, b \in J\}$.

Proposição 233 Sejam R um anel e $I, J \trianglelefteq R$. Então, $I + J$ e IJ são ideais de R. Além disso, $I + J$ é o menor ideal de R que contém I e J.

Prova. Claramente, $I + J \neq \varnothing$ e $IJ \neq \varnothing$, pois $0 = 0 + 0 \in I + J$ e $0 = 0 \cdot 0 \in IJ$. Dados $r \in R$ e $a_1 + b_1, a_2 + b_2 \in I + J$,

$$a_1 + b_1 + r \cdot (a_2 + b_2) = \underbrace{a_1 + r \cdot a_2}_{\in I} + \underbrace{b_1 + r \cdot b_2}_{\in J} \in I + J,$$

portanto, pela proposição 231 na página precedente, $I + J \trianglelefteq R$. Para IJ, dados $\sum_{\text{finito}} ab, \sum_{\text{finito}} a'b' \in IJ$,

$$\sum_{\text{finito}} ab + r \sum_{\text{finito}} a'b' = \sum_{\text{finito}} ab + \sum_{\text{finito}} (ra')b'.$$

Como $ra' \in I$, essa soma representa um elemento de IJ, então, novamente pela proposição 231 na página anterior, $IJ \trianglelefteq R$. Para a última afirmação, seja $K \trianglelefteq R$ tal que $I, J \subseteq K$. Dados $a \in I$ e $b \in J$, ambos pertencem a K, portanto $a + b \in K$. Então, todo elemento de $I + J$ pertence a K, ou seja, $I + J \subseteq K$. □

Observações 234

1. A soma e o produto dos ideais podem ser definidos para qualquer família de ideais. No caso de famílias infinitas, os elementos da soma são somas finitas dos elementos dos ideais da família.

2. Claramente, $IJ \subseteq I \cap J \subseteq I, J \subseteq I \cup J \subseteq I + J$. Pela proposição 233 na página anterior, $I + J$ é o ideal gerado por $I \cup J$. Além disso, $I + J = \bigcap_{\substack{I,J \subseteq K \\ K \trianglelefteq R}} K$.

3. O conjunto formado por $ab, a \in I$ e $b \in J$ em geral não é um ideal de R. De fato, IJ é o menor ideal de R que contém todos os elementos da forma $ab, a \in I, b \in J$.

Exemplo 235 Sejam $I = n\mathbb{Z}$ e $J = m\mathbb{Z}$ ideais de $(\mathbb{Z}, +, \cdot)$ e $d = (n, m)$. Então, $I + J = \{nr + ms \mid r, s \in \mathbb{Z}\}$. Escrevam $n = da$ e $m = db$. Então,

$$nr + ms = dar + dbs = d(ar + bs) \in d\mathbb{Z} \Rightarrow I + J \subseteq d\mathbb{Z}.$$

Por outro lado, pelo teorema de Bézout, existem $r, s \in \mathbb{Z}$ tais que

$$d = rn + sm \in n\mathbb{Z} + m\mathbb{Z} = I + J.$$

Portanto, $n\mathbb{Z} + m\mathbb{Z} = (n, m)\mathbb{Z}$. Para determinar o produto IJ,

$$x = \sum nr_i ms_i \in IJ \Rightarrow x = nm \sum r_i s_i \in nm\mathbb{Z},$$

e

$$y \in nm\mathbb{Z} \Rightarrow \exists q \in \mathbb{Z},\ y = nmq = (n \cdot 1)(m \cdot q) \in IJ.$$

Portanto, $n\mathbb{Z} \cdot m\mathbb{Z} = nm\mathbb{Z}$.

Por definição, a multiplicação definida num anel possui poucas propriedades; por exemplo, não há exigência de existência de inversos multiplicativos. Por outro lado, observamos que, em alguns exemplos de anéis, por exemplo no anel dos inteiros, existe a seguinte propriedade:

$$a \cdot b = 0 \Longrightarrow a = 0, \text{ ou, } b = 0.$$

Isso nem sempre acontece. Por exemplo, em $(\mathbb{Z}_4, \oplus, \odot)$,

$$\bar{2} \odot \bar{2} = \bar{0} \text{ mas } \bar{2} \neq \bar{0}.$$

Essa observação nos leva à seguinte definição:

Definição 236 Seja $(R,+,\cdot)$ um anel comutativo. Dizemos que $a \neq 0$ é um divisor de zero se existe $b \neq 0$ tal que $a \cdot b = 0$.

Exemplos 237

1. Seja $n > 1$ um inteiro composto. Então, $(\mathbb{Z}_n, \oplus, \odot)$ possui divisor de zero. Se $n = rs$, onde $r < s < n$, então

$$\bar{0} = \bar{n} = \overline{rs} = \bar{r} \odot \bar{s} \text{ e } \bar{r} \neq \bar{0}, \bar{s} \neq \bar{0}.$$

2. No anel das matrizes sempre há divisor de zero. Por exemplo,

$$\begin{pmatrix} 1 & 0 \\ 0 & 0 \end{pmatrix}, \begin{pmatrix} 0 & 0 \\ 0 & 1 \end{pmatrix} \in \mathrm{M}_2(R), \text{ onde 1 é a unidade de } R.$$

3. O anel $(\mathscr{P}(X), \Delta, \cap), |X| > 1$ possui divisor de zero. Observem que para todo $A \in \mathscr{P}(X)$, $A \cap A^c = \varnothing$, e se $A \neq \varnothing, X$, então $A^c \neq \varnothing$.

Seja R um anel com unidade. Observem que se um elemento possui inverso multiplicativo, então não é divisor de zero. Seja $a \in R$ tal que existe $b \in R, ab = ba = 1$:

$$a \cdot c = 0 \Longrightarrow b \cdot a \cdot c = b \cdot 0 \Longrightarrow 1 \cdot c = 0 \Longrightarrow c = 0.$$

Mas a recíproca não vale. Por exemplo, no anel dos inteiros somente 1 e -1 possuem inverso multiplicativo, mas não há divisor de zero. Essa propriedade define a seguinte classe de anéis:

Definição 238 Um anel comutativo com unidade é chamado de um domínio de integridade ou simplesmente um domínio, se não possui divisor de zero.

Exemplos 239

1. O anel dos inteiros é um domínio.

2. Os anéis dos polinômios com coeficientes inteiros, racionais, reais ou complexos são domínios. Em geral, se R é um domínio, então $R[x]$ também é um domínio.

3. Os anéis $\mathbb{Q}$, $\mathbb{R}$ e $\mathbb{C}$ são domínios.

4. O anel $\mathscr{F}(\mathbb{R})$ não é domínio. Considerem $f, g \in \mathscr{F}(\mathbb{R})$ dadas por

$$f(x) = \begin{cases} 0, & x \geq 0 \\ 1, & x < 0 \end{cases}, \quad g(x) = \begin{cases} 1, & x \geq 0 \\ 0, & x < 0 \end{cases}.$$

Então, $fg = 0$, mas $f \neq 0$ e $g \neq 0$. Portanto, f é divisor de zero.

5. No anel das funções reais contínuas há elementos que não são nem divisores de zero nem invertíveis. Considerem f dada por $f(x) = x - 1$. Se $fg = 0$, então $g(x) = 0$ para todo $x \neq 1$. Mas, pela continuidade de g, isso é impossível. Portanto, f não é invertível e não é divisor de zero. Mas também há funções contínuas que são divisores de zero. Por exemplo,

$$f(x) = \begin{cases} 0, & x < \frac{1}{2} \\ x - \frac{1}{2}, & x \geq \frac{1}{2} \end{cases}, \quad g(x) = f(1 - x) = \begin{cases} x - \frac{1}{2}, & x \leq \frac{1}{2} \\ 0, & x > \frac{1}{2} \end{cases}.$$

Definição 240 Um anel comutativo com unidade é chamado de um corpo se todos os elementos não nulos possuem inverso multiplicativo.

Em outras palavras, um anel $(K, +, \cdot)$ é um corpo se $(K \setminus \{0\}, \cdot)$ é um grupo abeliano. Claramente, todo corpo é um domínio.

Exemplos 241

1. Os conjuntos $\mathbb{Q}$, $\mathbb{R}$ e $\mathbb{C}$, munidos de operações usuais de adição e multiplicação, são corpos.

2. Seja $n \in \mathbb{Z}$ livre de quadrados. Então, o conjunto

$$\mathbb{Q}[\sqrt{n}] := \{a + b\sqrt{n} \mid a, b \in \mathbb{Q}\} \subseteq \mathbb{C},$$

munido de adição e multiplicação usual entre números, é um corpo. É fácil verificar que $(\mathbb{Q}[\sqrt{n}], +)$ é um grupo abeliano. Esse conjunto é fechado quanto à multiplicação:

$$(a + b\sqrt{n})(c + d\sqrt{n}) = ab + bdn + (ad + bc)\sqrt{n} \in \mathbb{Q}[\sqrt{n}].$$

Além disso, $1 = 1 + 0\sqrt{n}$ é a unidade de $(\mathbb{Q}[\sqrt{n}], \cdot)$. O inverso multiplicativo de $a + b\sqrt{n} \neq 0$ é

$$\frac{1}{a + b\sqrt{n}} = \frac{a - b\sqrt{n}}{(a + b\sqrt{n})(a - b\sqrt{n})} = \frac{a - b\sqrt{n}}{a^2 - b^2 n} = \frac{a}{a^2 - b^2 n} + \frac{-b}{a^2 - b^2 n}\sqrt{n}.$$

Observem que, pela hipótese, $a^2 - b^2 n \neq 0$. Portanto, o inverso multiplicativo de $a + b\sqrt{n} \neq 0$ sempre existe e pertence a $\mathbb{Q}[\sqrt{n}]$. Isso completa a verificação de que $(\mathbb{Q}[\sqrt{n}] \setminus \{0\}, \cdot)$ é grupo abeliano. A propriedade de distributividade é satisfeita, pois é satisfeita para todos os números complexos. Então concluímos que $(\mathbb{Q}[\sqrt{n}], +, \cdot)$ é um corpo.

3. Seja p um número primo. Então, $(\mathbb{Z}_p, \oplus, \odot)$ é um corpo.

4. O anel dos polinômios nunca é um corpo. Seja R um anel. Se $R[x]$ é um corpo, então $f \in R[x], f \neq 0$ possui inverso multiplicativo. Em particular, x é inversível. Portanto, existe $g = \sum_{i=0}^{n} a_i x^i \in R[x]$ tal que $xg = 1$. Então, $a_0 x + a_1 x^2 + \cdots + a_n x^{n+1} = 1$. Mas pela igualdade de polinômios isso é impossível. Portanto, x não possui inverso multiplicativo.

Exercícios

1. Mostrem que para todo $m, n \geq 0, m\mathbb{Z} \times n\mathbb{Z} \trianglelefteq \mathbb{Z} \times \mathbb{Z}$.

2. Verifiquem que $S = \{\bar{0}, \bar{3}\} \leqslant \mathbb{Z}_6$ e que $1_S = \bar{3} \neq 1_{\mathbb{Z}_6}$.

3. Sejam R um domínio e $S \leqslant R$ com unidade. Mostrem que $1_S = 1_R$.

4. Seja R um anel e $S_1, S_2 \leqslant R$. Mostrem que

$$S_1 + S_2 := \{a + b \mid a \in S_1, b \in S_2\} \leqslant R.$$

Além disso, se $S_2 \trianglelefteq R$, então $S_1 \cap S_2 \trianglelefteq S_1$.

5. Mostrem que $S = \{M_{ab} \mid a, b \in \mathbb{R}\}$, onde

$$M_{ab} = \begin{pmatrix} a & 0 \\ 0 & b \end{pmatrix}$$

é um subanel comutativo de $\mathrm{M}_2(\mathbb{R})$. É ideal?

6. Mostrem que num anel comutativo com unidade R vale a fórmula de binômio de Newton:

$$\forall a, b \in R, n \in \mathbb{Z}^{\geq 0}, \ (a+b)^n = \sum_{k=0}^{n} \binom{n}{k} a^{n-k} b^k.$$

7. Seja $n \in \mathbb{Z}$ livre de quadrados. Determinem uma condição sobre n para que
$$\mathbb{Z}\left[\frac{1+\sqrt{n}}{2}\right] := \left\{a+b\frac{1+\sqrt{n}}{2} \mid a,b \in \mathbb{Z}\right\}$$
seja subanel de $(\mathbb{Q}[\sqrt{n}],+,\cdot)$.

8. Seja R um anel comutativo com unidade. Uma série formal com coeficientes em R é uma soma formal $\sum_{i=0}^{+\infty} a_i x^i$. Denotem o conjunto de todas as séries formais com coeficientes em R por $R[\![x]\!]$. As operações nesse conjunto são definidas por:
$$\sum_{i=0}^{+\infty} a_i x^i + \sum_{i=0}^{+\infty} b_i x^i = \sum_{i=0}^{+\infty} (a_i + b_i) x^i,$$
$$\left(\sum_{i=0}^{+\infty} a_i x^i\right) \cdot \left(\sum_{i=0}^{+\infty} b_i x^i\right) = \sum_{k=0}^{+\infty} c_k x^k, \; c_k = \sum_{i=0}^{k} a_i b_{k-i}.$$
A ordem de uma série formal é definida por $\operatorname{ord}(\sum_{i=0}^{+\infty} a_i x^i) := \min\{i \mid a_i \neq 0\}$. A ordem de série formal zero é definida como $-\infty$. Mostrem que
   (a) $R[\![x]\!]$, munido dessas operações, é um anel comutativo com unidade.
   (b) $\sum_{i=0}^{+\infty} a_i x^i \in R[\![x]\!]$ é invertível, se, e somente se, $a_0 \in R$ é invertível.
   (c) $\forall f,g \in R[\![x]\!]$, $\operatorname{ord}(fg) \geq \operatorname{ord}(f) + \operatorname{ord}(g)$, e que a igualdade acontece se R é um domínio.
   (d) se $\forall f,g \in R[\![x]\!]$, $\operatorname{ord}(fg) = \operatorname{ord}(f) + \operatorname{ord}(g)$, então R é um domínio.

9. Sejam R um anel e $S \subseteq R$. Mostrem que $\langle S \rangle = \bigcap_{\substack{S \subseteq I \\ I \trianglelefteq R}} I$.

10. Seja R um anel comutativo. Mostrem que o ideal gerado por $t \in R$ é $\{rt + nt \mid r \in R, n \in \mathbb{Z}\}$. Mostrem que, se R possui unidade, então esse ideal coincide com o ideal definido no exemplo 4 na página 157.

11. Sejam R um anel comutativo com unidade, $I \trianglelefteq R$ e $a \in R$. Mostrem que o ideal gerado por $I \cup \{a\}$ é dado por $\langle I, a \rangle = \{i + ra \mid i \in I, r \in R\}$.

12. Sejam R um anel e $I,J,K \trianglelefteq R$.
   (a) Se $I \cup J \trianglelefteq R$, então $I \subseteq J$ ou $J \subseteq I$.
   (b) Mostrem que $I(J+K) = IJ + IK$ e $(I+J)K = IK + JK$.

(c) Se $J \subseteq I$, então $I \cap (J+K) = J + I \cap K$.

(d) Deem um exemplo tal que $IJ \neq I \cap J$.

(e) Se R é comutativo e $I + J = R$, então $IJ = I \cap J$. Vale a recíproca?

13. Sejam R um anel comutativo com unidade e $I \trianglelefteq R$. Definam o radical de I por $\sqrt{I} := \{a \in R \mid \exists n \in \mathbb{Z}^{>0}, a^n \in I\}$.

(a) Mostrem que $I \subseteq \sqrt{I}$ e $\sqrt{I} \trianglelefteq R$.

(b) Seja $m = \prod_{i=1}^{k} p_i^{r_i}$ a fatoração de $m \in \mathbb{Z}$ em termo de fatores primos. Mostrem que $\sqrt{\langle m \rangle} = \langle p_1 \cdots p_k \rangle$.

14. Seja $(R, +, \cdot)$ um anel com unidade. Denotem o conjunto dos elementos invertíveis com respeito à multiplicação por $U(R)$ ou R^*. Mostrem que

(a) $U(\mathbb{Z}) = \{-1, 1\}$.

(b) $(U(R), \cdot)$ é um grupo e se R for abeliano, então $(U(R), \cdot)$ é abeliano.

(c) se $R_1, \ldots, R_n$ são anéis com unidade, então

$$U(R_1 \times \cdots \times R_n) \cong U(R_1) \times \cdots \times U(R_n).$$

15. Seja R um anel. Um elemento $a \in R$ é chamado de nilpotente se existe $n \in \mathbb{Z}^+$ tal que $a^n = 0$. Por exemplo, $\bar{2} \in \mathbb{Z}_4$ é nilpotente, pois $\bar{2}^2 = \bar{2} \cdot \bar{2} = \bar{0}$; $\bar{x} \in \mathbb{Z}[x]/\langle x^3 \rangle$ é nilpotente, pois $\bar{x}^3 = \bar{0}$. O conjunto dos elementos nilpotentes de R é denotado por $\text{nil}(R)$. Seja R comutativo. Mostrem:

(a) se $x \in \text{nil}(R)$, então $x = 0$ ou é um divisor de zero.

(b) se $x \in \text{nil}(R)$, então $1 + x \in U(R)$. Concluam que a soma de um elemento nilpotente e um elemento inversível é inversível.

(c) $\text{nil}(R)) = \sqrt{\langle 0 \rangle} \trianglelefteq R$

(d) $\sum_{i=0}^{n} a_i x^i \in U(R[x])$, se, e somente se, $a_0 \in U(R)$ e $a_1, \ldots, a_n \in \text{nil}(R)$.

(e) $\sum_{i=0}^{n} a_i x^i \in \text{nil}(R[x])$, se, e somente se, $a_0, a_1, \ldots, a_n \in \text{nil}(R)$.

16. Seja X um conjunto e considerem o anel $(\mathscr{P}(X), \Delta, \cap)$. Mostrem que

(a) $A \subseteq X \Rightarrow \mathscr{P}(A) \trianglelefteq \mathscr{P}(X)$.

(b) o ideal gerado por A é $\mathscr{P}(A)$.

(c) se $I \trianglelefteq \mathscr{P}(X)$ e $A \in I$, então $\mathscr{P}(A) \subseteq I$.

(d) se I é um ideal próprio de $\mathscr{P}(X)$ e $A \subseteq X$, então A e A^c não podem ser elementos de I simultaneamente, ou seja, $A \in I \Leftrightarrow A^c \notin I$.

(e) se I é um ideal próprio de $\mathscr{P}(X)$ e $A, B \in I$, então $A \cup B \in I$.

(f) todo ideal finitamente gerado de $\mathscr{P}(X)$ é principal. Em particular se X é finito, então todo ideal é principal.

(g) no caso de X infinito, deem exemplo de um ideal não principal.

(h) determinem todos os ideais maximais quando X é finito.

17. Um anel $(R, +, \cdot)$ é chamado de booliano[4], se $x^2 = x$ para todo $x \in R$. Por exemplo, $(\mathscr{P}(X), \Delta, \cap)$ é um anel booliano (ou booleano). O item (f) do exercício anterior é uma propriedade desses anéis. Mostrem que, num anel booliano,

    (a) $2x = 0$ para todo x, e concluam que todo anel booliano é comutativo.

    (b) todo ideal finitamente gerado é principal.

18. Mostrem que um anel comutativo com unidade é um corpo se, e somente se, não possui ideais próprios não nulos.

3.3 Ideais Primos e Maximais

Seja R um anel comutativo com unidade. Na seção anterior, vimos que, se I é um ideal próprio de R, então R/I também é um anel comutativo com unidade. Agora queremos saber se outras propriedades de R são transferidas ao quociente R/I. Por exemplo, se R é um domínio, então R/I também é? Em geral a resposta é negativa. Por exemplo, o quociente $\mathbb{Z}/4\mathbb{Z}$ não é domínio, pois

$$(2+4\mathbb{Z}) \cdot (2+4\mathbb{Z}) = 4+4\mathbb{Z} = 0+4\mathbb{Z} \quad \text{e} \quad 2+4\mathbb{Z} \neq 0+4\mathbb{Z}.$$

Então, faz sentido perguntarmos quando isso acontece? Por definição, R/I é um domínio se não possui divisor de zero, ou seja,

$$\underbrace{(a+I) \cdot (b+I)}_{ab+I} = 0+I \Longrightarrow a+I = 0+I \quad \text{ou} \quad b+I = 0+I.$$

Isto é,

$$ab \in I \Longrightarrow a \in I \quad \text{ou} \quad b \in I.$$

Dessa forma temos a seguinte definição:

---

[4]Estudados por George Boole, matemático e filósofo inglês, 1815-1864.

Definição 242 Um ideal próprio P de um anel é chamado de primo, se satisfaz a seguinte condição:

$$ab \in P \Longrightarrow a \in P \text{ ou } b \in P.$$

Pelo argumento acima,

Proposição 243 Um ideal próprio P de um anel R é primo, se, e somente se, R/P é um domínio. Em particular, R é um domínio, se, e somente se, o ideal zero é primo.

Exemplos 244

1. Pelo exemplo 2 na página 157, os ideais de $\mathbb{Z}$ são principais, ou seja, dados por $n\mathbb{Z} = \langle n \rangle$ para algum $n \geq 0$. Afirmamos que $n\mathbb{Z}$ é primo, se, e somente se, $n = 0$ ou n é primo. Claramente, $\{0\}$ é um ideal primo, pois $\mathbb{Z}$ é um domínio. Se $n > 0$ é composto, i.e., $n = rs, r < s < n$, então $rs = n \in n\mathbb{Z}$, mas $r, s \notin n\mathbb{Z}$. Portanto,

$$n\mathbb{Z} \text{ é primo} \Longrightarrow n \text{ é primo}.$$

Reciprocamente, seja n primo. Então,

$$ab \in n\mathbb{Z} \Longrightarrow n \mid ab \xrightarrow{n \text{ é primo}} n \mid a \text{ ou } n \mid b \Longrightarrow a \in n\mathbb{Z} \text{ ou } b \in n\mathbb{Z}.$$

Ou seja, $n\mathbb{Z}$ é um ideal primo.

2. O ideal gerado por $x \in \mathbb{Z}[x]$ é primo. Observem que $\langle x \rangle = \{xf \mid f \in \mathbb{Z}[x]\}$. Sejam $g_1 = \sum_{i=0}^{n} a_i x^i$ e $g_2 = \sum_{i=0}^{m} b_i x^i$ tais que $g_1 g_2 \in \langle x \rangle$. Então existe $f = \sum_{i=0}^{k} c_i x^i$ tal que $g_1 g_2 = xf$. Portanto,

$$a_0 b_0 + (a_1 b_0 + a_0 b_1)x + \cdots + a_n b_m x^{n+m} = c_0 x + c_1 x^2 + \cdots + c_k x^{k+1}.$$

Pela igualdade de polinômios, $a_0 b_0 = 0$. Portanto, $a_0 = 0$ ou $b_0 = 0$. No primeiro caso,

$$g_1 = a_1 x + a_2 x^2 + \cdots + a_n x^n = x(a_1 + a_2 x + \cdots + a_n x^{n-1}) \in \langle x \rangle,$$

e, no segundo caso, concluímos $g_2 \in \langle x \rangle$. Portanto, $\langle x \rangle$ é um ideal primo. Observem que nesse argumento estamos usando o fato de que $\mathbb{Z}$ é um domínio. Portanto, se R é um domínio, então $\langle x \rangle \trianglelefteq R[x]$ é primo.

Agora investigaremos quando um quociente R/I é um corpo. Ou seja, quando todo elemento não nulo $a+I \in R/I$ possui inverso multiplicativo. Nesse caso, existe $b+I$ tal que

$$(a+I)(b+I) = 1+I \iff ab+I = 1+I \iff ab-1 \in I \iff \exists i \in I,\ ab-1 = i.$$

Ou, $ab-i = 1$. Observem que $1 = ab-i \in \langle I,a\rangle$, portanto $\langle I,a\rangle = R$. Além disso, $a \notin I$, portanto $I \subsetneq \langle I,a\rangle$. Isso em particular implica que não há nenhum $J \trianglelefteq R$ tal que $I \subsetneq J \subsetneq R$. Então, para que R/I seja um corpo, I deve ser maximal no sentido de inclusão. Isso nos leva à seguinte definição:

Definição 245 Sejam R um anel comutativo com unidade e $I \trianglelefteq R$. Dizemos que I é maximal se

$$J \trianglelefteq R, I \subseteq J \subseteq R \Longrightarrow I = J \text{ ou } J = R.$$

Pelo argumento acima, se R/I é corpo, então I é maximal. Reciprocamente, se I é maximal e $a+I \neq 0+I$, então $a \notin I$, portanto $\langle I,a\rangle = R$. Então, existem $i \in I$ e $b \in R$ tais que

$$i+ba = 1 \Longrightarrow ba-1 = -i \in I \Longrightarrow ba+I = 1+I \Longrightarrow (b+I)(a+I) = 1+I.$$

Portanto, $a+I$ é invertível. Portanto, acabamos de demonstrar a seguinte proposição:

Proposição 246 Sejam R um anel comutativo com unidade e $I \trianglelefteq R$. Então, I é maximal, se, e somente se, R/I é um corpo.

Corolário 247 Num anel comutativo com unidade, todo ideal maximal é primo.

Prova. Seja $I \trianglelefteq R$ maximal. Então,

$$R/I \text{ é corpo} \Longrightarrow R/I \text{ é domínio}.$$

Portanto, pela proposição 243 na página ao lado, I é primo. □

Observem que a recíproca do corolário acima não é válida. Por exemplo, $\langle 0\rangle \trianglelefteq \mathbb{Z}$ é primo, mas não é maximal. De fato, o ideal zero somente num corpo é maximal. Além disso, a hipótese de o anel possuir unidade é necessária. Por exemplo, $2\mathbb{Z}$ é um anel sem unidade, $4\mathbb{Z}$ é um ideal maximal desse anel e não é primo: $2\cdot 2 = 4 \in 4\mathbb{Z}$, mas $2 \notin 4\mathbb{Z}$. Lembrem que o ideal nulo só pode ser maximal num corpo. No caso dos ideais não nulos, temos a seguinte proposição:

Proposição 248 Seja D um domínio principal. Então, todo ideal primo $P \neq \{0\}$ é maximal.

Prova. Sejam $P = \langle t \rangle \subseteq I = \langle s \rangle$. Então, $t = as$ para algum $a \in D$. Portanto,

$$as = t \in P \xrightarrow{P \text{ é primo}} \begin{cases} a \in P \Rightarrow \exists b \in D,\ a = bt \Rightarrow a = bas \Rightarrow 1 = bs \Rightarrow I = D \\ \text{ou} \\ s \in P \Rightarrow I \subseteq P \xRightarrow{P \subseteq I} I = P \end{cases}.$$

Observem que nos argumentos acima utilizamos o fato de que $t \neq 0$, portanto $a, s \neq 0$ e a lei de cancelamento nos domínios. Então, concluímos que P não está contido em nenhum ideal próprio de D, ou seja, é um ideal maximal. □

Já vimos alguns exemplos de ideais maximais e primos. É natural perguntarmos se, em geral, esses ideais existem. Pelo corolário 247 basta verificar a existência de ideais maximais.

Proposição 249 Todo anel com unidade possui pelo menos um ideal maximal.

Prova. Seja R um anel com unidade e considerem

$$\mathscr{I} := \{I \mid I \trianglelefteq R,\ I \neq R\}.$$

Observem que $\mathscr{I} \neq \varnothing$, pois $\{0\} \in \mathscr{I}$. Devemos mostrar que $\mathscr{I}$ possui elemento maximal com respeito à inclusão. Para isso aplicaremos o lema de Kuratowski-Zorn (96 na página 68). Dada uma cadeia de ideais próprios de R

$$I_1 \subseteq I_2 \subseteq \cdots,$$

sua união $\mathfrak{I} := \bigcup_j I_j$ é um ideal próprio de A, pois $1_R \notin I_j$ para todo j; logo, $1_R \notin \mathfrak{I}$. Portanto, concluímos que toda cadeia dos elementos de $\mathscr{I}$ possui elemento maximal. Então, pelo lema de Kuratowski-Zorn, $\mathscr{I}$ possui elemento maximal, ou seja, R possui ideal maximal. □

Observem que a hipótese de o anel possuir unidade é necessário na proposição acima, ou seja, há anéis sem unidade que não possuem ideal maximal; vejam [16].

Exercícios 250

1. Se $I \trianglelefteq R$ possui pelo menos um elemento invertível, então $I = R$.

2. Seja p um número primo. Mostrem que $\langle x, p \rangle \trianglelefteq \mathbb{Z}[x]$ é maximal.

3. Seja p um número primo. Mostrem que $\mathscr{Q}_p = \{\frac{a}{b} \in \mathbb{Q} \mid p \nmid b\}$ é um subanel de $(\mathbb{Q}, +, \cdot)$ e que $\mathfrak{m} = \{\frac{a}{b} \in \mathscr{Q}_p \mid p \mid a\}$ é um ideal maximal de $\mathscr{Q}_p$.

4. Sejam P_1 e P_2 ideais primos e I um ideal tal que $I \subseteq P_1 \cup P_2$. Mostrem que $I \subseteq P_1$ ou $I \subseteq P_2$. Generalizem para um número finito de ideais primos.

5. Sejam I_1, I_2 ideais e P um ideal primo tal que $I_1 \cap I_2 \subseteq P$. Mostrem que $I_1 \subseteq P$ ou $I_2 \subseteq P$. Generalizem para um número finito de ideais.

6. Mostrem que num anel booliano, todo ideal primo é maximal.

7. Mostrem que todo domínio finito é corpo. Concluam que todo ideal primo de um anel finito é maximal.

8. Considerem o anel das funções reais $\mathscr{F}(\mathbb{R})$. Mostrem que

   (a) para todo $a \in \mathbb{R}$, $V_a := \{f \in \mathscr{F}(\mathbb{R}) \mid f(a) = 0\}$ é um ideal maximal de $\mathscr{F}(\mathbb{R})$.

   (b) para todo $a, b \in \mathbb{R}$, $V_{a,b} := \{f \in \mathscr{F}(\mathbb{R}) \mid f(a) = f(b) = 0\} \trianglelefteq \mathscr{F}(\mathbb{R})$. Esse ideal é primo?

3.4 Homomorfismo de Anéis

Nesta seção, estudaremos as aplicações definidas entre anéis que preservam as operações definidas em cada um. A ideia é a mesma que no caso dos grupos. Observem que, no caso dos anéis, há duas operações.

☛ Mesmo que estejamos considerando vários anéis, para facilitar, sempre adotaremos a notação "+" para a adição e "·" para a multiplicação.

Definição 251 Sejam R_1 e R_2 anéis. A aplicação $\phi : R_1 \to R_2$ é um homomorfismo entre anéis, se, para todo $a, b \in R_1$,

$$\phi(a+b) = \phi(a) + \phi(b), \quad \phi(a \cdot b) = \phi(a) \cdot \phi(b).$$

No caso de anéis, igual ao de grupos, usaremos os termos monomorfismo, epimorfismo e isomorfismo para homomorfismo injetivo, sobrejetivo e bijetivo. Se R_1 e R_2 forem isomorfos, então escreveremos $R_1 \cong R_2$. Um homomorfismo $\phi : R_1 \to R_1$ é chamado de endomorfismo, e, nesse caso, um isomorfismo é chamado de automorfismo. O núcleo de um homomorfismo $\phi : R_1 \to R_2$ é

$$\ker\phi := \{a \in R_1 \mid \phi(a) = 0_{R_2}\} = \phi^{-1}(0_{R_2}),$$

onde 0_{R_1}, (resp. 0_{R_2}) são os elementos neutros dos grupos aditivos R_1, (resp. R_2). Observem que, pela primeira condição da definição 251, ϕ é um homomorfismo entre os grupos abelianos R_1 e R_2. Portanto, $0_{R_1} \in \ker\phi$. Além disso,

$$\forall a, b \in \ker\phi, r \in R_1,\ \phi(a + r \cdot b) = \phi(a) + \phi(r) \cdot \phi(b) = 0_{R_2} + \phi(r) \cdot 0_{R_2} = 0_{R_2}.$$

Ou seja, $a + r \cdot b \in \ker\phi$. Portanto, $\ker\phi \trianglelefteq R_1$. Então, acabamos de demonstrar:

Proposição 252 Seja $\phi : R_1 \to R_2$ um homomorfismo entre anéis. Então, seu núcleo $\ker\phi := \{a \in R_1 \mid \phi(a) = 0_{R_2}\} = \phi^{-1}(0_{R_2})$ é um ideal de R_1.

Na próxima proposição, reuniremos as principais propriedades de um homomorfismo entre anéis. Observem que a proposição 252 é caso particular do item 2.

Proposição 253 Seja $\phi : R_1 \to R_2$ um homomorfismo.

1. Para todo $a \in R_1$, $\phi(-a) = -\phi(a)$.

2. ϕ é injetivo, se, e somente se, $\ker\phi = \{0_{R_1}\}$.

3. Se $I \trianglelefteq R_2$, então $\phi^{-1}(I) \trianglelefteq R_1$.

4. Se $I \trianglelefteq R_2$ é primo, então $\phi^{-1}(I) \trianglelefteq R_1$ é primo.

5. Se $S \leqslant R_1$, então $\phi(S) \leqslant R_2$. Em particular, $\text{Im}\phi = \phi(R_1) \leqslant R_2$.

6. Se 1_{R_1} é a unidade de R_1, então $\phi(1_{R_1})$ é unidade de $\phi(R_1)$.

Prova. Todas as afirmações são verificações simples a partir da definição de homomorfismo. Deixaremos a cargo dos leitores. □

Observações 254

1. A proposição 252 segue do item 3 da proposição 253, uma vez que $\{0_{R_2}\} \trianglelefteq R_2$.

2. O item 4 da proposição 253 não vale para ideais maximais. Por exemplo, a aplicação inclusão $\iota : \mathbb{Z} \to \mathbb{Q}$ é um homomorfismo entre anéis e $\{0\} \trianglelefteq \mathbb{Q}$ é maximal, pois $\mathbb{Q}$ é um corpo e não possui outro ideal próprio. Mas $\iota^{-1}(\{0\}) = \{0\}$ está contido em todos os ideais de $\mathbb{Z}$, em particular não é maximal.

3. Pelo item 6, se ϕ é um epimorfismo e R_1 com unidade, então $\phi(1_{R_1})$ é unidade de $\phi(R_1) = R_2$, ou seja, R_2 possui unidade. Como a unidade é única, concluímos $\phi(1_{R_1}) = 1_{R_2}$.

4. Se R_1 e R_2 forem domínios e $\phi \neq 0$, então $\phi(1_{R_1}) = 1_{R_2}$. Seja $a \in R_1$ tal que $\phi(a) \neq 0$. Então,
$$\phi(a) = \phi(a \cdot 1_{R_1}) = \phi(a) \cdot \phi(1_{R_1}) \Rightarrow \phi(a) - \phi(a) \cdot \phi(1_{R_1}) = 0_{R_2}$$
$$\Rightarrow \phi(a) \cdot (1_{R_2} - \phi(1_{R_1})) = 0_{R_2} \xRightarrow{\phi(a) \neq 0} 1_{R_2} - \phi(1_{R_1}) = 0_{R_2}.$$
Logo, $\phi(R_1) = R_2$.

5. A imagem direta de um ideal em geral não é um ideal. Por exemplo, a aplicação inclusão $\iota : \mathbb{Z} \to \mathbb{Z}[x]$ é um homomorfismo entre anéis e $\langle 2 \rangle \trianglelefteq \mathbb{Z}$, mas $\iota(\langle 2 \rangle) = \langle 2 \rangle$ não é um ideal de $\mathbb{Z}[x]$:
$$2 \in \langle 2 \rangle,\ x \in \mathbb{Z}[x],\ x \cdot 2 \notin \langle 2 \rangle.$$

Exemplos 255 Sejam R_1 e R_2 anéis.

1. A aplicação nula $f : R_1 \to R_2, f(a) = 0$ é um homomorfismo entre anéis.

2. Considerem o anel $R_1 \times R_2$ munido de operações definidas no exemplo 10 na página 153. As inclusões
$$\begin{cases} \iota_1 & : & R_1 & \longrightarrow & R_1 \times R_2 \\ & & a & \longmapsto & (a, 0_{R_2}) \end{cases}, \quad \begin{cases} \iota_2 & : & R_2 & \longrightarrow & R_1 \times R_2 \\ & & b & \longmapsto & (0_{R_1}, b) \end{cases}$$
são monomorfismos, e as projeções
$$\begin{cases} \pi_1 & : & R_1 \times R_2 & \longrightarrow & R_1 \\ & & (a,b) & \longmapsto & a \end{cases}, \quad \begin{cases} \pi_2 & : & R_1 \times R_2 & \longrightarrow & R_2 \\ & & (a,b) & \longmapsto & b \end{cases}$$
são epimorfismos entre anéis. Além disso,
$$\ker \pi_1 = \{(a,b) \mid \pi_1(a,b) = 0_{R_1}\} = \{(a,b) \mid a = 0_{R_1}\} = \{0_{R_1}\} \times R_2,$$
e, de forma análoga, $\ker \pi_2 = R_1 \times \{0_{R_2}\}$.

3. Sejam R um anel e $I \trianglelefteq R$. A aplicação natural

$$\begin{cases} \pi & : & R & \longrightarrow & R/I \\ & & a & \longmapsto & \bar{a} := a + I \end{cases}$$

é um epimorfismo entre anéis.

4. A aplicação $\mathbb{C} \to \mathbb{C}$ dada por $z \mapsto \bar{z}$ é um automorfismo de $\mathbb{C}$.

5. Seja $\phi : \mathbb{Z} \to \mathbb{Z}$ um homomorfismo de anéis. Em particular ϕ é um endomorfismo do grupos abeliano $(\mathbb{Z}, +)$. Portanto, pelo exercício 7 na página 101, existe $k \in \mathbb{Z}$ tal que $\phi(n) = kn$ para todo $n \in \mathbb{Z}$. Além disso,

$$\forall m, n \in \mathbb{Z},\ \phi(mn) = \phi(m)\phi(n) \Rightarrow kmn = km \cdot kn \Rightarrow kmn = k^2 mn \Rightarrow k = k^2.$$

Então, $k = 0$ ou $k = 1$. Ou seja, há apenas dois endomorfismos de $(\mathbb{Z}, +, \cdot)$: $\phi_1 = 0$ e $\phi_2 = \mathrm{id}_{\mathbb{Z}}$.

Seja R um anel com unidade. Dado $n \in \mathbb{Z}$, definam $n \cdot 1_R$ conforme a definição 114 na página 91. A aplicação

$$\begin{cases} \psi & : & \mathbb{Z} & \longrightarrow & R \\ & & n & \longmapsto & n \cdot 1_R \end{cases}$$

é um homomorfismo entre anéis. Sabemos que $\ker \psi \trianglelefteq \mathbb{Z}$. Então, pelo exemplo 2 na página 157, existe $m \in \mathbb{Z}^{\geq 0}$ tal que $\ker \psi = \langle m \rangle$.

Definição 256 Seja R um anel com unidade. A característica de R, denotada por char R, é o menor $m \in \mathbb{Z}^{\geq 0}$ tal que $m \cdot 1_R = 0_R$. De fato, char R é a ordem de 1_R no grupo aditivo $(R, +)$.

Exemplos 257

1. $\operatorname{char} \mathbb{Z}_n = n$.

2. $\operatorname{char} \mathbb{Z} = \operatorname{char} \mathbb{R} = \operatorname{char} \mathbb{C} = 0$.

Proposição 258 Seja D um domínio. Então, char $D = 0$ ou é um número primo.

Prova. Seja $\operatorname{char} D = m > 0$. Se m for composto, então $m = rs$, onde $r, s < m$. Pela distributividade,

$$0 = m \cdot 1_R = (r \cdot s) \cdot 1_r = (r \cdot 1_R) \cdot (s \cdot 1_R).$$

Como D é um domínio, $r \cdot 1_R = 0_R$ ou $s \cdot 1_R = 0_R$, impossíveis pela minimalidade de m. Portanto, m deve ser primo. □

Exercícios 259

1. Sejam $\phi : R_1 \to R_2$ um epimorfismo entre anéis e $I \trianglelefteq R_1$. Mostrem que $\phi(I) \trianglelefteq R_2$.

2. Considerem $S \leqslant M_2(\mathbb{R})$ do exercício 5 na página 162. Mostrem que não há nenhum homomorfismo de anéis $S \to \mathbb{C}$.

3.5 Teoremas de Isomorfismo

Nesta seção, estudaremos os teoremas de isomorfismo entre anéis. Os enunciados a as demonstrações são similares aos que estudamos no caso de grupos.

☛ Durante esta seção, R_1 e R_2 são anéis comutativos com unidades, e, para facilitar, sempre adotaremos a notação "$+$" para a adição e "$\cdot$" para a multiplicação.

Teorema 260 (de isomorfismo) Seja $\phi : R_1 \to R_2$ um homomorfismo entre anéis. Então,

$$R_1/\ker\phi \cong \mathrm{Im}\phi.$$

Prova. Definam

$$\begin{cases} \tilde{\phi} & : & R/\ker\phi & \longrightarrow & \mathrm{Im}\phi \\ & & a+\ker\phi & \longmapsto & \phi(a) \end{cases}.$$

Primeiramente, verifiquem que $\tilde{\phi}$ está bem definida:

$$a+\ker\phi = b+\ker\phi \Leftrightarrow a-b \in \ker\phi \Leftrightarrow \phi(a-b)=0 \Leftrightarrow \phi(a)-\phi(b)=0$$

$$\Leftrightarrow \phi(a)=\phi(b) \Leftrightarrow \tilde{\phi}(a+\ker\phi)=\tilde{\phi}(b+\ker\phi).$$

Observem que, ao mesmo tempo, provamos que $\tilde{\phi}$ é injetiva. Claramente, $\tilde{\phi}$ é sobrejetiva também. Além disso, para todo $a,b \in R_1$,

$$\begin{aligned} \tilde{\phi}((a+\ker\phi)+(b+\ker\phi)) &= \tilde{\phi}(a+b+\ker\phi)=\phi(a+b)=\phi(a)+\phi(b) \\ &= \tilde{\phi}(a+\ker\phi)+\tilde{\phi}(b+\ker\phi), \end{aligned}$$

e

$$\begin{aligned} \tilde{\phi}((a+\ker\phi)(b+\ker\phi)) &= \tilde{\phi}(ab+\ker\phi)=\phi(ab)=\phi(a)\phi(b) \\ &= \tilde{\phi}(a+\ker\phi)\tilde{\phi}(b+\ker\phi). \end{aligned}$$

Ou seja, $\tilde{\phi}$ é um homomorfismo bijetor entre anéis. Portanto, $R_1/\ker\phi \cong \mathrm{Im}\phi$. □

Exemplos 261

1. Seja F um corpo. Pela proposição 258 na página 172, char $F = 0$ ou é um número primo. No primeiro caso, a aplicação $\mathbb{Z} \to F$ dada por $n \mapsto n \cdot 1$ é um monomorfismo. Essa aplicação pode ser estendida a $\mathbb{Q}$ da seguinte forma:

$$\begin{cases} \alpha \ : \ \mathbb{Q} & \longrightarrow \quad F \\ \quad \frac{m}{n} & \longmapsto \quad (m \cdot 1) \cdot (n \cdot 1)^{-1} \end{cases}.$$

   É fácil verificar que essa aplicação é um monomorfismo entre corpos, portanto $\mathbb{Q} \cong \mathrm{Im}(\alpha) \leqslant F$, ou seja, F possui uma cópia de $\mathbb{Q}$. De foma análoga, no caso em que char $F = p$, onde p é um número primo, concluímos que F possui uma cópia de $\mathbb{Z}_p$.

2. Sejam R um anel e $R[x]$ o anel dos polinômios com coeficientes em R. Se $r \in R$, então a aplicação

$$\begin{cases} \phi_r \ : \ R[x] & \longrightarrow \quad R \\ \quad \sum_{i=0}^{n} a_i x^i & \longmapsto \quad \sum_{i=0}^{n} a_i r^i \end{cases}$$

   é um homomorfismo entre anéis e é chamada de homomorfismo de avaliação em r. Claramente, ϕ_r é sobrejetivo, pois, para todo $s \in R$, $\phi_r(s) = s$. Seu núcleo é

$$\ker \phi_r = \{p \in R[x] \mid p(r) = 0\}.$$

   Por exemplo, se $r = 0$, então

$$p = \sum_{i=0}^{n} a_i x^i \in \ker \phi_0 \Leftrightarrow p(0) = a_0 = 0 \Leftrightarrow p = x(\sum_{i=1}^{n} a_i x^{i-1}) \Rightarrow p \in \langle x \rangle.$$

   Claramente, se $p \in \langle x \rangle$, então $p(0) = 0$. Portanto, $\ker \phi_0 = \langle x \rangle$. Logo, pelo teorema 260 na página anterior, $R[x]/\langle x \rangle \cong R$. Em geral, $R[x]/\langle x - r \rangle \cong R$, se R é comutativo com unidade; vejam exercício 4 na página 178.

3. Seja $n > 1$ um inteiro. A aplicação $\mathbb{Z} \to \mathbb{Z}_n$ dada por $r \mapsto \bar{r}$ é um epimorfismo de anéis e seu núcleo é $n\mathbb{Z}$. Portanto, $\mathbb{Z}/n\mathbb{Z} \cong \mathbb{Z}_n$ como anéis.

4. Sejam V um $\mathbb{C}$-espaço vetorial de dimensão n e $\mathscr{B}$ uma base para V. Lembrem que toda transformação linear $T : V \to V$ possui uma representação matricial por uma matriz $[T]_{\mathscr{B}} \in \mathrm{M}_n(\mathbb{C})$. A aplicação $T \mapsto [T]_{\mathscr{B}}$ é um isomorfismo entre os anéis $(\mathrm{End}(V), +, \circ)$ e $(\mathrm{M}_n(\mathbb{C}), +, \cdot)$.

Os próximos dois corolários são consequências do teorema 260 e, às vezes, são chamados de segundo e de terceiro teorema de isomorfismo.

Corolário 262 Sejam R um anel, A um subanel e B um ideal de R. Então,

$$(A+B)/B \cong A/A\cap B.$$

Prova. Lembrem que, pelo exercício 4 na página 162, $A+B \leqslant R$ e $A\cap B \trianglelefteq A$. Definam

$$\begin{cases} A & \longrightarrow & (A+B)/B \\ a & \longmapsto & a+B \end{cases}.$$

Essa aplicação é um epimorfismo de anéis e seu núcleo é

$$\{a\in A \mid a+B=B\} = \{a\in A \mid a\in B\} = A\cap B;$$

portanto, pelo teorema de isomorfismo, $A/A\cap B \cong (A+B)/B$. □

Proposição 263 Sejam I e J ideais de R e $I\subseteq J$. Então, $J/I \trianglelefteq R/I$ e

$$(R/I)/(J/I) \cong R/J.$$

Prova. A primeira afirmação é óbvia. Pela inclusão $I\subseteq J$, a aplicação

$$\begin{cases} R/I & \longrightarrow & R/J \\ a+I & \longmapsto & a+J \end{cases}$$

está bem definida e é um epimorfismo de anéis. Seu núcleo é

$$\{a+I \mid a+J=J\} = \{a+I \mid a\in J\} = J/I.$$

Portanto, pelo teorema de isomorfismo, $(R/I)/(J/I) \cong R/J$. □

O próximo teorema é similar ao teorema 164 na página 112 e é conhecido como quarto teorema de isomorfismo.

Teorema 264 Sejam R um anel e $I \trianglelefteq R$. Os subanéis de R/I são da forma S/I, onde $S\leqslant R$ e $I\subseteq S$. Em particular, os ideais de R/I são da forma J/I, onde $J\trianglelefteq R$ e $I\subseteq J$. Além disso, as correspondências $S\leftrightarrow S/I$ e $J\leftrightarrow J/I$ preservam a inclusão.

Prova. É fácil verificar que, se $I\subseteq S\leqslant R$, então $S/I\leqslant R/I$. Reciprocamente, seja $X\leqslant R/I$ e considerem $Y := \{a\in R \mid a+I\in X\}$. Observem que $I\subseteq Y$, pois

$$a\in I \Rightarrow a+I=I=0_X \Rightarrow a\in Y.$$

A verificação de $Y \leqslant R$ é imediata. No caso dos ideais, a demonstração é análoga. Para a última afirmação, se $S_1 \subseteq S_2$ são subanéis, claramente $S_1/I \subseteq S_2/I$. Reciprocamente, se $S_1/I \subseteq S_2/I$, então

$$x \in S_1 \Rightarrow x+I \in S_1/I \subseteq S_2/I \Rightarrow \exists y \in S_2,\ x+I = y+I \Rightarrow x-y \in I$$

$$\xRightarrow{I \subseteq S_1 \subseteq S_2} x-y \in S_2 \xRightarrow{y \in \subseteq S_2} x \in S_2.$$

Portanto, $S_1 \subseteq S_2$. No caso dos ideais, a verificação é igual. □

Sejam R um anel e $I, J \trianglelefteq R$. Considerem o homomorfismo natural

$$\begin{cases} \varphi & : & R & \longrightarrow & R/I \times R/J \\ & & r & \longmapsto & (\bar{r}, \bar{r}) \end{cases}.$$

Claramente, $\ker\varphi = I \cap J$. Agora queremos saber se essa aplicação pode ser sobrejetiva. Para isso, dado $(\bar{a}, \bar{b}) \in R/I \times R/J$, queremos saber se há $r \in R$ tal que $\varphi(r) = (\bar{a}, \bar{b})$. Ou seja,

$$(\bar{r}, \bar{r}) = (\bar{a}, \bar{b}) \Leftrightarrow r-a \in I, r-b \in J.$$

Então, $a-b \in I+J$. Uma condição suficiente para isso é que $I+J = R$. Verificaremos que essa condição é suficiente para a sobrejetividade de φ. Se $I+J = R$, então, dados $a, b \in R$, existem $i, i' \in I$ e $j, j' \in J$ tais que

$$a = i+j,\ b = i'+j' \Rightarrow a+I = j+I,\ b+J = i'+J.$$

Tomem $r = i'+j$, então

$$\varphi(r) = \varphi(i'+j) = (i'+j+I, i'+j+J) = (j+I, i'+J) = (a+I, b+J).$$

Então, no caso em que $I+J = R$, pelo teorema de isomorfismo, $R/I \cap J \cong R/I \times R/J$. Além disso, se $I+J = R$ e R tiver unidade, então existem $x \in I$ e $y \in J$ tais que $1 = x+y$. Nesse caso, se $a \in I \cap J$, então

$$a = a \cdot 1 = a(x+y) = ax+ay \in IJ.$$

Em geral, $IJ \subseteq I \cap J$; logo, $IJ = I \cap J$ quando $I+J = R$. Portanto, acabamos de mostrar o seguinte resultado, conhecido por teorema de resto Chinês:

Proposição 265 Sejam R um anel e $I, J \trianglelefteq R$. Então, a aplicação natural

$$\begin{cases} \varphi & : & R & \longrightarrow & R/I \times R/J \\ & & r & \longmapsto & (\bar{r}, \bar{r}) \end{cases}$$

é um homomorfismo de anéis cujo núcleo é $I \cap J$. Se $I+J = R$, então φ é sobrejetivo. Além disso, se R tiver unidade, então $IJ = I \cap J$; logo,

$$R/IJ \cong R/I \times R/J.$$

Definição 266 Dois ideais I e J de um anel R são chamados de coprimos ou comaximais se $I+J=R$.

Observem que dois ideais maximais e distintos são comaximais, mas ideais comaximais não são necessariamente maximais. Por exemplo, pelo teorema de Bézout, se $m,n \in \mathbb{Z}$ são relativamente primos, então $\mathbb{Z} = \langle n \rangle + \langle m \rangle$.

O caso mais geral da proposição 265 para anéis com comutativos com unidade, para qualquer número finito de ideais, é demonstrado por indução.

Teorema 267 (de Resto Chinês) Sejam R um anel comutativo com unidade e $I_1, \ldots, I_k \trianglelefteq R$. Então, a aplicação natural

$$\begin{cases} R & \longrightarrow & R/I_1 \times \cdots \times R/I_k \\ r & \longmapsto & (\bar{r}, \ldots, \bar{r}) \end{cases}$$

é um homomorfismo de anéis cujo núcleo é $\bigcap_{j=1}^{k} I_j$. Se esses ideais forem dois a dois comaximais, então o homomorfismo acima é sobrejetivo e $\prod_{j=1}^{k} I_j = \bigcap_{j=1}^{k} I_j$; consequentemente,

$$R/\prod_{j=1}^{k} I_j \cong \prod_{j=1}^{k} R/I_j.$$

Prova. Se $k=1$, então não há nada a provar. O caso $k=2$ foi provado na proposição 265. Sejam $k>2$ e $I_1, \ldots, I_k$ ideais dois a dois comaximais. É fácil provar que I_1 e $I_2 \cdots I_k$ são comaximais. Portanto, pela proposição 265 e pela hipótese da indução,

$$\frac{R}{\prod_{j=1}^{k} I_j} = \frac{R}{I_1(\prod_{j=2}^{k} I_j)} \cong \frac{R}{I_1} \times \frac{R}{\prod_{j=2}^{k} I_j} \cong \frac{R}{I_1} \times \prod_{j=2}^{k} \frac{R}{I_j} = \prod_{j=1}^{k} \frac{R}{I_j}.$$

□

Exercícios

1. Sejam R e S anéis com unidade e $f : R \to S$ um homomorfismo de anéis.

    (a) Mostrem que f induz um homomorfismo $U(R) \to U(S)$ entre grupos multiplicativo. Em particular, se $R \cong S$, então $U(R) \cong U(S)$.

(b) Pelo teorema de resto Chinês e pelo exercício 14 na página 164, obtenham a fórmula para calcular $\phi(n)$ a partir de sua fatoração em primos.

2. Seja X um conjunto finito. Determinem os endomorfismos de $(\mathscr{P}(X),\Delta,\cap)$. Concluam que o grupo dos automorfismos de $(\mathscr{P}(X),\Delta)$ é isomorfo a $(S_X,\circ)$. (Vejam exercício 6 na página 96)

3. Seja $n \geq 0$ um inteiro. Mostrem que $\mathbb{Z}[x]/\langle n,x\rangle \cong \mathbb{Z}_n$ e $\mathbb{Z}[x]/\langle n\rangle \cong \mathbb{Z}_n[x]$. Concluam que, se n é primo, então $\langle n\rangle$ é um ideal primo, e $\langle n,x\rangle$ é maximal.

4. Verifiquem a última afirmação do exemplo 2 na página 174. Deem um exemplo para mostrar que a condição de R ser comutativo com unidade é necessária.

5. Seja $\mathscr{C}([a,b])$ o conjunto de todas as funções contínuas $f:[a,b]\to\mathbb{R}$. Esse conjunto, munido de adição e multiplicação entre funções, é um anel comutativo com unidade. Mostrem que

   (a) para todo $c\in\mathbb{R}, \mathscr{M}_c := \{f\in\mathscr{C}([a,b]) \mid f(c)=0\}$ é um ideal maximal de $\mathscr{C}([a,b])$.

   (b) todo ideal maximal é da forma $\mathscr{M}_c$ para algum $c\in\mathbb{R}$.

   (c) $\mathscr{M}_c$ não é finitamente gerado.

   (d) todas as afirmações acima valem se trocarmos $\mathbb{R}$ por $\mathbb{C}$.

6. Neste exercício, mostraremos que todo anel pode ser visto como um ideal de um anel com unidade. Seja $(R,+,\cdot)$ um anel e em $R\times\mathbb{Z}$, definam as seguintes operações:

$$(r,n) \boldsymbol{+} (s,m) := (r+s,n+m),$$
$$(r,n)\bullet(s,m) := (rs+mr+ns,mn).$$

   Mostrem que

   (a) $(R\times\mathbb{Z},\boldsymbol{+},\bullet)$ é um anel com unidade.

   (b) $\mathscr{I} := \{(r,0) \mid r\in R\} \trianglelefteq R\times\mathbb{Z}$

   (c) Mostrem que $\psi: R\to R\times\mathbb{Z}$ dada por $r\mapsto(r,0)$ é um monomorfismo de anéis. Concluam $R\cong \mathrm{Im}\psi = \mathscr{I}$. Portanto, R pode ser visto como um ideal de $R\times\mathbb{Z}$.

7. Sejam R um anel comutativo com unidade e $I_1,\dots,I_k \trianglelefteq R$ dois a dois comaximais. Mostrem que $\prod_{j=1}^k I_j = \bigcap_{j=1}^k I_j$.

8. Mostrem que $\mathbb{R}[x]/\langle x^2+1\rangle \cong \mathbb{C}$.

9. Deduzam o critério da existência de solução para um sistema de equações de congruência a partir do teorema 267.

3.6 Corpo e Anel de Frações

Lembrem da construção do conjunto dos números racionais a partir dos inteiros no exercício 16 na página 82. O objetivo desta seção é aplicar a mesma ideia para construir um corpo a partir de um domínio. Apenas explicaremos a ideia da construção. Todos os detalhes e verificações são parecidos, como o caso dos números racionais, e deixados como exercícios.

Sejam $(D,+,\cdot)$ um domínio, "0" o elemento neutro de $(D,+)$ e "1" o elemento neutro de $(D\setminus\{0\},\cdot)$. Em $D\times(D\setminus\{0\})$, definam a seguinte relação:

$$(a,b)\sim(c,d) \Longleftrightarrow ad=bc.$$

É fácil verificar que essa relação é de equivalência. Denotem a classe de equivalência de (a,b) por $\frac{a}{b}$ e o conjunto dessas classes por $cf(D)$. Em $cf(D)$, definam

$$\frac{a}{b}+\frac{c}{d} := \frac{ad+bc}{bd},$$
$$\frac{a}{b}\cdot\frac{c}{d} := \frac{ac}{bd}.$$

Primeiramente, devemos verificar que essas operações estão bem definidas. A próxima etapa é mostrar que $(cf(D),+,\cdot)$ é um corpo. Os elementos neutros com respeito à adição e à multiplicação são $\frac{0}{1}$ e $\frac{1}{1}$. Esse corpo é chamado de corpo de frações de D. Além disso, a aplicação

$$\begin{cases} \iota \ : \ D & \longrightarrow & cf(D) \\ \quad\ a & \longmapsto & \frac{a}{1} \end{cases}$$

é um monomorfismo de anéis, portanto $D\cong\iota(D)\leqslant cf(D)$. Em particular, D pode ser visto como um subanel de $cf(D)$. Além disso, todo $d\in D\setminus\{0\}$ possui inverso em $cf(D)$: $\frac{d}{1}\cdot\frac{1}{d}=\frac{1}{1}$. Essa propriedade implica que $cf(D)$ é o "menor"corpo tal que $D\hookrightarrow cf(D)$ no seguinte sentido: Sejam K um corpo e $f:D\to K$ um monomorfismo de anéis. Definam

$$\begin{cases} \bar{\iota} \ : \ cf(D) & \longrightarrow & K \\ \quad\ \frac{a}{b} & \longmapsto & f(a)(f(b))^{-1}. \end{cases}$$

Observem que $\bar{\iota}$ está bem definida, é um homomorfismo entre corpos e

$$\bar{\iota}(\iota(a)) = \bar{\iota}(\frac{a}{1}) = f(a)(f(1))^{-1} = f(a),$$

ou seja, $\bar{\iota} \circ \iota = f$. Portanto, o seguinte digrama é comutativo:

$$\begin{array}{ccc} D & \overset{\iota}{\hookrightarrow} & cf(D) \\ & \overset{f}{\searrow} & \downarrow \bar{\iota} \\ & & K \end{array}$$

A construção acima pode ser generalizada da seguinte forma: Seja R um anel comutativo não necessariamente com unidade e $S \subseteq R$ fechado quanto à multiplicação tal que $0 \notin S$. Um conjunto S com essas propriedades é chamado de multiplicativamente fechado. Em $R \times S$, definam a seguinte relação:

$$(r,s) \sim (r',s') \Longleftrightarrow \exists t \in S,\ t(rs' - r's) = 0. \tag{3.1}$$

Essa relação é de equivalência. Denotem a classe de (r,s) por $\frac{r}{s}$. Observem que

$$\forall r \in R,\ t,t' \in S,\ \frac{0}{t} = \frac{0}{t'},\ \frac{t}{t} = \frac{t'}{t'} \text{ e } \frac{rt}{t} = \frac{rt'}{t'}.$$

No conjunto quociente, denotado por R_S ou $S^{-1}R$, definam

$$\frac{r}{s} + \frac{r'}{s'} = \frac{rs' + r's}{ss'},$$
$$\frac{r}{s} \cdot \frac{r'}{s'} = \frac{rr'}{ss'}.$$

Essas operações estão bem definidas, e R_S, munido dessas operações, é um anel comutativo com unidade: o elemento neutro da adição é $\frac{0}{t}$ e a unidade é $\frac{t}{t}$, onde $t \in S$. Esse anel é chamado de anel de frações de R associado a S ou localização de R em S. A aplicação

$$\begin{cases} \alpha : R \longrightarrow R_S \\ \quad\ \ r \longmapsto \frac{rt}{t} \end{cases},$$

onde $t \in S$ é um homomorfismo de anéis. Observem que α não depende da escolha de $t \in S$, pois para todo $t,t' \in S$, $\frac{rt}{t} = \frac{rt'}{t'}$. O núcleo de α é

$$\left\{r \in R \mid \frac{rt}{t} = \frac{0}{t}\right\} = \{r \in R \mid \exists s \in S,\ rt^2 s = 0\} = \{r \in R \mid \exists v \in S,\ rv = 0\}.$$

Se R for um domínio, então $\ker\alpha = \{0\}$, ou seja, α é injetivo. Se $s \in S$, então $\frac{st}{t} \cdot \frac{t}{st} = \frac{st^2}{st^2} = 1_{R_S}$, i.e., os elementos de $\alpha(S)$ são invertíveis em R_S. Além disso, se T é um anel comutativo com unidade e $\beta : R \rightarrow T$ um homomorfismo de anéis tal que para todo $s \in S, \beta(s)$ é invertível em T, então definam

$$\begin{cases} \gamma \ : \ R_S & \longrightarrow & T \\ \quad\ \ \frac{r}{s} & \longmapsto & \beta(r)(\beta(s))^{-1} \end{cases}.$$

Portanto,

$$\forall r \in R,\ \gamma(\alpha(r)) = \gamma(\frac{rt}{t}) = \beta(rt)(\beta(t))^{-1} = \beta(r)\beta(t)(\beta(t))^{-1} = \beta(r),$$

ou seja, $\gamma \circ \alpha = \beta$. Isto é, o digrama

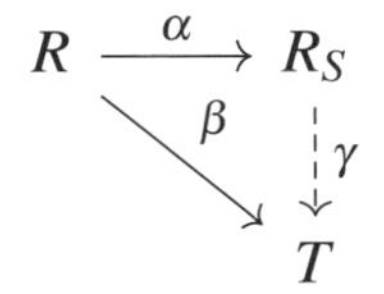

é comutativo. Então, acabamos de provar o seguinte teorema:

Teorema 268 Sejam R um anel comutativo e $S \subseteq R$ multiplicativamente fechado. Então existem um anel comutativo com unidade, R_S, e um homomorfismo de anéis $\alpha : R \rightarrow R_S$ tais que para todo $s \in S, \alpha(s)$ é invertível em R_S e que satisfazem a seguinte propriedade universal: para todo homomorfismo de anéis $\beta : R \rightarrow T$, onde T é um anel comutativo com unidade e $\beta(s)$ é invertível para todo $s \in S$ existe um único homomorfismo de anéis $\gamma : R_S \rightarrow T$ tal que $\gamma \circ \alpha = \beta$.

Observações 269

1. A condição $0 \notin S$ implica que S não possui divisores de zero.

2. Os casos mais frequentes para conjuntos multiplicativamente fechados são:

    - Se R é um domínio, então $R \setminus \{0\}$ é multiplicativamente fechado e R_S é o corpo das frações de R.
    - Se P é um ideal primo de R, então $R \setminus P$ é multiplicativamente fechado e o anel de frações associado a $R \setminus P$ é denotado por R_P.

- Se $t \in R$ tal que $t^n \neq 0$ para todo inteiro positivo n, então $S = \{t^n \mid n \in \mathbb{Z}^+\}$ é multiplicativamente fechado. Nesse caso, o anel das frações associado é denotado por R_t. Se R for com unidade, podemos incluir $n = 0$ na definição de S.

3. A propriedade universal determina unicamente o anel R_S.

4. Se $0 \in S$, então R_S é o anel zero. Pois, na definição da relação de equivalência em 3.1 na página 180, podemos tomar $t = 0$ e assim para todo $(r,s) \in R \times S, (r,s) \sim (0,s)$. Por isso, para evitar casos triviais na construção acima, suponhamos $0 \notin S$.

Exercícios

1. Verifiquem todas as afirmações na seção 3.6.

2. Mostrem que os ideais (primos) próprios de R_S são da forma $\langle \alpha(I) \rangle$, onde $I \trianglelefteq R$ (primo) tal que $I \cap S = \varnothing$.

3.7 Anel dos Polinômios

Nesta seção, estudaremos o anel dos polinômios. Dividiremos a seção em duas partes. Inicialmente, estudaremos o anel dos polinômios em uma variável e, em seguida, o caso de várias variáveis.

3.7.1 Anel dos Polinômios em Uma Variável

Sejam $(R,+,\cdot)$ um anel comutativo com unidade, "0" o elemento neutro de $(R,+)$ e 1 sua unidade. Uma sequência finita em R é uma sequência $(a_n)_{n \geq 0}$ tal que existe $k \geq 0$ tal que $a_m = 0$ para todo $m \geq k$. Considerem o conjunto de todas as sequências finitas em R. Denotem esse conjunto por $F[R]$. Em $F[R]$, definam:

$$(a_n) + (b_n) = (a_n + b_n),$$
$$(a_n) \cdot (b_n) = (c_n),\ c_n = \sum_{i=0}^{n} a_i b_{n-i}.$$

Observem que, se $a_m = 0$ para todo $n \geq k$ e $b_m = 0$ para todo $m \geq l$, então $a_m + b_m = 0$ para todo $m \geq \max\{k,l\}$. Ou seja, $(a_n) + (b_n) \in F[R]$. Além disso, $c_n = 0$ para todo $n \geq k + l$; logo, $(a_n) \cdot (b_n) \in F[R]$. Portanto, "+"

e "$\cdot$" definem duas operações em $F[R]$. É fácil verificar que $(F[R],+,\cdot)$ é um anel comutativo com unidade. O elemento neutro de $(F[R],+)$ é a sequência nula, i.e, $(e_n)_{n\geq 0}$, onde $e_n = 0$ para todo $n \geq 0$. A unidade é a sequência $\mathbf{u} := (u_n)_{n\geq 0}$, onde $u_0 = 1$ e os demais termos são nulos, i.e., $\mathbf{u} = (1,0,0,0,\ldots)$.

Dado $r \in R$, considerem a sequência $(r,0,0,\ldots) \in F[R]$, ou seja, o primeiro termo é r e os demais são nulos. Dessa forma, temos a aplicação

$$\begin{cases} \mathrm{i}: & R & \longrightarrow & F[R] \\ & r & \longmapsto & (r,0,0,\ldots) \end{cases}$$

que é, de fato, um monomorfismo de anéis. Pelo teorema de isomorfismo, R pode ser visto como um subanel de $F[R]$. Observem

$$(r,0,0,\ldots)\cdot(a_0,a_1,a_2,\ldots) = (ra_0,ra_1,ra_2,\ldots).$$

Definam a sequência $x := (x_n)$ por $x_1 = 1$ e $x_n = 0$ para todo $n \neq 1$, ou seja, $x = (0,1,0,\ldots)$. Por indução, para todo $k \geq 1$,

$$x^k = (0,\ldots,0,\underbrace{1}_{(k+1)-\text{ésima posição}},0,\ldots).$$

Por exemplo, $x^2 = (0,0,1,0,\ldots)$ e $x^4 = (0,0,0,0,1,0,\ldots)$. Ao definirmos $x^0 = \mathbf{u}$, concluímos

$$(r,0,0,\ldots)\cdot x^k = (0,\ldots,0,\underbrace{r}_{(k+1)-\text{ésima posição}},0,\ldots),\ k \geq 0.$$

Então,

$$\begin{aligned}(a_0,a_1,a_2,\ldots) &= (a_0,0,0,\ldots)+(0,a_1,0,\ldots)+(0,0,a_2,0,\ldots)\\ &= (a_0,0,0,\ldots)\cdot x^0+(a_1,0,0,\ldots)\cdot x+(a_2,0,0,\ldots)\cdot x^2+\cdots\\ &= \mathrm{i}(a_0)x^0+\mathrm{i}(a_1)x+\mathrm{i}(a_2)x^2+\cdots.\end{aligned}$$

Por meio do monomorfismo i, identificamos a_n por $\mathrm{i}(a_n)$ e, com abuso de notação, escrevemos

$$(a_0,a_1,a_2,\ldots) = a_0x^0+a_1x+a_2x^2+\cdots.$$

Lembrem que a sequência (a_n) é finita, portanto no lado direito da igualdade acima há um número finito de termos não nulos, ou seja,

$$\exists k \geq 0,\ (a_0,a_1,a_2,\ldots) = a_0x^0+a_1x+a_2x^2+\cdots+a_kx^k.$$

Dessa forma, representamos as sequências finitas em R por expressões algébricas em termo de x, chamadas de polinômios. Pela definição de igualdade de sequências,

$$\sum_{i=0}^{n} a_i x^i = \sum_{i=0}^{m} b_i x^i \iff n = m, \ \forall i, \ a_i = b_i.$$

O conjunto de todas essas expressões é chamado de conjunto dos polinômios em uma variável com coeficientes em R e é denotado por $R[x]$. O grau de um polinômio p é

$$\deg p := \begin{cases} \max\{k \mid a_k \neq 0\}, & p \neq 0 \\ -\infty, & p = 0 \end{cases},$$

onde "$-\infty$" satisfaz

$$\forall n \in \mathbb{Z}, \ -\infty < n, \ -\infty + n = -\infty, \ -\infty + (-\infty) = -\infty.$$

Nesse caso, a_k é chamado de coeficiente líder. Se o coeficiente líder for igual a 1, diremos que o polinômio é mônico. Com essa representação, as operações definidas em $R[x]$ são

$$\sum_{i=0}^{n} a_i x^i + \sum_{i=0}^{m} b_i x^i = \sum_{i=0}^{k} (a_i + b_i) x^i, \quad \text{onde } k = \max\{n, m\}, \tag{3.2}$$

$$\sum_{i=0}^{n} a_i x^i \cdot \sum_{i=0}^{m} b_i x^i = \sum_{j=0}^{n+m} c_j x^j, \ \ c_j = \sum_{r=0}^{j} a_r b_{j-r}. \tag{3.3}$$

Na definição de adição, se $i > n$, então $a_i = 0$, e se $i > m$, então $b_i = 0$. Todas as propriedades de $(R[x], +, \cdot)$ são resumidas nas próximas proposições. As demonstrações são simples e deixadas como exercícios.

Proposição 270 Seja $(R, +, \cdot)$ um anel comutativo com unidade. Então, o conjunto dos polinômios, munido das operações de adição e multiplicação definidas em 3.2 e 3.3, é um anel comutativo com unidade. O elemento neutro com respeito à adição, o polinômio nulo, é 0, e o elemento neutro com respeito à multiplicação é 1, onde 0 e 1 são os elementos neutros de R com respeito à adição e à multiplicação. Além disso, para todo $p, q \in R[x]$,

$$\deg(p+q) \leq \max\{\deg p, \deg q\}, \ \deg(p \cdot q) \leq \deg p + \deg q.$$

Se $\deg p \neq \deg q$, então $\deg(p+q) = \max\{\deg p, \deg q\}$.

Proposição 271 Seja $(R,+,\cdot)$ um anel comutativo com unidade. Então, R é um domínio, se, e somente se, $R[x]$ é. Nesse caso, $\deg(p\cdot q) = \deg p + \deg q$. Além disso, se $\deg(p\cdot q) = \deg p + \deg q$ para todo $p,q \in R[x]$, então R é um domínio.

Prova. As afirmações são consequências do fato de que, num domínio R, se $a,b \neq 0$, então $ab \neq 0$. No caso da segunda afirmação, se $a,b \neq 0$, então $\deg(ax) = \deg(bx) = 1$. Então, $\deg(ax\cdot bx) = 1+1 = 2$, portanto $abx^2 \neq 0$, em particular $ab \neq 0$. □

Observem que o anel dos polinômios não é um corpo. Se fosse, então x teria inverso multiplicativo, i.e.,

$$\exists p \in R[x],\ xp = 1 \Rightarrow \deg(xp) = \deg 1 \Rightarrow 1 + \deg p = 0,$$

o que é absurdo.

Definição 272 Lembrem da aplicação de avaliação, ϕ_r, definida no exemplo 2 na página 174. Dizemos que $r \in R$ é raiz de $p \in R[x]$ se $\phi_r(p) = p(r) = 0$.

Exemplos 273 Nos exemplos a seguir, observem os graus da soma e do produto dos polinômios e os comparem com a proposição 270 na página ao lado.

1. Sejam $p = x^2 + \bar{2}x, q = x \in \mathbb{Z}_3[x]$. Então,
$$p+q = x^2+\bar{2}x+x = x^2+\bar{3}x = x^2, \quad p\cdot q = x^3+\bar{2}x.$$

2. Sejam $p = \bar{3}x^5+\bar{2}x+\bar{1}, q = \bar{2}x+\bar{4} \in \mathbb{Z}_6[x]$. Então,
$$p+q = \bar{3}x^5+\bar{4}x+\bar{5}, \quad p\cdot q = \bar{4}x^2+\bar{4}x+\bar{4}.$$

3. Sejam $p = 3x^2+4x, q = -3x^2+1 \in \mathbb{Z}[x]$. Então,
$$p+q = 4x+1, \quad p\cdot q = -6x^4-12x^3+3x^2+4x.$$

Seja $I \trianglelefteq R$. Então, $I[x] := \{\text{polinômios com coeficientes em } I\} \trianglelefteq R[x]$. A aplicação natural $R \to R/I$ pode ser estendida naturalmente à aplicação

$$\begin{cases} \phi: & R[x] & \longrightarrow & (R/I)[x] \\ & \sum_{i=0}^n a_i x^i & \longmapsto & \sum_{i=0}^n \bar{a}_i x^i. \end{cases}$$

É fácil verificar que ϕ é um epimorfismo de anéis. Quanto a seu núcleo,

$$\sum_{i=0}^n a_i x^i \in \ker\phi \Leftrightarrow \sum_{i=0}^n \bar{a}_i x^i = \bar{0} \Leftrightarrow \forall i,\ \bar{a}_i = \bar{0} \Leftrightarrow \forall i,\ a_i \in I.$$

Portanto, $\ker\phi = I[x]$. Então, pelo teorema de isomorfismo, concluímos

Proposição 274 Sejam R um anel comutativo com unidade e $I \trianglelefteq R$. Então, $I[x] \trianglelefteq R[x]$ e $R[x]/I[x] \cong (R/I)[x]$.

Corolário 275 O ideal I de R é primo, se, e somente se, $I[x]$ é um ideal primo de $R[x]$.

Prova. Seja $I \trianglelefteq R$ primo. Então, R/I é um domínio, portanto $(R/I)[x]$ também é um domínio. Pela proposição 274, $R[x]/I[x] \cong (R/I)[x]$ é um domínio. Portanto, $I[x] \trianglelefteq R[x]$ é primo. Reciprocamente, se $I[x] \trianglelefteq R[x]$ é primo, então $R[x]/I[x]$ é um domínio. Portanto, pela proposição 274, $(R/I)[x]$ é um domínio. Logo, $R/I \subseteq (R/I)[x]$ é um domínio, ou seja, I é um ideal primo de R. □

Lembrem que o anel dos polinômios não é um corpo, portanto o corolário anterior não vale para os ideais maximais. O que podemos concluir nesse caso é o seguinte: Se I é maximal, então R/I é um corpo; logo, $(R/I)[x]$ é um domínio. Portanto, pela proposição 274, $I[x]$ é um ideal primo de $R[x]$.

Observem que os ideais de $R[x]$ não são necessariamente da forma $I[x]$, onde $I \trianglelefteq R$. Por exemplo, dado $I \trianglelefteq R$, o ideal gerado por I e x é

$$\langle I, x\rangle = \{a + xp \mid a \in I, p \in R[x]\}.$$

É fácil verificar que, em geral, $\langle I, x\rangle$ não é da forma $J[x]$ para algum $J \trianglelefteq R$. Além disso, $\langle x\rangle \trianglelefteq \langle I, x\rangle \trianglelefteq R[x]$. Então, pela proposição 263 na página 175,

$$\frac{R[x]/\langle x\rangle}{\langle I, x\rangle/\langle x\rangle} \cong R[x]/\langle I, x\rangle.$$

Pelo exemplo 2 na página 174, $R[x]/\langle x\rangle \cong R$. Além disso, a aplicação $\langle I, x\rangle \to I$ dada por $a + xp \mapsto a$ é um epimorfismo de anéis cujo núcleo é $\langle x\rangle$. Portanto,

$$\langle I, x\rangle/\langle x\rangle \cong I.$$

Então,

$$\frac{R[x]/\langle x\rangle}{\langle I, x\rangle/\langle x\rangle} \cong \frac{R}{I},$$

portanto,

$$\frac{R[x]}{\langle I, x\rangle} \cong \frac{R}{I}.$$

A partir desse isomorfismo, concluímos:

Proposição 276 Se $I \trianglelefteq R$ é maximal, então $\langle I, x\rangle$ é um ideal maximal de $R[x]$.

Exemplo 277 Seja p um número primo. Então, $\mathbb{Z}[x]/\langle p, x\rangle \cong \mathbb{Z}_p$, portanto $\langle p, x\rangle \trianglelefteq \mathbb{Z}[x]$ é maximal.

Exercícios

1. Se D é um domínio, então $U(D[x]) = U(D)$.

2. Sejam R um anel e $I \trianglelefteq R$. Mostrem que $\langle I, x\rangle$ não é da forma $J[x]$ para algum $J \trianglelefteq R$, exceto em caso em que $I = R$.

Anel de Polinômios sobre um Corpo

Nesta seção, estudaremos o anel dos polinômios com coeficientes num corpo. Observaremos que nesse caso há muita semelhança com o anel dos inteiros, i.e., há muitas propriedades em comum. A primeira é a existência de algoritmo da divisão. Observem que a demonstração apresenta um algoritmo para fazer a divisão na prática.

Teorema 278 Sejam K um corpo e $f, g \in K[x], g \neq 0$. Então existem únicos $q, r \in K[x]$ tais que $f = gq + r$ e $r = 0$ ou $\deg r < \deg g$.

Prova. Se $f = 0$, então basta tomar $q = r = 0$. Se $f \neq 0$, então a prova é feita por indução sobre $n = \deg f$. Se $n < m = \deg g$, então $q = 0$ e $r = f$ satisfazem as condições do teorema. Se $n \geq m$, escrevam

$$f = a_n x^n + \cdots + a_0, \; g = b_m x^m + \cdots + b_0.$$

Então, o grau de $f_1 := f - \frac{a_n}{b_m} x^{n-m} g$ é menor que n. Então, pela hipótese da indução, existem g_1 e r tais que

$$f_1 = g g_1 + r, \; r = 0 \text{ ou } \deg r < \deg g.$$

Logo,

$$f - \frac{a_n}{b_m} x^{n-m} g = g g_1 + r \Longrightarrow f = \underbrace{\left(\frac{a_n}{b_m} x^{n-m} + g_1\right)}_{q} g + r.$$

Então, pela indução, concluímos a existência de q e r com as condições acima. Para a unicidade, se existirem q_1 e r_1 tais que

$$f = gq + r = g q_1 + r_1 \Longrightarrow g(q - q_1) = r_1 - r.$$

Se $q \neq q_1$, então $r \neq r_1$. Nesse caso,

$$\deg g \leq \deg(g(q - q_1)) = \deg(r_1 - r) \leq \max\{\deg r_1, \deg r\} < \deg g,$$

o que é absurdo. Portanto, $q = q_1$ e $r = r_1$. $\square$

Observem que a hipótese de K ser corpo no teorema 278 é necessária. Por exemplo, em $\mathbb{Z}[x]$ não vale esse teorema. Isto é, nem sempre podemos fazer divisão de dois polinômios, por exemplo $f = x^2 + 1$ e $g = 2x$.

Corolário 279 Seja K um corpo. Então, $K[x]$ é um domínio principal.

Prova. Seja $I \trianglelefteq K[x]$. Se $I = \{0\}$, então não há nada a provar. Caso contrário, $\{f \in K[x] \mid f \in I, f \neq 0\} \neq \varnothing$ e pelo princípio de boa ordem $\min\{\deg f \mid f \in I, f \neq 0\}$ existe. Seja $f \in I$ do menor grau. Dado $g \in I$, pelo teorema 278 na página anterior, escrevam $g = fq + r$, onde $r = 0$ ou $\deg r < \deg f$. Além disso,

$$g = fq + r \Longrightarrow g - fq = r \overset{f,g \in I}{\Longrightarrow} r \in I.$$

Pela minimalidade de $\deg f$, concluímos $r = 0$ ou $g = fq \in \langle f \rangle$. Portanto, $I \subseteq \langle f \rangle$. A inclusão $\langle f \rangle \subseteq I$ vale, pois $f \in I$. Então, $I = \langle f \rangle$. □

O corolário 279 é mais uma propriedade do anel dos polinômios com coeficientes num corpo similar ao anel dos inteiros, ou seja, nos dois casos todos os ideais são principais. Observem que, nas demonstrações, aplicamos o algoritmo da divisão. Essa semelhança motiva a definição de uma classe dos anéis, chamada de anéis euclidianos, que estudaremos no próximo capítulo.

A hipótese de K ser corpo no corolário 279 é necessária. Por exemplo, em $\mathbb{Z}[x]$ há ideais não principais; basta considerar $\langle 2, x \rangle$. De fato, essa condição é suficiente também. Seja K um anel comutativo com unidade, e todo ideal de $K[x]$ seja principal. Seja $a \in K, a \neq 0$. Então, $\langle a, x \rangle = \langle p \rangle$ para algum $p \in K[x]$. Portanto,

$$\exists\, q \in K[x],\ a = pq \Longrightarrow p, q \in K.$$

Por outro lado,

$$\exists\, r = \sum_{i=0}^{n} r_i x^i \in K[x],\ x = pr = pr_0 x + pr_1 x^2 + \cdots + pr_n x^{n+1} \Rightarrow 1 = pr_0.$$

Então, $\langle a, x \rangle = \langle 1 \rangle = K[x]$. Consequentemente, existem $f_1, f_2 \in K[x]$ tais que $af_1 + xf_2 = 1$. Essa igualdade implica que a possui inverso. Então, concluímos que todo $a \in K \setminus \{0\}$ possui inverso multiplicativo, i.e., K é um corpo. Assim, acabamos de mostrar:

Corolário 280 Seja K um anel comutativo com unidade. Então, K é um corpo, se, e somente se, todo ideal de $K[x]$ é principal.

Irredutibilidade dos Polinômios

Nesta seção, estudaremos a noção de irredutibilidade dos polinômios.

Definição 281 Seja R um domínio. Dizemos que $p \in R[x]$ é irredutível se satisfaz a seguinte condição:

$$p = fg \Longrightarrow f \in R \text{ ou } g \in R.$$

Caso contrário, dizemos que p é redutível.

Ou seja, p é redutível se existem $f, g \in R[x] \setminus R$ tais que $p = fg$.

Exemplos 282

1. Pela proposição 270 na página 184, todo polinômio de grau um é irredutível. Observem que, sem a hipótese de o anel ser domínio, teremos polinômios redutíveis de grau um. Por exemplo, $f = \bar{5}x + \bar{1} \in \mathbb{Z}_6[x]$ é redutível, pois $f = (\bar{2}x + \bar{1})(\bar{3}x + \bar{1})$.

2. Em todo anel com unidade,

$$x^n - 1 = (x-1)(x^{n-1} + x^{n-2} + \cdots + x + 1).$$

   Portanto, para todo $n \in \mathbb{Z}^{>1}$, $x^n - 1$ é redutível.

3. Lembrem que toda equação polinomial com coeficientes reais de grau ímpar possui pelo menos uma raiz real. Então, todo $p \in \mathbb{R}[x]$ de grau ímpar, maior que um, é redutível: se $\alpha \in \mathbb{R}$ é raiz de p, então, pelo teorema 278 na página 187, existe $q \in \mathbb{R}[x]$ tal que $p = (x - \alpha)q$.

4. Seja K um corpo. Pelo teorema 278 na página 187, $p \in K[x]$ possui fator de grau um em $K[x]$, se, e somente se, possui raiz em K.

5. Considerem $p = x^4 + 2x^2 + 4 \in \mathbb{R}[x]$. Claramente, p não possui raiz real, portanto não possui fatores de grau um em $\mathbb{R}[x]$. Se for redutível, então a única possibilidade é existirem q_1 e q_2 de grau dois tais que $p = q_1 q_2$. Sem perda de generalidade, podemos supor $q_1 = x^2 + ax + b$ e $q_2 = x^2 + a'x + b'$. Pela igualdade de polinômios, de $p = q_1 q_2$, concluímos

$$\begin{cases} a + a' = 0 \\ b + b' + aa' = 2 \\ ab' + a'b = 0 \\ bb' = 4 \end{cases} \Rightarrow \begin{cases} a' = -a \\ b + b' - a^2 = 2 \\ ab' - ab = 0 \Rightarrow a(b - b') = 0 \\ bb' = 4 \end{cases}.$$

Se $a = 0$, então $b' = -b$; logo, $4 = bb' = -b^2$. Essa última não possui raiz real. Portanto, $a \neq 0$. Então, de $a(b-b') = 0$ concluímos $b = b'$. Portanto, as soluções reais do sistema acima são

$$b = b' = 2, a = \sqrt{2},\ a' = -\sqrt{2} \text{ e } b = b' = 2, a = -\sqrt{2}, a' = \sqrt{2}.$$

Portanto, $x^4+2x^2+4 = (x^2+\sqrt{2}x+2)(x^2-\sqrt{2}x+2)$ é a única fatoração em termo de fatores de grau dois. Observem que os coeficientes dos fatores não são racionais. Ou seja, se p em $\mathbb{Q}[x]$ é irredutível, mas em $\mathbb{R}[x]$ é redutível. Esse exemplo mostra que a irredutibilidade de um polinômio depende do anel onde os coeficientes se encontram. Vale destacar que essa fatoração pode ser obtida da seguinte forma:

$$\begin{aligned} x^4+2x^2+4 = x^4+4x^2+4-2x^2 &= (x^2+2)^2 - (\sqrt{2}x)^2 \\ &= (x^2+2-\sqrt{2}x)(x^2+2+\sqrt{2}x). \end{aligned}$$

Como ainda não apresentamos nenhum resultado sobre a unicidade de fatoração, caso exista, a única forma de mostrá-la nesse caso é verificar por definição e analisar as soluções do sistema acima.

6. Seja p um número primo e considerem $f = x^p - a \in \mathbb{Z}_p[x]$. Pelo pequeno teorema de Fermat, para todo $a \in \mathbb{Z}_p, a^p = a$. Portanto,

$$f = x^p - a^p = (x-a)(x^{p-1} + ax^{p-2} + \cdots + a^{p-2}x + a^{p-1}).$$

   Ou seja, para todo primo p, $x^p - a \in \mathbb{Z}_p[x]$ é redutível.

7. Seja $g = x^2 + \bar{3}x + \bar{1} \in \mathbb{Z}_5[x]$. Observem $g = x^2 - \bar{2}x + \bar{1} = (x-\bar{1})^2 \in \mathbb{Z}_5[x]$, portanto é redutível.

Pelos exemplos acima, principalmente o exemplo 5 na página anterior, observamos que verificar a irredutibilidade de um polinômio por definição pode ser uma tarefa trabalhosa. A seguir, apresentaremos alguns critérios que em certos casos poderão ajudar muito nessa verificação. A maioria dos critérios apresentados nesta seção são aplicados aos polinômios com coeficientes inteiros. Mas, se refletirmos nas demonstrações, poderemos observar que esses resultados são válidos em qualquer domínio.

Definição 283 O conteúdo de $p = \sum_{i=0}^{n} a_i x^i \in \mathbb{Z}[x]$ é o maior divisor comum de seus coeficientes e é denotado por $c(p)$. Se $c(p) = 1$, então diremos que p é primitivo.

Proposição 284 O produto de dois polinômios primitivos é um polinômio primitivo.

Prova. Sejam $q_1 = \sum_{i=0}^{n} a_i x^i, q_2 = \sum_{i=0}^{m} b_i x^i \in \mathbb{Z}[x]$ primitivos e $r = q_1 q_2 = \sum_{i=0}^{n+m} c_i x^i$. Os coeficientes de r são dados por

$$\begin{cases} c_{n+m} = a_n b_m \\ c_{n+m-1} = a_{n-1} b_m + a_n b_{m-1} \\ \quad \vdots \\ c_1 = a_0 b_1 + a_1 b_0 \\ c_0 = a_0 b_0 \end{cases}.$$

Se $c(r) > 1$, então existe um primo p tal que $p \mid c_i$ para todo $i = 0, \ldots, n+m$. Como q_1 e q_2 são primitivos, então existem coeficientes desses polinômios que não são divisíveis por p. Sejam k_1 e k_2 os menores inteiros tais que $p \nmid a_{k_1}$ e $p \nmid b_{k_2}$. Portanto, $p \nmid a_{k_1} b_{k_2}$. Por outro lado, o coeficiente de $x^{k_1+k_2}$ é

$$c_{k_1+k_2} = \underbrace{a_0 b_{k_1+k_2} + \cdots + a_{k_1-1} b_{k_2+1}}_{(I)} + a_{k_1} b_{k_2} + \underbrace{a_{k_1+1} b_{k_2-1} + \cdots a_{k_1+k_2} b_0}_{(II)}.$$

Pela escolha de k_1 e k_2, p divide todos os termos nas parcelas (I) e (II). Como $p \mid c_{k_1+k_2}$, concluímos, que $p \mid a_{k_1} b_{k_2}$, o que é absurdo pela escolha de k_1 e k_2. Portanto, $c(r) = 1$. □

Seja $f = \sum_{i=0}^{n} \frac{r_i}{s_i} x^i \in \mathbb{Q}[x]$ tal que para todo $i, (r_i, s_i) = 1$. Se m_f é o menor múltiplo comum de $s_1, \ldots, s_n$, então $m_f \cdot f \in \mathbb{Z}[x]$. É fácil verificar que $m_f \cdot f$ é um polinômio primitivo. Usando esse fato e a proposição 284 na página anterior, demonstraremos o lema de Gauss.

Lema 285 (Gauss[5]) Um polinômio não constante, primitivo e irredutível em $\mathbb{Z}[x]$ é irredutível em $\mathbb{Q}[x]$.

Prova. Seja $f \in \mathbb{Z}[x] \setminus \mathbb{Z}$, $c(f) = 1$ e irredutível. Se $f = g_1 g_2$, onde $g_1, g_2 \in \mathbb{Q}[x]$, então $m_{g_1} m_{g_2} f = (m_{g_1} g_1)(m_{g_2} g_2)$. Como $m_{g_1} g_1$ e $m_{g_2} g_2$ são primitivos, então, pela proposição 284 na página ao lado, seu produto é primitivo. Então,

$$c(m_{g_1} m_{g_2} f) = c(m_{g_1} g_1 \cdot m_{g_2} g_2) \Rightarrow m_{g_1} m_{g_2} = 1 \Rightarrow m_{g_1} = m_{g_2} = 1.$$

Essa última implica que $g_1, g_2 \in \mathbb{Z}[x]$. Isso contradiz a hipótese de irredutibilidade de f em $\mathbb{Z}[x]$. Portanto, f é irredutível em $\mathbb{Q}[x]$. □

[5]Johann Carl Friedrich Gauss, matemático alemão, 1777-1855.

Pelo lema 285 na página precedente, para verificar a irredutibilidade de $f \in \mathbb{Q}[x]$, basta fazê-lo em $\mathbb{Z}[x]$ usando o fato de que $m_f \cdot f \in \mathbb{Z}[x]$ é primitivo.

Como foi comentado no exemplo 4 na página 189, $p \in K[x]$, onde K é um corpo, possui fator de grau um, se, e somente se, possui raiz em K. A próxima proposição é muito útil para procurar raízes racionais de uma equação polinomial.

Proposição 286 Seja $p = \sum_{i=0}^{n} a_i x^i \in \mathbb{Z}[x]$. Se $\frac{r}{s} \in \mathbb{Q}, (r,s) = 1$, é raiz de p, então $r \mid a_0$ e $s \mid a_n$.

Prova. Pela hipótese $p(\frac{r}{s}) = a_n(\frac{r}{s})^n + \cdots + a_0 = 0$. Então,

$$a_n r^n + a_{n-1} r^{n-1} s + \cdots + a_1 r s^{n-1} + a_0 s^n = 0,$$

ou

$$r(a_n r^{n-1} + a_{n-1} r^{n-2} s + \cdots + a_1 s^{n-1}) = -a_0 s^n.$$

Portanto, $r \mid -a_0 s^n$. Pela hipótese $(r,s) = 1$; logo, $(r, s^n) = 1$. Então, $r \mid a_0$. De forma análoga, concluímos $s \mid a_0$. □

A proposição 286 fornece uma lista de números racionais que possam ser raízes de p. Consequentemente, podemos verificar se p possui fator(es) de grau um. Por isso, essa proposição não é muito eficiente para verificar a irredutibilidade de um polinômio. Pois os fatores de um polinômio redutível podem ser de graus maiores que um. Claramente, essa proposição pode ser aplicada às equações polinomiais com coeficientes racionais, uma vez que as raízes de p e $cp, c \in \mathbb{Q} \setminus \{0\}$ são as mesmas.

Exemplos 287

1. Seja $p = x^3 - x^2 - 4$. Se $\frac{r}{s}$ for raiz racional de p, então $r \mid -4$ e $s \mid 1$. Portanto, $\frac{r}{s} \in \{\pm 1, \pm 2, \pm 4\}$. Ao testarmos esses valores, concluímos que 2 é raiz. Portanto, pela divisão dos polinômios, $p = (x-2)(x^2 + x + 2)$; consequentemente, é redutível.

2. Seja p um número primo. Então, $x^2 - p$ e $x^3 - p$ são irredutíveis em $\mathbb{Q}[x]$. Senão, teriam fator de grau um, ou seja, pelo menos uma raiz racional. Mas $\pm p$ não são raízes desses polinômios.

Outra técnica muito útil para verificar a irredutibilidade é reduzir os coeficientes do polinômio módulo ideais do anel.

Definição 288 Sejam R um anel comutativo com unidade e $p = \sum_{i=0}^{n} a_i x^i \in R[x]$. Dado $I \trianglelefteq R$, a redução de p módulo I é o polinômio definido por $\bar{p} = \sum_{i=0}^{n} \bar{a}_i x^i \in (R/I)[x]$.

Lembrem que a aplicação natural $R[x] \to (R/I)[x]$ é um homomorfismo de anéis. Portanto, para todo $p_1, p_2 \in R[x], \overline{p_1 p_2} = \overline{p_1} \cdot \overline{p_2}$.

Sejam R um domínio e $p \in R[x]$ mônico. Se p for redutível em $R[x]$, ou seja, se existem $f, g \in R[x] \setminus R$ tais que $p = fg$, então para todo $I \trianglelefteq R, \overline{p} = \overline{f}\overline{g}$ em $(R/I)[x]$. Portanto:

Proposição 289 Sejam R um domínio e $p \in R[x] \setminus R$ mônico. Se existe $I \trianglelefteq R$ tal que a redução de p módulo I é irredutível, então $p \in R[x]$ é irredutível.

Observações 290

1. A hipótese de p ser mônico é necessária. Essa hipótese garante que $\deg p$ seja igual ao grau de qualquer redução de p. Por exemplo,

$$p = 3x^3 + x - 4 = (x-1)(3x^2 + 3x + 4) \in \mathbb{Z}[x]$$

é redutível. Mas sua redução módulo $3\mathbb{Z}$, $x - \bar{1} \in \mathbb{Z}_3[x]$, é irredutível.

2. A recíproca da proposição 289 não vale. Ou seja, a redução de um polinômio irredutível pode ser redutível. Por exemplo, $p = x^2 + 2 \in \mathbb{Z}[x]$ é irredutível, mas sua redução a $2\mathbb{Z}$, $\bar{p} = x^2 = x \cdot x$, é redutível.

Exemplos 291

1. A redução de $p = x^3 + 4x + 2 \in \mathbb{Z}[x]$ módulo $4\mathbb{Z}$ é $\bar{p} = x^3 + \bar{2} \in \mathbb{Z}_4[x]$. Esse polinômio não possui nenhuma raiz em $\mathbb{Z}_4$; basta calcular $\bar{p}(\bar{a})$ para todo $\bar{a} \in \mathbb{Z}_4$. Portanto, é irredutível em $\mathbb{Z}_4[x]$; consequentemente, $p \in \mathbb{Z}[x]$ é irredutível.

2. A redução de $p = x^4 + 10x^3 + 15x^2 + 2 \in \mathbb{Z}[x]$ módulo $5\mathbb{Z}$ é $\bar{p} = x^4 + \bar{2} \in \mathbb{Z}_5[x]$. Esse polinômio não possui raízes em $\mathbb{Z}_5$, portanto não possui fatores de grau um. Quanto aos fatores de grau dois, sem perda de generalidade, sejam

$$x^4 + \bar{2} = (x^2 + \bar{a}x + \bar{b})(x^2 + \bar{c}x + \bar{d}).$$

Pela igualdade dos polinômios,

$$\begin{cases} \bar{a} + \bar{c} = \bar{0} \\ \bar{d} + \bar{a}\bar{c} + \bar{b} = \bar{0} \\ \bar{a}\bar{d} + \bar{b}\bar{c} = \bar{0} \\ \bar{b}\bar{d} = \bar{2} \end{cases}$$

Da segunda e da terceira equações, concluímos que $\bar{a} = \bar{0}$ ou $\bar{b} = \bar{d}$. Se $\bar{a} = \bar{0}$, então $\bar{c} = \bar{0}$; logo, $\bar{b} + \bar{d} = \bar{0}$. Essa condição junto com a quarta equação implica $\bar{b}^2 = -\bar{2} = \bar{3}$. Essa equação não possui solução em $\mathbb{Z}_5$. Na segunda possibilidade, $\bar{b} = \bar{d}$, teremos $\bar{b}^2 = \bar{2}$, também sem solução em $\mathbb{Z}_5$. Portanto, o sistema acima não possui solução em $\mathbb{Z}_5$, ou seja, $x^4 + \bar{2}$ é irredutível em $\mathbb{Z}_5$. Logo, pela proposição 289 na página anterior, p é irredutível em $\mathbb{Z}[x]$.

3. Seja $p = x^5 - x^2 + 1$. Se p for redutível em $\mathbb{Z}_2$, então possui fator(es) de grau um e/ou dois. Os únicos polinômios irredutíveis desses graus em $\mathbb{Z}_2[x]$ são x, $x+1$ e x^2+x+1. Observem

$$p = x^2(x^3-1)+1 = x^2(x-1)(x^2+x+1)+1 \equiv x^2(x+1)(x^2+x+1)+1 \pmod 2.$$

Portanto, nenhum dos polinômios citados anteriormente é fator de p, i.e., p é irredutível em $\mathbb{Z}_2[x]$; logo, é irredutível em $\mathbb{Z}[x]$.

Nos exemplos acima, observamos que o desafio principal para aplicar a proposição 289 na página precedente é escolher um ideal que satisfaça a hipótese da proposição. Mesmo assim, verificar a irredutibilidade do polinômio reduzido pode ser trabalhoso. Vale destacar que às vezes esse critério não funciona. Por exemplo, $x^4 + 1 \in \mathbb{Z}[x]$ é irredutível, mas, para todo primo p, sua redução a $\mathbb{Z}_p$ é redutível. Há situações bem piores: $x^4 - 72x^2 + 4 \in \mathbb{Z}[x]$ é irredutível, mas sua redução a $\mathbb{Z}_n$ para todo $n > 1$ é redutível; vejam [8].

Outro critério utilizado frequentemente é o de Eisenstein[6]-Schönemann[7].

Teorema 292 (Critério de Eisenstein-Schönemann) Sejam D um domínio, P um ideal primo de D e $f = \sum_{i=0}^{n} a_i x^i \in D[x]$ tais que

(i) $a_n \notin P$,

(ii) $a_0, a_1, \ldots, a_{n-1} \in P$,

(iii) $a_0 \notin P^2$.

Então, f é irredutível em $D[x]$.

Prova. Se f for redutível, então

$$\exists\, g_1 = \sum_{i=0}^{m} b_i x^i, g_2 = \sum_{i=0}^{k} c_i x^i \in D[x],\ f = g_1 g_2,\ n = m + k.$$

[6]Ferdinand Gotthold Max Eisenstein, matemático alemão, 1823-1852.

[7]Theodor Schönemann, matemático alemão, 1812-1868.

Pela igualdade dos polinômios,

$$\begin{cases} a_n &= b_m c_k \\ a_{n-1} &= b_m c_{k-1} + b_{m-1} c_k \\ &\vdots \\ a_1 &= b_1 c_0 + b_0 c_1 \\ a_0 &= b_0 c_0 \end{cases}.$$

Pela hipótese (ii) e pelo fato de que P é um ideal primo, $b_0 \in P$ ou $c_0 \in P$. Pela hipótese (iii), somente um desses casos é possível; caso contrário, $a_0 = b_0 c_0 \in P^2$. Sem perda de generalidade, sejam $b_0 \in P$ e $c_0 \notin P$. De $a_1 = b_1 c_0 + b_0 c_1$,

$$a_1 - b_0 c_1 = b_1 c_0 \overset{a_1, b_0 \in P}{\Longrightarrow} b_1 c_0 \in P \overset{c_0 \notin P}{\Longrightarrow} b_1 \in P.$$

Dessa forma, por indução e usando as igualdades acima, concluímos que para todo $i, c_i \in P$; consequentemente, $a_n \in P$. O que contradiz a primeira hipótese. Portanto, f é irredutível. □

Observem que o ideal primo considerado no critério de Eisenstein-Schönemann é necessariamente não nulo. Lembrem que todo ideal não nulo do anel dos inteiros é gerado por um número primo. Portanto, o critério acima no caso do anel dos inteiros é da seguinte forma:

Corolário 293 Sejam p um primo e $f = \sum_{i=0}^{n} a_i x^i \in \mathbb{Z}[x]$ tais que $p \nmid a_n, p \mid a_i$ para todo $i = 0, \ldots, n-1$ e $p^2 \nmid a_0$. Então, f é irredutível em $\mathbb{Z}[x]$; consequentemente, em $\mathbb{Q}[x]$.

Um fato simples e muito útil na aplicação do teorema de Eisenstein-Schönemann é o seguinte: Sejam $f \in R[x]$ e $a \in R$. Definam $f_a \in R[x]$ por $f_a(x) = f(x+a)$. Então, f é irredutível, se, e somente se, f_a é irredutível. Quando o coeficiente constante de f é igual a um, nenhum número primo satisfaz as hipóteses do corolário acima. Nesse caso, é possível encontrar um primo que satisfaça as hipóteses para f_a para algum $a \in R$, como veremos nos exemplos a seguir.

Exemplos 294

1. O polinômio $2x^7 - 6x^5 + 3 \in \mathbb{Z}[x]$ é irredutível: basta tomar $p = 3$ no corolário 293.

2. Considerem $p = x^4 + 1 \in \mathbb{Z}[x]$. Não há nenhum primo que satisfaça as hipóteses do corolários 293 na página precedente. Mas, usando o fato acima, se considerarmos

$$p_1(x) = p(x+1) = (x+1)^4 + 1 = x^4 + 4x^3 + 6x^2 + 4x + 2,$$

   poderemos aplicar o corolário 293 na página anterior para $p = 2$. Dessa forma, concluímos que p_1 é irredutível, portanto p também é.

3. Sejam p um número primo e $f = x^{p-1} + x^{p-2} + \cdots + x + 1$. Todos os coeficientes de f são iguais a um, portanto nenhum número primo satisfaz as hipóteses do corolários 293 na página precedente. Consideraremos $f_1(x) = f(x+1)$. Observem que

$$f = \frac{x^p - 1}{x - 1} \Rightarrow f_1(x) = \frac{(x+1)^p - 1}{(x+1) - 1} = \frac{\sum_{i=0}^{p} \binom{p}{i} x^i - 1}{x},$$

   portanto,

$$f_1(x) = x^{p-1} + \binom{p}{1} x^{p-2} + \cdots + \binom{p}{p-2} x + \binom{p}{p-1}.$$

   Como $p \mid \binom{p}{k}$ para todo $1 \leq k < p$ e $p^2 \nmid \binom{p}{p-1} = p$, pelo corolário 293 na página anterior f_1 é irredutível; logo, f também é.

4. No caso de $g = x^3 + 6x + 1$, considerem

$$g_{-1}(x) = g(x-1) = x^3 - 3x^2 + 9x - 6$$

   e tomem $p = 3$ no critério 293 na página precedente.

Exercícios

1. Verifiquem se os polinômios dados são irredutíveis,

   (a) $x^2 + x + 1 \in \mathbb{Z}_2[x]$.
   (b) $x^4 + 1 \in \mathbb{Z}_5[x]$.
   (c) $x^n - p \in \mathbb{Z}[x]$, onde p é um primo.
   (d) $x^3 + 6x^2 + 5x + 25 \in \mathbb{Z}[x]$.
   (e) $x^3 - 6x + 1 \in \mathbb{Z}[x]$.
   (f) $x^4 - 4x^3 + 6 \in \mathbb{Z}[x]$.

(g) $6x^5 + 14x^3 - 21x + 35 \in \mathbb{Z}[x]$.

(h) $x^4 + 4x^3 + 6x^2 + 2x + 1 \in \mathbb{Z}[x]$.

2. Mostrem que $x^{n-1} + x^{n-2} + \cdots + x + 1 \in \mathbb{Z}[x]$ é irredutível, se, e somente se, n é primo.

3. Verifiquem que $x^3 + nx + 2$ é irredutível sobre $\mathbb{Z}$ para todo inteiro $n \neq 1, -3, -5$. (Dica: usem o método para determinar raízes racionais.)

4. Mostrem que $p(x) = (x-1)\cdots(x-n) - 1 \in \mathbb{Z}[x]$ é irredutível sobre $\mathbb{Z}$ para todo $n \geq 1$.

5. Verifiquem se $x^4 + 10x^2 + 1 \in \mathbb{Z}[x]$ é irredutível sobre $\mathbb{Q}$. E sobre $\mathbb{R}$? Quando for redutível, determinem seus fatores.

6. Seja $p \neq 2$ um número primo. Mostrem que $\frac{(x+2)^p - 2^p}{x}$ é irredutível sobre $\mathbb{Z}$.

7. Seja $f = x^2 + bx + c \in \mathbb{R}[x]$. Mostrem que f é irredutível sobre $\mathbb{R}$, se, e somente se, f é da forma $(x-\alpha)^2 + \beta^2$, $\alpha, \beta \in \mathbb{R}$.

3.7.2 Anel dos Polinômios em Várias Variáveis

Na seção anterior, definimos o anel dos polinômios em uma variável. Essa definição pode ser generalizada para um número finito de variáveis por indução. Seja R um anel comutativo com unidade. O anel dos polinômios em n variáveis $x_1, \ldots, x_n$ é definido por

$$R[x_1 \ldots, x_n] := \begin{cases} R[x_1], & n = 1 \\ R[x_1, \ldots, x_{n-1}][x_n], & n > 1 \end{cases}.$$

Um elemento de $R[x_1 \ldots, x_n]$ é dado por

$$p(x_1, \ldots, x_n) = \sum_{\text{finito}} a_{i_1,\ldots,i_n} x_1^{i_1} \cdots x_n^{i_n},$$

onde $a_{i_1,\ldots,i_n} \in R$ e $i_1, \ldots, i_n \in \mathbb{Z}^{\geq 0}$. Cada termo $a_{i_1,\ldots,i_n} x_1^{i_1} \cdots x_n^{i_n}$ é chamado de um monômio, e seu grau total é definido por $i_1 + \cdots + i_n$. O grau de p é definido por

$$\deg p = \begin{cases} \max\{i_1 + \cdots + i_n \mid a_{i_1,\ldots,i_n} \neq 0\}, & p \neq 0, \\ -\infty, & p = 0. \end{cases}$$

Por exemplo, $p(x_1,x_2,x_3) = 3x_1^5 + 4x_1x_2x_3 + 6x_2x_3^6 \in \mathbb{Z}[x_1,x_2,x_3]$ possui grau $\max\{5, 1+1+1, 1+6\} = 7$.

As operações em $R[x_1.\ldots,x_n]$ são definidas da forma similar ao caso de uma variável. A adição é definida basicamente pela adição em R, ou seja, somando os coeficientes dos monômios cujas potências de cada variável x_i são iguais. A multiplicação é definida impondo as propriedades de distributividade e

$$x_1^{i_1}\cdots x_n^{i_n}\cdot x_1^{j_1}\cdots x_n^{j_n} := x_1^{i_1+j_1}\cdots x_n^{i_n+j_n}.$$

Por exemplo, em $\mathbb{Z}[x_1,x_2,x_3]$ a soma e o produto de $p_1 = x_1^3 + 3x_1x_2 + 4x_1x_3^3$ e $p_2 = x_1^4 - x_1x_2 + x_3$ são

$$p_1 + p_2 = x_1^3 + 2x_1x_2 + 4x_1x_3^3 + x_1^4 + x_3,$$
$$p_1 \cdot p_2 = x_1^7 - x_1^4x_2 + x_1^3x_3 + 3x_1^5x_2 - 3x_1^2x_2^2 + 3x_1x_2x_3 + 4x_1^5x_3^3 - 4x_1^2x_2x_3^3 + 4x_1x_3^4.$$

Os graus da soma e do produto dos polinômios seguem as mesmas regras utilizadas no caso de uma variável:

$$\deg(p+q) \leq \max\{\deg p, \deg q\},\ \deg(p\cdot q) \leq \deg p + \deg q.$$

Se $\deg p \neq \deg q$, então $\deg(p+q) = \max\{\deg p, \deg q\}$. Se R for um domínio, então $R[x_1,\ldots,x_n]$ também é, e $\deg(p\cdot q) = \deg p + \deg q$.

O anel dos polinômios em $n > 1$ variáveis não possui as mesmas propriedades que o de uma variável, mesmo com coeficientes num corpo. Pelo corolário 279 na página 188 todo ideal de $K[x_1]$, onde K é um corpo, é principal, mas $K[x_1,\ldots,x_n], n > 1$ não possui essa propriedade. Por exemplo, $\langle x_1, x_2\rangle$ não é principal. Um fato importante sobre os ideais de um anel de polinômios é o próximo teorema, demonstrado por Hilbert em 1890 para os corpos. Sua demonstração pode ser encontrada nos livros de álgebra comutativa; vejam, por exemplo, [2] ou [6].

Teorema 295 (de Base de Hilbert) Seja R um anel comutativo com unidade. Se todo ideal de R é finitamente gerado, então todo ideal de $R[x_1,\ldots,x_n]$ também é finitamente gerado.

Lembrem que os únicos ideais de um corpo K são $\{0\} = \langle 0\rangle$ e o próprio $K = \langle 1\rangle$, portanto todos os ideais de um corpo são finitamente gerados. Então, pelo teorema de base de Hilbert, todos os ideais de $K[x_1,\ldots,x_n]$ são finitamente gerados.

Algoritmo da Divisão em Várias Variáveis

O objetivo desta seção é apresentar o algoritmo da divisão no anel $K[x_1,\ldots,x_n]$, onde K é um corpo. No caso de uma variável, apresentada no teorema 278 na página 187, observamos que o primeiro passo é dividir os termos líderes, ou seja, os termos de maiores graus. No caso de várias variáveis, precisamos definir o termo líder de $f \in K[x_1,\ldots,x_n]$. Talvez a primeira tentativa fosse considerar o grau total dos monômios de f. Mas essa noção não funcionaria bem. Por exemplo, no polinômio $x^2y+xyz+xz^2$, todos os termos possuem grau total igual a 3. Portanto, não podemos dizer qual termo será o termo líder usando apenas a noção de grau total. Então, a primeira tarefa é definir uma relação de ordem entre os monômios para poder compará-los.

Denotem por $\mathscr{M}_n$ o conjunto de todos os monômios de $K[x_1,\ldots,x_n]$,

$$\mathscr{M}_n := \left\{\mathbf{x}^{\boldsymbol{\alpha}} := x_1^{\alpha_1}\cdots x_n^{\alpha_n} \mid \boldsymbol{\alpha} := (\alpha_1,\ldots,\alpha_n) \in (\mathbb{Z}^{\geq 0})^n\right\}.$$

Por definição, $f \in K[x_1,\ldots,x_n]$ é uma soma finita desses monômios:

$$f = \sum_{a_{\boldsymbol{\alpha}} \in K} a_{\boldsymbol{\alpha}}\boldsymbol{x}^{\boldsymbol{\alpha}}.$$

Se já temos uma ordem, denotada por $\prec$, em $\mathscr{M}_n$, então o termo líder de f é definido como sendo o maior monômio na descrição de f. Denotem o maior monômio de f por $\mathrm{ml}(f)$. Se $\mathrm{ml}(f) = \boldsymbol{x}^{\boldsymbol{\alpha}}$, então o termo líder de f é

$$\mathrm{tl}(f) := a_{\boldsymbol{\alpha}}\boldsymbol{x}^{\boldsymbol{\alpha}}.$$

Dado $g \in K[x_1,\ldots,x_n]$ tal que $\mathrm{tl}(g) = a_{\boldsymbol{\beta}}\boldsymbol{x}^{\boldsymbol{\beta}}$. Para dividir f por g, seguindo a mesma ideia do caso de uma variável, devemos verificar se $\mathrm{tl}(g) \mid \mathrm{tl}(f)$, isto é, se

$$\exists m_1 := \boldsymbol{x}^{\boldsymbol{\gamma}} \in \mathscr{M}_n, a_{\boldsymbol{\gamma}} \in K, \text{ tais que } \mathrm{tl}(f) = a_{\boldsymbol{\gamma}} \cdot m_1 \cdot \mathrm{tl}(g).$$

Ou,

$$a_{\boldsymbol{\alpha}}\boldsymbol{x}^{\boldsymbol{\alpha}} = a_{\boldsymbol{\gamma}}\boldsymbol{x}^{\boldsymbol{\gamma}} \cdot a_{\boldsymbol{\beta}}\boldsymbol{x}^{\boldsymbol{\beta}} = a_{\boldsymbol{\gamma}}a_{\boldsymbol{\beta}}\boldsymbol{x}^{\boldsymbol{\gamma}+\boldsymbol{\beta}}, \quad \boldsymbol{\gamma}+\boldsymbol{\beta} := (\gamma_1+\beta_1,\ldots,\gamma_n+\beta_n).$$

E isso ocorre, se, e somente se, $\beta_i \leq \alpha_i$ para todo $i = 1,\ldots,n$. Nesse caso, calcularemos $f_1 := f - a_{\boldsymbol{\gamma}}m_1 g$ e repetiremos o mesmo processo para f_1 e g. Observamos que $\mathrm{ml}(f_1) \prec \mathrm{ml}(f)$. Um ponto importante é que a ordem em $\mathscr{M}_n$ deve ser compatível com o produto, ou seja,

$$\forall \mathbf{m_1}, \mathbf{m_2}, \mathbf{m_3} \in \mathscr{M}_n,\ \mathbf{m_1} \prec \mathbf{m_2} \Longrightarrow \mathbf{m_1}\mathbf{m_3} \prec \mathbf{m_2}\mathbf{m_3}.$$

Um outro aspecto importante é que o algoritmo seja finalizado em um número finito de passos. Lembrem que em cada etapa do algoritmo

$$\mathrm{ml}(f - a_{\boldsymbol{\gamma}}\mathbf{x}^{\boldsymbol{\beta}} g) \prec \mathrm{ml}(f).$$

Então, a finitude do número dos passos do algoritmo é garantida pela seguinte condição: todo subconjunto não vazio de $\mathscr{M}_n$ possui menor elemento com respeito a $\prec$. Essa discussão nos leva à seguinte definição:

Definição 296 Uma ordem monomial $\prec$ em $\mathscr{M}_n$ é uma relação de ordem total tal que

1. $\forall \mathbf{m_1}, \mathbf{m_2}, \mathbf{m_3} \in \mathscr{M}_n,\ \mathbf{m_1} \prec \mathbf{m_2} \Longrightarrow \mathbf{m_1 m_3} \prec \mathbf{m_2 m_3}$,
2. todo subconjunto não vazio de $\mathscr{M}_n$ possui menor elemento com respeito a $\prec$.

Por exemplo, em $\mathscr{M}_1$ o grau define uma ordem monomial, i.e.,

$$x_1^n \prec x_1^m \Longleftrightarrow n \leq m.$$

Observação 297 A segunda condição na definição 296 garante que toda sequência decrescente, com respeito a $\prec$, é finita. De fato, se $\cdots \prec m_3 \prec m_2 \prec m_1$ é uma sequência decrescente, então o conjunto $\{m_1, m_2, \ldots\}$ possui menor elemento e isso implica que a sequência seja finita.

Uma relação de ordem em $\mathscr{M}_n$ por meio de comparação dos graus das variáveis, como o caso de $\mathscr{M}_1$, pode ser definida da seguinte forma:

Definição 298 A relação

$$x_1^{\alpha_1} \cdots x_n^{\alpha_n} \preceq_{\mathscr{L}} x_1^{\beta_1} \cdots x_n^{\beta_n} \Leftrightarrow \exists i \in \{1, \ldots, n\} \text{ tal que } \alpha_i < \beta_i \text{ e } \forall j < i, \alpha_j = \beta_j$$

é chamada de relação lexicográfica em $\mathscr{M}_n$.

Essa relação é usada para determinar o termo líder dos polinômios em n variáveis e é fácil verificar que é de ordem total. Sua definição possui a mesma ideia de comparar palavras nos dicionários.

Exemplos 299 Em $\mathscr{M}_3$,

1. $x_1^3 x_2 x_3^4 \preceq_{\mathscr{L}} x_1^4$.
2. $x_1^2 x_3^4 \preceq_{\mathscr{L}} x_1^2 x_2^5$.

Outra relação em $\mathscr{M}_n$ é definida por meio das comparações dos graus totais dos monômios e depois a ordem lexicográfica.

Definição 300 A relação lexicográfica graduada em $\mathscr{M}_n$ é definida da seguinte forma: Diremos que $x_1^{\alpha_1}\cdots x_n^{\alpha_n} \preceq_{\mathscr{L}\mathscr{G}} x_1^{\beta_1}\cdots x_n^{\beta_n}$, se, e somente se, uma das seguintes condições é satisfeita:

1. $\sum_{i=1}^{n}\alpha_i < \sum_{i=1}^{n}\beta_i$,

2. $\sum_{i=1}^{n}\alpha_i = \sum_{i=1}^{n}\beta_i$ e $x_1^{\alpha_1}\cdots x_n^{\alpha_n} \preceq_{\mathscr{L}} x_1^{\beta_1}\cdots x_n^{\beta_n}$.

Exemplos 301 Em $\mathscr{M}_3$,

1. $x_1^4 \preceq_{\mathscr{L}\mathscr{G}} x_1^3x_2x_3^4$.

2. $x_1^2x_3^4 \preceq_{\mathscr{L}\mathscr{G}} x_1^2x_2^5$.

A relação lexicográfica graduada também é uma relação de ordem total em $\mathscr{M}_n$.

O próximo teorema é o algoritmo da divisão em $K[x_1,\ldots,x_n]$, onde K é um corpo. Dado $f = \sum_{a_{\boldsymbol{\alpha}}\in K} a_{\boldsymbol{\alpha}}\mathbf{x}^{\boldsymbol{\alpha}} \in K[x_1,\ldots,x_n]$, definam

$$\mathscr{M}_n(f) := \{\mathbf{x}^{\boldsymbol{\alpha}} \mid a_{\boldsymbol{\alpha}} \neq 0\}.$$

Por exemplo, se $f = 3x_1^3x_2 - 2x_4^5 + 5$, então $\mathscr{M}_4(f) = \{x_1^3x_2, x_4^5\}$.

Teorema 302 Sejam K um corpo e $\preceq$ uma relação de ordem monomial em $K[x_1,\ldots,x_n]$. Então, para todo $f,g \in K[x_1,\ldots,x_n], g \neq 0$ existem únicos $q,r \in K[x_1,\ldots,x_n]$ tais que $f = gq + r$ e $r = 0$ ou $\forall \mathbf{m} \in \mathscr{M}_n(r)$, $\mathrm{ml}(g) \nmid \mathbf{m}$.

Prova. Primeiro faremos a demonstração da existência. Se $f = 0$, então $f = 0 = g\cdot 0 + 0$, ou seja, $q = r = 0$ satisfazem as condições exigidas. Se $f \neq 0$ e $S(f) := \{\mathbf{m} \in \mathscr{M}_n(f) \mid \mathrm{ml}(g) \mid \mathbf{m}\} = \varnothing$, então $f = g\cdot 0 + f$ é a igualdade que procuramos. Se $S(f) \neq \varnothing$, então sejam $\mathbf{m_0} = \max S(f)$ e $a_0 \in K$ seu coeficiente. Definam

$$f_1 := f - \frac{a_0\mathbf{m_0}}{\mathrm{tl}(g)}g.$$

Agora, considerem $S(f_1) := \{\mathbf{m} \in \mathscr{M}_n(f_1) \mid \mathrm{ml}(g) \mid \mathbf{m}\}$. Se $S(f_1) = \varnothing$, então $q = \frac{a_0\mathbf{m_0}}{\mathrm{tl}(g)}$ e $r = f_1$ satisfazem as condições do teorema. Senão, tomem $\mathbf{m_1} = \max S(f_1)$ e $a_1 \in K$ seu coeficiente. Notem que $\mathbf{m_1} \preceq \mathbf{m_0}$. Definam

$$f_2 := f_1 - \frac{a_1\mathbf{m_1}}{\mathrm{tl}(g)}g$$

e façam o mesmo argumento anterior agora para $S(f_2)$. Repetindo esse processo teremos uma sequência

$$\cdots \preceq \mathbf{m_2} \preceq \mathbf{m_1} \preceq \mathbf{m_0},$$

onde $\mathbf{m_i} = \max S(f_i)$. Pela observação 297, essa sequência deve ser finita, ou seja,

$$\exists k \text{ tal que } S(f_k) = \{\mathbf{m} \in \mathscr{M}_n(f_k) \mid \text{ml}(g) \mid \mathbf{m}\} = \varnothing,$$

e assim teremos q e r como queríamos no teorema.

Para a unicidade, sejam $q_1, q_2, r_1, r_2 \in K[x_1, \ldots, x_n]$ tais que

$$f = gq_1 + r_1 = gq_2 + r_2, \; r_i = 0 \; \text{ ou } \; \forall \mathbf{m} \in \mathscr{M}_n(r_i), \text{ml}(g) \nmid \mathbf{m}, i = 1, 2.$$

Portanto,

$$\text{ml}(g) \nmid \mathbf{m}, \; \forall \mathbf{m} \in \mathscr{M}_n(r_1) \cup \mathscr{M}_n(r_2) \supseteq \mathscr{M}_n(r_2 - r_1).$$

Além disso, $r_2 - r_1 = (q_1 - q_2)g$. Se $r_2 \neq r_1$, então

$$\text{ml}(g) \mid \text{ml}(r_2 - r_1) \in \mathscr{M}_n(r_2 - r_1),$$

que é absurdo. Portanto, $r_1 = r_2$; consequentemente, $q_1 = q_2$. □

Exemplo 303 Sejam $f = x_1x_2^4 + x_1^4 + x_1^3x_2 + x_2^3$ e $g = x_2^3 + x_1^2$. Faremos a divisão de f por g considerando a ordem lexicográfica em $\mathbb{R}[x_1, x_2]$.

Nessa ordem, o termo líder de f é x_1^4 e escrevemos f e g da seguinte forma ordenando seus termos na forma decrescente:

$$f = x_1^4 + x_1^3x_2 + x_1x_2^4 + x_2^3$$

e

$$g = x_1^2 + x_2^3.$$

No primeiro passo, dividimos x_1^4 por x_1^2

$$\begin{array}{llll|l}
x_1^4 + x_1^3x_2 + x_1x_2^4 + x_2^3 & & & & x_1^2 + x_2^3 \\ \cline{5-5}
-x_1^4 - x_1^2x_2^3 & & & & x_1^2 + x_1x_2 - x_2^3 \\ \cline{1-1}
\quad x_1^3x_2 - x_1^2x_2^3 + x_1x_2^4 + x_2^3 & & & & \\
\quad -x_1^3x_2 \qquad -x_1x_2^4 & & & & \\ \cline{1-1}
\qquad -x_1^2x_2^3 \qquad + x_2^3 & & & & \\
\qquad x_1^2x_2^3 \qquad + x_2^6 & & & & \\ \cline{1-1}
\qquad\qquad x_2^6 + x_2^3 & & & &
\end{array}$$

Ou seja, $f = g(x_1^2 + x_1x_2 - x_2^3) + (x_2^6 + x_2^3)$. Fazendo o mesmo procedimento com a ordem lexicográfica graduada

$$f = x_1x_2^4 + x_1^4 + x_1^3x_2 + x_2^3, \ g = x_2^3 + x_1^2$$

e

$$f = g(x_1x_2 + 1) + (x_1^4 - x_1^2).$$

Exercícios 304

1. Comparem os seguintes monômios por meio das relações definidas nesta seção.
$$x_1^3x_2x_3, \ x_1^4x_2^4, \ x_2^4x_2^3, \ x_1^2x_2^3x_x^2, \ x_1^8 \in \mathscr{M}_3.$$

2. Verifiquem que as relações lexicográfica e lexicográfica graduada são de ordem monomial total.

3. Façam a divisão de f por g considerando a ordem lexicográfica e lexicográfica graduada.

   (a) $f = 4x_1x_2 + x_2^3 + 2x_1^2 + 2x_2x_3, g = x_1 + x_2 + x_3 \in \mathbb{R}[x_1, x_2, x_3]$.

   (b) $f = \bar{5}x_1^5 + \bar{7}x_2^5 + \bar{5}x_1 + \bar{3}x_1^5, \ g = \bar{2}x_1 + \bar{3}x_2 \in \mathbb{Z}_7[x_1, x_2]$.

4. Domínios Euclidianos, Principais e de Fatoração

Os dois principais exemplos de anéis, $\mathbb{Z}$ e $K[x]$, onde K é um corpo, possuem algumas propriedades importantes em comum, tais como a existência de algoritmo da divisão e, consequentemente, o fato de serem domínios principais. O objetivo deste capítulo é estudar anéis com essas propriedades.

4.1 Anéis Quadráticos e Domínios Euclidianos

Definição 305 Seja $n \in \mathbb{Z} \setminus \{0,1\}$ livre de quadrados. O conjunto

$$\mathbb{Z}[\sqrt{n}] := \{a + b\sqrt{n} \mid a, b \in \mathbb{Z}\},$$

munido de adição e multiplicação usual de números, é um anel chamado de anel quadrático.

Observem que $\mathbb{Z}[\sqrt{n}]$ é um domínio e

$$\begin{aligned}\frac{a+b\sqrt{n}}{c+d\sqrt{n}} &= \frac{a+b\sqrt{n}}{c+d\sqrt{n}} \cdot \frac{c-d\sqrt{n}}{c-d\sqrt{n}} = \frac{ac-bdn+(bc-ad)\sqrt{n}}{c^2-d^2n} \\ &= \frac{ac-bdn}{c^2-d^2n} + \frac{bc-ad}{c^2-d^2n}\sqrt{n}.\end{aligned}$$

A hipótese de n ser livre de quadrado em particular implica que n não é quadrado perfeito e, portanto, para todo $c, d \in \mathbb{Z}$, $c^2 - d^2n \neq 0$. Denotem o conjunto dos números reais da forma $r + s\sqrt{n}$, onde $r, s \in \mathbb{Q}$ por $\mathbb{Q}[\sqrt{n}]$. A observação acima mostra que $cf(\mathbb{Z}[\sqrt{n}]) \subseteq \mathbb{Q}[\sqrt{n}]$. De fato, $\mathbb{Q}[\sqrt{n}]$ satisfaz a propriedade universal apresentada no teorema 268 na página 181, portanto $cf(\mathbb{Z}[\sqrt{n}]) = \mathbb{Q}[\sqrt{n}]$.

Definição 306 O conjugado de $\alpha = a + b\sqrt{n} \in \mathbb{Q}[\sqrt{n}]$ é definido por $\overline{\alpha} = a - b\sqrt{n}$. A função norma $\mathfrak{N} : \mathbb{Q}[\sqrt{n}] \to \mathbb{Q}^{\geq 0}$ é definida por

$$\mathfrak{N}(\alpha) = |\alpha\overline{\alpha}| = |a^2 - b^2n|.$$

Claramente, o contradomínio de $\mathfrak{N}_{|\mathbb{Z}[\sqrt{n}]}$ é $\mathbb{Z}$. As principais propriedades da norma são reunidas na próxima proposição.

Proposição 307 Seja $\mathfrak{N} : \mathbb{Q}[\sqrt{n}] \to \mathbb{Q}^{\geq 0}$ a função norma. Então, para todo $\alpha, \beta \in \mathbb{Q}[\sqrt{n}]$,

1. $\mathfrak{N}(\alpha) = \mathfrak{N}(\overline{\alpha})$.

2. $\mathfrak{N}(\alpha\beta) = \mathfrak{N}(\alpha)\mathfrak{N}(\beta)$.

3. $\mathfrak{N}(\alpha) = 0 \Longleftrightarrow \alpha = 0$.

4. $\mathfrak{N} : \mathbb{Q}[\sqrt{n}] \setminus \{0\} \to \mathbb{Q}^{>0}$ é um homomorfismo entre os grupos multiplicativos.

5. $\alpha \in \mathbb{Z}[\sqrt{n}]$ possui inverso multiplicativo, se, e somente se, $\mathfrak{N}(\alpha) = 1$.

Prova. O primeiro item segue da definição da função norma; basta observar que $\overline{\overline{\alpha}} = \alpha$. A prova do segundo é uma verificação direta fazendo as contas. O único fato necessário para verificar o item (3) é a hipótese de n ser livre de quadrado. O quarto é consequência imediata dos dois anteriores. Quanto ao último, se existe $\beta \in \mathbb{Z}[\sqrt{n}]$ tal que $\alpha\beta = 1$, então $\mathfrak{N}(\alpha\beta) = \mathfrak{N}(1) = 1$ e pelo item (1),

$$\mathfrak{N}(\alpha)\mathfrak{N}(\beta) = 1 \xrightarrow{\mathfrak{N}(\alpha),\mathfrak{N}(\beta)\in\mathbb{Z}^{\geq 0}} \mathfrak{N}(\alpha) = \mathfrak{N}(\beta) = 1.$$

Reciprocamente, se $\mathfrak{N}(\alpha) = 1$, então $\alpha\bar{\alpha} = \pm 1$, ou seja, $\alpha^{-1} = \overline{\alpha}$ ou $\alpha^{-1} = -\overline{\alpha}$. □

Exemplos 308

1. Os elementos invertíveis dos inteiros de Gauss, $\mathbb{Z}[i]$, são $\{-1, 1, -i, i\}$. Pois

$$\mathfrak{N}(a+bi) = 1 \Leftrightarrow a^2 + b^2 = 1 \Leftrightarrow a^2 = 1, b^2 = 0 \text{ ou } a^2 = 0, b^2 = 1.$$

   Portanto, $a = \pm 1, b = 0$ ou $a = 0, b = \pm 1$.

2. Seja $n \in \mathbb{Z}^{<-1}$. Determinaremos os elementos invertíveis de $\mathbb{Z}[\sqrt{n}]$.

$$a + b\sqrt{n} \in U(\mathbb{Z}[\sqrt{n}]) \Leftrightarrow \mathfrak{N}(a + b\sqrt{n}) = 1 \Leftrightarrow a^2 - b^2 n = 1.$$

   Como $-n > 1$, concluímos $a^2 = 1$ e $b^2 = 0$. Portanto, se $n < -1$, então $U(\mathbb{Z}[\sqrt{n}]) = \{-1, 1\}$.

Em alguns casos, os anéis quadráticos possuem *quase* um algoritmo da divisão com respeito à função norma.

Proposição 309 Seja $n \in \{-1, \pm 2, 3\}$. Então, dados $\alpha, \beta \in \mathbb{Z}[\sqrt{n}], \beta \neq 0$, existem $\gamma, \delta \in \mathbb{Z}[\sqrt{n}]$ tais que $\alpha = \beta\gamma + \delta$, onde $\delta = 0$ ou $\mathfrak{N}(\delta) < \mathfrak{N}(\beta)$.

Prova. Se $\alpha = 0$, então basta tomar $\gamma = \delta = 0$. Então, sejam $\alpha, \beta \in \mathbb{Z}[\sqrt{n}] \setminus \{0\}$. Escrevam $\frac{\alpha}{\beta} = r + s\sqrt{n} \in \mathbb{Q}[\sqrt{n}]$. Claramente, existem $a, b \in \mathbb{Z}$ tais que $|r-a| \leq \frac{1}{2}$ e $|s-b| \leq \frac{1}{2}$. Tomem $\gamma = a + b\sqrt{n}$. Então, $\alpha = \beta\gamma + (\alpha - \beta\gamma)$. Se $\delta := \alpha - \beta\gamma \neq 0$, então

$$\begin{aligned}\mathfrak{N}(\delta) = \mathfrak{N}\left(\beta\left(\frac{\alpha}{\beta} - \gamma\right)\right) = \mathfrak{N}(\beta)\mathfrak{N}\left(\frac{\alpha}{\beta} - \gamma\right) &= \mathfrak{N}(\beta)\mathfrak{N}((r-a) + (s-b)\sqrt{n}) \\ &= \mathfrak{N}(\beta)|(r-a)^2 - (s-b)^2 n|.\end{aligned}$$

Nos casos em que $n \in \{-1, \pm 2\}$, usando a desigualdade triangular,

$$|(r-a)^2 - (s-b)^2 n| \leq |(r-a)^2| + |(s-b)^2||n| < \frac{1}{4} + \frac{1}{4}|n| < \frac{3}{4} < 1;$$

logo, $N(\delta) < N(\beta)$. Se $n = 3$ e $|(r-a)^2 - 3(s-b)^2| \geq 1$, então

$$(r-a)^2 - 3(s-b)^2 \geq 1 \text{ ou } (r-a)^2 - 3(s-b)^2 \leq -1.$$

No primeiro caso,

$$3(s-b)^2 \leq (r-a)^2 - 1 \leq \frac{1}{4} - 1 = -\frac{3}{4},$$

e, no segundo caso,

$$(r-a)^2 \leq 3(s-b)^2 - 1 \leq 3 \cdot \frac{1}{4} - 1 = -\frac{1}{4}.$$

Ambos absurdos. Portanto, se $n = 3$, então $|(r-a)^2 - 3(s-b)^2| < 1$; logo, $N(\delta) < N(\beta)$. □

Observem que a proposição acima não garante a unicidade de γ e δ. Por isso, referimo-la como *quase* algoritmo da divisão. Mesmo assim, é suficiente para garantir algumas propriedades gerais desses anéis, por exemplo, serem domínios principais. Esses exemplos dão a motivação para a seguinte definição:

Definição 310 Um domínio D é chamado de um domínio euclidiano, ou que possui um algoritmo da divisão, se existe uma função $\nu : D \setminus \{0\} \to \mathbb{Z}^{\geq 0}$ tal que

- para todo $a,b \in D\setminus\{0\}$, $\nu(a) \le \nu(ab)$,
- para todo $a,b \in D, b \neq 0$, existem $q,r \in D$ tais que $a = bq + r$ e $r = 0$ ou $\nu(r) < \nu(b)$.

Os elementos q e r são chamados de quociente e resto da divisão, e a função ν é chamada de função grau ou valorização euclidiana. Se um domínio D satisfaz a definição 310, então dizemos que (D,ν) é um domínio euclidiano. As seguintes observações seguem diretamente da definição:

Observações 311

1. Tomem $a = 1$. Para todo $b \in D\setminus\{0\}, \nu(1) \le \nu(1\cdot b)$. Ou seja, a função grau possui mínimo em 1.

2. Tomem $b = -1$. Então, para todo $a \in D\setminus\{0\}, \nu(a) \le \nu(-a)$. Ao substituirmos $-a$ por a, concluímos que para todo $a \in D\setminus\{0\}, \nu(-a) = \nu(a)$.

3. Se $a \in U(D)$, então existe $b \in D\setminus\{0\}$ tal que $ab = 1$. Portanto,

$$\nu(a) \le \nu(ab) = \nu(1) \xrightarrow{\nu(a)\ge\nu(1)} \nu(a) = \nu(1).$$

   Reciprocamente, se $\nu(a) = \nu(1)$, então

$$\exists q,r \in D,\ 1 = aq + r,\ \text{ onde } r = 0 \text{ ou } \nu(r) < \nu(a) = \nu(1).$$

   Pela primeira observação, somente $r = 0$ é possível. Ou seja, $a \in U(D)$. Então, concluímos que num domínio euclidiano (D,ν),

$$U(D) = \{a \in D \mid \nu(a) = \nu(1)\}.$$

4. Uma consequência importante de existência de algoritmo de divisão num domínio euclidiano é o algoritmo de Euclides. Dados $a,b \in D, b \neq 0$, fazendo divisões sucessivas:

$$\begin{aligned}
a &= bq_1 + r_1,\\
b &= r_1q_2 + r_2,\\
r_1 &= r_2q_3 + r_3,\\
&\vdots\\
r_{n-2} &= r_{n-1}q_n + r_n\\
r_{n-1} &= r_nq_{n+1} + r_{n+1},
\end{aligned}$$

onde cada divisão é possível se o resto na divisão anterior é não nulo. Observem que $\nu(b) > \nu(r_1) > \nu(r_2) > \cdots > \nu(r_{n-1}) > \nu(r_n) > \cdots$. Ou seja, essa sequência é uma sequência decrescente de inteiros não negativos. Portanto, tem de ser uma sequência finita, i.e., em alguma divisão teremos resto nulo, digamos $r_{n+1} = 0$.

Exemplos 312

1. Todo corpo K é um domínio euclidiano. Pois, dados $a, b \in K, b \neq 0$, $a = b(ab^{-1}) + 0$. A função grau nesse caso é função constante nula.

2. O anel dos inteiros é um domínio euclidiano. A função grau é o valor absoluto.

3. O anel dos polinômios em uma variável com coeficientes num corpo é um domínio euclidiano. A função grau é o grau dos polinômios.

4. Pela proposição 309 na página 207, alguns anéis quadráticos são domínios euclidianos. A função grau é a função norma. Isso não acontece para todos. Por exemplo, não há nenhuma função grau que torne $\mathbb{Z}[\sqrt{-5}]$ um domínio euclidiano; vejam exemplo 314 a seguir. Para uma descrição dos anéis quadráticos euclidianos, vejam [1].

Teorema 313 Todo domínio euclidiano é um domínio principal.

Prova. O ideal nulo é gerado por zero, portanto é principal. Seja $I \neq \{0\}$. Pelo princípio de boa ordem, o conjunto

$$V := \{\nu(a) \mid a \in I \setminus \{0\}\} \subseteq \mathbb{Z}^{\geq 0}$$

possui menor elemento. Seja $\nu(t) = \min V, t \in I$. Então, $\langle t \rangle \subseteq I$. Dado $s \in I$, escrevam $s = tq + r$, onde $r = 0$ ou $\nu(r) < \nu(t)$. Observem que $r = s - tq \in I$; então, pela minimalidade de $\nu(t)$, concluímos $r = 0$, i.e., $s \in \langle t \rangle$. Então, $I \subseteq \langle t \rangle$. Portanto, $I = \langle t \rangle$ é principal. □

O teorema 313 é uma ferramenta para mostrar que um domínio não é euclidiano: basta mostrar a existência de um ideal não principal.

Exemplo 314 O domínio $\mathbb{Z}[\sqrt{-5}]$ não é euclidiano. Para mostrarmos isso, verificaremos que o ideal $I = \langle 3, 2 + \sqrt{-5} \rangle$ não é principal. Seja, por absurdo, $I = \langle a + b\sqrt{-5} \rangle$. Então,

$$3 = \alpha(a + b\sqrt{-5}), \ 2 + \sqrt{-5} = \beta(a + b\sqrt{-5}), \ \alpha, \beta \in \mathbb{Z}[\sqrt{-5}].$$

Seja $\mathfrak{N}$ a função norma (definição 306 na página 205). Então,

$$\mathfrak{N}(3) = \mathfrak{N}(\alpha)\mathfrak{N}(a+b\sqrt{-5}) \Rightarrow 9 = \mathfrak{N}(\alpha)(a^2+5b^2)$$

$$\Rightarrow a^2+5b^2 = \begin{cases} 1 \Rightarrow a = \pm 1, b = 0 \\ 3 \quad \text{não há soluções inteiras} \\ 9 \Rightarrow a = \pm 3, b = 0 \end{cases}.$$

A primeira possibilidade implica $2+\sqrt{-5} = \beta(\pm 1)$; logo, $\mathfrak{N}(\beta) = 9$. Então, $\beta = \pm 3$ e

$$2+\sqrt{-5} = \pm 3(\pm 1),$$

o que é absurdo. Na terceira possibilidade, usando a igualdade $2+\sqrt{-5} = \beta(a+b\sqrt{-5})$ e aplicando a função norma, concluímos $\mathfrak{N}(\beta) = 1$. Pelo exemplo 2 na página 206, concluímos $\beta = \pm 1$. Então,

$$2+\sqrt{-5} = \pm 1(\pm 3+0\sqrt{-5}),$$

o que é absurdo. Esse argumento mostra que o ideal I não é principal, portanto o domínio $\mathbb{Z}[\sqrt{-5}]$ não é principal; logo, não é domínio euclidiano, com respeito a nenhuma função grau.

Observação 315 Vale destacar que a recíproca do teorema 313 na página precedente não vale. Por exemplo, o conjunto

$$\left\{ a+b\frac{1+\sqrt{-19}}{2} \mid a,b \in \mathbb{Z} \right\},$$

munido de adição e multiplicação usual entre números complexos, é um domínio principal mas não é euclidiano; para detalhes, vejam [25].

Exercícios 316

1. Mostre que $\mathbb{Z}[x]$ não é um domínio euclidiano. Em geral, se D é um domínio e não é um corpo, então $D[x]$ não é um domínio euclidiano.

4.2 Domínios de Fatoração Única

Outra propriedade em comum de $\mathbb{Z}$ e $K[x]$, onde K é um corpo, é a existência da fatoração única de seus elementos. Nesta seção, estudaremos as propriedades gerais desse tipo de domínios. Primeiramente, devemos definir os conceitos de elementos primos e irredutíveis.

Definição 317 Sejam D um domínio e $a, b, p \in D$.

- Dizemos que a divide b e escrevemos $a \mid b$ se existe $c \in D$ tal que $ac = b$.
- Dizemos que a e b são associados se existe $u \in U(D)$ tal que $a = ub$.
- Dizemos que $p \neq 0$ é irredutível se $p \notin U(D)$ e satisfaz a seguinte condição:
$$p = bc \Rightarrow b \in U(D) \text{ ou } c \in U(D).$$
Caso contrário, p é redutível.
- Dizemos que p é primo se o ideal gerado por p é um ideal primo.

Observem que as noções acima podem ser definidas em qualquer anel, mas nosso foco é estudá-las em domínios. A noção de divisibilidade num domínio possui as mesmas propriedades já vistas no anel dos inteiros.

Proposição 318 Sejam D um domínio e $a, b, c, d \in D$.

1. $a \mid 0$ e $1 \mid a$.
2. $a \mid b \Leftrightarrow \langle b \rangle \subseteq \langle a \rangle$.
3. $a \mid b \Rightarrow \forall u \in U(D),\ ua \mid b$.
4. $a \mid b, b \mid c \Rightarrow a \mid c$.
5. $a \mid b, a \mid c \Rightarrow \forall r, s \in D,\ a \mid rb + sc$.
6. $a \mid c, b \mid d \Rightarrow ab \mid cd$. Em particular, para todo $n \in \mathbb{Z}^{>0}$, $a^n \mid c^n$.
7. $a \mid b, b \mid a \Leftrightarrow a$ e b são associados $\Leftrightarrow \langle a \rangle = \langle b \rangle$.
8. $a \in U(D) \Leftrightarrow \langle a \rangle = D$.
9. p é primo, se, e somente se, satisfaz a seguinte condição:
$$p \mid ab \Rightarrow p \mid a \text{ ou } p \mid b$$

Prova. As demonstrações seguem diretamente da definição. Observem que, no item 7, a hipótese de D ser domínio é necessária para concluir que a e b são associados. □

Exemplos 319

1. Os elementos invertíveis de $\mathbb{Z}[i]$ são ± 1 e $\pm i$. Portanto, $1+i$ e $-1+i$ são associados, pois $-1+i = i(1+i)$.

2. Os elementos invertíveis de $\mathbb{Z}_8$ são $1,3,5$ e 7. Portanto, 2 e 6 são associados, pois $6 = 3 \cdot 2$.

3. As noções de elementos primos e irredutíveis no anel dos inteiros coincidem. Lembrem que $U(\mathbb{Z}) = \{-1, 1\}$.

Nos próximos resultados, estudaremos a relação entre os elementos primos e irredutíveis.

Proposição 320 Seja D um domínio. Então, todo primo $p \neq 0$ é irredutível.

Prova. Seja $p = ab, a, b \in D$. Então, $ab \in \langle p \rangle$. Pela hipótese $a \in \langle p \rangle$ ou $b \in \langle p \rangle$. No primeiro caso, $a = pc$ para algum $c \in D$. Então, $p = ab = pcb$. Como D é um domínio e $p \neq 0$, concluímos $cb = 1$, ou seja, $b \in U(D)$. No caso em que $b \in \langle p \rangle$, de forma análoga concluímos $a \in U(D)$. Então, p é irredutível. □

Observação 321

A recíproca da proposição 320, em geral, não é válida. Por exemplo, em $\mathbb{Z}[\sqrt{-5}]$,

$$2 \cdot 3 = (1 + \sqrt{-5})(1 - \sqrt{-5}).$$

Isto é, $2 \mid (1 + \sqrt{-5})(1 - \sqrt{-5})$, mas $2 \nmid (1 + \sqrt{-5})$ e $2 \nmid (1 - \sqrt{-5})$. Ou seja, $2 \in \mathbb{Z}[\sqrt{-5}]$ não é primo. Por outro lado, é fácil verificar que $2 \in \mathbb{Z}[\sqrt{-5}]$ é irredutível; vejam o exercício 3 na página 223.

No caso dos domínios de ideais principais, a recíproca da proposição 320 é válida.

Proposição 322 Seja D um domínio de ideais principais. Então, $p \neq 0$ é primo, se, e somente se, é irredutível.

Prova. Pela proposição 320, se $p \neq 0$ é primo, então é irredutível. Para a recíproca, sejam $p \neq 0$ irredutível e $ab \in \langle p \rangle$. Considerem $\langle a, p \rangle$. Pela hipótese, esse ideal é principal. Se $\langle a, p \rangle = \langle c \rangle, c \in D$, então $p = cd, d \in D$. Pela irredutibilidade de p, $c \in U(D)$ ou $d \in U(D)$. Se $c \in U(D)$, então $\langle a, p \rangle = D$; logo, existem $r_1, r_2 \in D$ tais que

$$r_1 a + r_2 p = 1 \Rightarrow r_1 ab + r_2 pb = b \xRightarrow{p|ab} p \mid b.$$

Se $d \in U(D)$, então $\langle p \rangle = \langle c \rangle$; logo,

$$\langle a, p \rangle = \langle p \rangle \Rightarrow \exists q \in D,\ a = pq \Rightarrow p \mid a.$$

Portanto, $\langle p \rangle$ é primo, ou seja, p é um elemento primo. $\square$

Definição 323 Um domínio D é um domínio de fatoração única (DFU) se todo $a \in D \setminus \{0\}$ satisfaz as seguintes condições:

- $a \in U(D)$ ou existem $p_1, \ldots, p_n \in D$ irredutíveis tais que $a = p_1 \cdots p_n$.
- se $a = p_1 \cdots p_n = q_1 \cdots q_m$, onde $p_1, \ldots, p_n, q_1, \ldots, q_m$ são irredutíveis, então $n = m$ e cada p_i é associado a um único q_j, $1 \leq i, j \leq n$.

A primeira condição na definição acima garante a existência de fatoração dos elementos não nulos do domínio em termo dos elementos irredutíveis, e a segunda garante a sua unicidade a menos de multiplicação por elementos associados.

Exemplos 324

1. Os dois exemplos mais conhecidos de DFUs são $\mathbb{Z}$ e $K[x]$, onde K é um corpo. Lembrem que ambos são domínios principais. Isso não é por acaso; de fato, todo domínio principal é de fatoração única; vejam teorema 327 na próxima página.
2. O domínio $\mathbb{Z}[2i] = \{a + 2bi \mid a, b \in \mathbb{Z}\}$ não é DFU. Pois $4 = 2 \cdot 2 = (2i)(-2i)$ e os fatores de 4 não são associados em $\mathbb{Z}[2i]$.

Para mostrarmos o fato citado no primeiro exemplo acima, teorema 327 na página seguinte, precisaremos de uma propriedade importante de domínios principais.

Proposição 325 Sejam $\langle a_1 \rangle \subseteq \langle a_2 \rangle \subseteq \cdots$ uma cadeia crescente de ideais num domínio principal D. Então, essa cadeia é estacionária, i.e., existe k tal que $\langle a_k \rangle = \langle a_{k+1} \rangle = \cdots$.

Prova. Seja $I = \bigcup_{j \geq 1} \langle a_j \rangle$. É fácil verificar que $I \trianglelefteq D$. Então, existe $a \in D$ tal que $I = \langle a \rangle$. Portanto, para todo $j, \langle a_j \rangle \subseteq \langle a \rangle$. Por outro lado, existe k tal que $a \in \langle a_k \rangle$; logo, $\langle a \rangle \subseteq \langle a_k \rangle$. Então,

$$\langle a \rangle \subseteq \langle a_k \rangle \subseteq \langle a_{k+1} \rangle \subseteq \cdots \subseteq I = \langle a \rangle,$$

ou seja, $\langle a_k \rangle = \langle a_{k+1} \rangle = \cdots = \langle a \rangle$. $\square$

Observação 326 Na teoria dos anéis há uma classe de anéis que satisfaz a condição citada na última proposição. Isto é, toda cadeia crescente de ideias é estacionária. Esses anéis são chamados de anéis noetherianos. É fácil verificar que essa condição é equivalente a todo ideal ser finitamente gerado. Pela proposição anterior, $\mathbb{Z}$ e $K[x]$, onde K é um corpo, são anéis noetherianos. Pelo teorema da base de Hilbert (295 na página 198), se R é noetheriano, então $R[x_1,\ldots,x_n]$ também é noetheriano.

Teorema 327 Todo domínio principal é DFU.

Prova. Sejam D um domínio principal e $a \in D\setminus\{0\}$. Se $a \in U(D)$ ou é irredutível, então não há nada a provar. Então, seja $a \notin U(D)$ e redutível. Assim, $a = a_1b_1$. Se a_1 e b_1 forem irredutíveis, então temos a fatoração de a. Caso contrário, sem perda de generalidade, seja a_1 redutível e escreva $a_1 = a_2b_2$. Então,

$$\langle a\rangle \subsetneq \langle a_1\rangle \subsetneq \langle a_2\rangle.$$

Repetindo o argumento acima, obteremos a seguinte cadeia crescente de ideais:

$$\langle a\rangle \subsetneq \langle a_1\rangle \subsetneq \langle a_2\rangle \subsetneq \cdots.$$

Pela hipótese, D é um domínio principal, portanto, pela proposição 325, essa cadeia deve ser estacionária. Ou seja, existem $a_1,\ldots,a_k$ irredutíveis tais que $a = a_1\cdots a_k$. Agora, sejam $a = a_1\cdots a_k = b_1\cdots b_n$, onde os a_is e b_js são irredutíveis e $k \leq n$. Como D é um domínio principal, todos esses fatores são primos. Observem que $a_1 \mid b_1\cdots b_n$, então existe $1 \leq j \leq n$ tal que $a_1 \mid b_i$. Sem perda de generalidade, seja $j = 1$. Escrevam $a_1 = b_1c_1$. Observem que pela irredutibilidade de a_1, $c_1 \in U(D)$ e

$$a_1\cdots a_k = b_1\cdots b_n \Rightarrow b_1c_1a_2\cdots a_k = b_1\cdots b_n \Rightarrow c_1a_2\cdots a_k = b_2\cdots b_n.$$

Repetindo o argumento acima para todos os a_is, concluímos que existem $c_1,\ldots,c_k \in U(D)$ tais que $c_1\cdots c_k = b_{k+1}\cdots b_n$. Pela irredutibilidade de b_js, concluímos $k = n$. Portanto, a fatoração de a a menos de multiplicação por elementos invertíveis é única. □

A recíproca do teorema anterior não é válida; vejam exemplo 350 na página 222. A seguir, veremos que a proposição 322 na página 212 é válida nos DFUs também.

Proposição 328 Seja D um DFU. Então, $p \neq 0$ é primo, se, e somente se, é irredutível.

Prova. Pela proposição 320, se $p \neq 0$ é primo, então é irredutível. Para a recíproca, sejam $p \neq 0$ irredutível e $ab \in \langle p \rangle$. Então, $cp = ab$ para algum $c \in D$. Fatorem a e b em termo de elementos irredutíveis. Pela unicidade da fatoração, p deve ser associado a um dos fatores de a ou b. Sem perda de generalidade, seja p associado a um dos fatores de a. Então, $a = (up)p_2 \cdots p_n$, onde $u \in U(D)$ e $p_2, \ldots, p_n$ são irredutíveis. Então, $a \in \langle p \rangle$. □

Nos DFUs, os termos primo e irredutível são usados simultaneamente. Por exemplo, em $\mathbb{Z}$ falamos de números primos e em $K[x]$, onde K é um corpo, falamos de polinômios irredutíveis. Mas, como foi mostrado na observação 321 na página 212, em geral há diferença entre os elementos primos e irredutíveis.

Proposição 329 Seja D um domínio que satisfaz a primeira condição da definição 323 na página 213. Então, D é DFU, se, e somente se, todo elemento irredutível é primo.

Prova. Se D é DFU, então, pela proposição 328, todo irredutível é primo. Agora seja D um domínio que satisfaz a primeira condição da definição 323 na página 213 e todo elemento irredutível, primo. Devemos mostrar a unicidade da fatoração a menos de elementos associados. Sejam $p_1 \cdots p_n = q_1 \cdots q_m$, onde p_is e q_js são irredutíveis e $n \leq m$. Pela hipótese, todos os p_is e q_js são primos. Essa igualdade implica que $p_1 \mid q_1 \cdots q_m$. Como p_1 é primo, existe algum q_j tal que $p_1 \mid q_j$. Sem perda de generalidade, seja $j = 1$. Então, $q_1 = a_1 p_1$. Pela irredutibilidade de q_1, $a_1 \in U(D)$. Portanto,

$$p_1 p_2 \cdots p_n = a_1 p_1 q_2 \cdots q_m \Rightarrow p_2 \cdots p_n = a_1 q_2 \cdots q_m.$$

Ao repetirmos esse argumento n vezes, obteremos a seguinte igualdade:

$$1 = a_1 a_2 \cdots a_n \cdots \prod_{k>n} q_k.$$

Pela irredutibilidade de q_js, concluímos que não há nenhum q_j no termo $\prod_{k>n} q_k$, portanto $n = m$. Então, a fatoração é única a menos de elementos associados. □

Outras noções definidas no anel dos inteiros são o maior divisor comum e o menor múltiplo comum. Essas podem ser definidas em qualquer anel comutativo com unidade e em particular nos domínios. Somente devemos observar o seguinte: No caso dos inteiros, há noção de números positivos e negativos e os únicos elementos invertíveis são ± 1. Por isso, nesse caso, ao nos restringirmos aos números positivos, podemos falar de "o" maior divisor comum e "o" menor múltiplo comum. No caso dos domínios em geral, usaremos a noção de elementos associados, pois, se $a \mid b$ e $u \in U(D)$, então $ua \mid b$.

Definição 330 Sejam D um domínio e $a, b \in D$. Dizemos que $d \in D$ é maior divisor comum de a e b se

- $d \mid a, \ d \mid b,$
- $d' \mid a, \ d' \mid b \Rightarrow d' \mid d.$

Observem que se d satisfaz as condições da definição 330, então, para todo $u \in U(D)$, ud também as satisfaz. Além disso, se d_1 e d_2 satisfazem as condições da definição 330, então $d_1 \mid d_2$ e $d_2 \mid d_1$; logo, $d_1 = ud_2$ para algum $u \in (D)$. Isto é, os maiores divisores comuns são associados. Portanto, maior divisor comum é único a menos de multiplicação por elementos invertíveis. Em outras palavras, maior divisor comum de dois elementos é a classe de equivalência dos elementos d que satisfazem a definição acima. Se d é maior divisor comum de a e b, então escrevemos $d \sim (a,b)$. Quando dizemos *o maior divisor comum* significa a classe de equivalência associada a um maior divisor comum.

Definição 331 Sejam D um domínio e $(a,b) \sim 1$. Então dizemos que a e b são primos entre si, ou que são relativamente primos.

Definição 332 Sejam D um domínio e $a, b \in D$. Dizemos que $m \in D$ é menor múltiplo comum de a e b se

- $a \mid m, \ b \mid m,$
- $a \mid m', \ b \mid m' \Rightarrow m \mid m'.$

Os fatos citados anteriormente para maior divisor comum são válidos de forma similar para menor múltiplo comum. Se m é menor múltiplo comum de a e b, então escrevemos $m \sim [a,b]$.

Nos DFUs, maior divisor comum e menor múltiplo comum satisfazem as mesmas propriedades já demonstradas no anel dos inteiros. Algumas propriedades são válidas em qualquer domínio. Nas próximas proposições, reuniremos essas propriedades. As demonstrações são simples e na maioria das vezes seguem diretamente da definição.

Proposição 333 Sejam D um domínio e $a,b,r \in D$. Então, $(a,b) \sim (a, ra+b)$.

Prova. Sejam $(a,b) \sim d$ e $(a, ra+b) \sim d'$. Então,

$$\left.\begin{array}{l} d \mid a \Rightarrow d \mid ra \\ d \mid b \end{array}\right\} \Rightarrow d \mid ra+b \Rightarrow d \mid (a, ra+b).$$

E

$$\left.\begin{array}{l} d' \mid ra+b \\ d' \mid a \Rightarrow d' \mid ra \end{array}\right\} \Rightarrow d' \mid (ra+b) - ra = b \Rightarrow d' \mid (a,b).$$

Portanto, $d \mid d'$ e $d' \mid d$; logo, $d \sim d'$. □

Um dos resultados mais importantes na aritmética dos inteiros é o teorema de Bézout. Esse teorema é válido em todos os domínios principais.

Teorema 334 (Bézout) Seja D um domínio principal, $a,b \in D$ e $(a,b) \sim d$. Então, $\langle a,b \rangle = \langle d \rangle$. Portanto, existem $r,s \in D$ tais que $ra + sb = d$.

Prova. Por D ser principal, existe $c \in D$ tal que $\langle a,b \rangle = \langle c \rangle$. Então,

$$\exists a_1, b_1 \in D,\ a = a_1 c,\ b = b_1 c \Rightarrow c \mid a,\ c \mid b \Rightarrow c \mid d.$$

Por outro lado,

$$\exists c_1, c_2 \in D,\ c = c_1 a + c_2 b \Rightarrow d \mid c.$$

Então, $d \sim c$. Logo, $\langle a,b \rangle = \langle d \rangle$. □

No caso em que $d \sim 1$, a recíproca do teorema de Bézout é válida. Se $(a,b) \sim d$ e existem $r,s \in D$ tais que $ra + sb = 1$, então $d \mid 1$; portanto, $d \sim 1$. Então:

Corolário 335 Seja D um domínio principal e $a,b \in D$. Então, existem $r,s \in D$ tais que $ra + sb = 1$, se, e somente se, $(a,b) \sim 1$.

No teorema de Bézout e seu corolário, a hipótese de D ser principal é necessária; vejam o exercício 5 na página 223. Do último corolário podemos concluir o seguinte, muito conhecido no caso do anel dos inteiros:

Corolário 336 Seja D um domínio principal e $a,b,c \in D$ tais que $a \mid bc$ e $(a,b) \sim 1$. Então, $a \mid c$.

Prova. A demonstração segue pelo mesmo raciocínio do caso dos inteiros utilizando o corolário 335. □

Esse corolário é válido no caso dos DFUs; vejam o corolário 339.

Em $\mathbb{Z}$ e $K[x]$, onde K é um corpo, por meio do algoritmo de Euclides podemos determinar o maior divisor comum. Esse algoritmo é baseado no algoritmo da divisão. Lembrem que os domínios euclidianos possuem um algoritmo da divisão.

Proposição 337 Sejam D um domínio euclidiano e $a, b \in D$. Vejam o item (4) da observação 311 na página 208. Então, $(a,b) \sim r_n$.

Prova. A demonstração é feita por definição usando a proposição 333 na página anterior. □

Nos resultados anteriores, mostramos que, nos domínios euclidianos e principais, maior divisor comum sempre existe. No próximo resultado, mostraremos que o mesmo acontece no caso dos DFUs.

Proposição 338 Sejam D um DFU e $a, b \in D \setminus \{0\}$. Então, (a,b) existe.

Prova. Escrevam

$$a = up_1^{r_1} \cdots p_n^{r_n},$$
$$b = vp_1^{s_1} \cdots p_n^{s_n},$$

onde $u, v \in U(D)$, r_is e s_ns são inteiros não negativos e p_is são irredutíveis. Sejam $t_i = \min\{r_i, s_i\}, i = 1, \ldots, n$. Afirmamos que $d := p_1^{t_1} \cdots p_n^{t_n}$ é maior divisor comum de a e b. Pela escolha dos t_is, $d \mid a$ e $d \mid b$. Se $c \in D$ e $c \mid d$, então os fatores irredutíveis de c pertencem a $\{p_1, \ldots, p_n\}$. Além disso, a potência de p_i na fatoração de c deve ser no máximo t_i pelo fator de que $c \mid d$. Portanto, $c \mid d$. Então, $d \sim (a,b)$. □

Corolário 339 Sejam D um DFU e $a, b, c \in D$ tais que $a \mid bc$ e $(a,b) \sim 1$. Então, $a \mid c$.

Prova. Utilizem a descrição de maior divisor comum na proposição 338 e comparem os fatores irredutíveis de a, b e c. □

Um dos resultados mais importantes sobre DFUs é o seguinte:

se D é um DFU, então $D[x]$ também é.

Portanto, por indução, $D[x_1, \ldots, x_n]$ também é DFU para qualquer número finito de variáveis. O restante desta seção é dedicado à demonstração desse resultado. Inicialmente, veremos alguns resultados e conceitos mencionados anteriormente nos anéis dos polinômios $\mathbb{Z}[x]$ e $K[x]$, onde K é um corpo.

Definição 340 Seja D um domínio. O polinômio $p \in D[x] \setminus D$ é chamado de primitivo se seus únicos divisores são elementos invertíveis de D.

Definição 341 Seja D um DFU. O conteúdo de $p \in D[x]$, denotado por $c(p)$, é o maior divisor comum de seus coeficientes.

Lembrem que maior divisor comum, quando existe, não é único. De fato, maior divisor comum é uma classe de equivalência dos elementos associados. Então, ao escrevermos $c(p) = c(q)$, queremos dizer que esses elementos são iguais a menos de elementos associados. Na definição de conteúdo, a hipótese de D ser um DFU é necessária; vejam o exemplo a seguir:

Exemplo 342 Sabemos que $R = \mathbb{Z}[\sqrt{-5}]$ não é DFU. Em $R[x]$,

$$p := 9 + (6 + 3\sqrt{-5})x = 3(3 + (2 + \sqrt{-5})x) = (2 + \sqrt{-5})(2 - \sqrt{-5} + 3x),$$

e 3 e $2 + \sqrt{-5}$ são irredutíveis e não associados. Isto é, não podemos definir o conteúdo de p.

Observem que num DFU um polinômio é primitivo, se, e somente se, seu conteúdo é invertível.

Exemplos 343

1. $3x + 5 \in \mathbb{Z}[x]$ é primitivo.
2. $x + i \in \mathbb{Z}[i][x]$ é primitivo. Lembrem que $U(\mathbb{Z}[i]) = \{\pm 1, \pm i\}$.
3. $4x^2 + 2x + 6 \in \mathbb{Z}[x]$ possui conteúdo igual a 2 e pode ser escrito como $2(2x^2 + x + 3)$. Observem que $2x^2 + x + 3 \in \mathbb{Z}[x]$ é primitivo.
4. $x^2 + ix + 1 \in \mathbb{Z}[i][x]$ e $ix + i \in \mathbb{Z}[i][x]$ possuem conteúdos associados a 1 e i, portanto iguais.

A seguir, provaremos alguns resultados que serão utilizados na demonstração de nosso resultado principal desta seção, o teorema 348 na página 222.

Lema 344 Sejam D um DFU e $p, q \in D[x]$ primitivos. Se $\alpha p = \beta q$, então α e β são associados em D, e p e q associados em $D[x]$. Em particular, todo $f \in D[x]$ é escrito, unicamente a menos de associados, da forma $c(f)f^*$, onde $c(f)$ é o conteúdo de f e f^* é primitivo.

Prova. O domínio D é de fatoração única, portanto maior divisor comum de α e β existe. Seja $\delta \sim (\alpha,\beta)$. Escrevam $\alpha = \delta\alpha'$ e $\beta = \delta\beta'$, onde $(\alpha',\beta') \sim 1$. De $\alpha p = \beta q$, concluímos $\alpha' p = \beta' q$. Dado qualquer coeficiente b de q, a igualdade polinomial $\alpha' p = \beta' q$ implica $\alpha' \mid \beta' b$. Dessa última, pelo corolário 339, concluímos $\alpha' \mid b$. Pela hipótese, q é primitivo. Então, $\alpha' \in U(D)$. De forma análoga, concluímos $\beta' \in U(D)$. Portanto, α e β são associados e consequentemente p e q também são associados. □

Proposição 345 Sejam D um DFU e $f,g \in D[x]$. Então, f e g são primitivos, se, e somente se, fg também é. Além disso, $c(fg) = c(f)c(g)$.

Prova. Sejam f e g primitivos. Seja $p \in D\setminus\{0\}$ irredutível. Como D é UFD, p é primo, i.e., $\langle p\rangle$ é um ideal primo. Pela proposição 274 na página 186, $(D/\langle p\rangle)[x] \cong D[x]/\langle p[x]\rangle$. Portanto, $D/\langle p\rangle$, e, consequentemente, $D[x]/\langle p[x]\rangle$ são domínios. Se f e g forem primitivos e fg não for, então

$$\begin{aligned}\exists p \in D, \text{ irredutível, } p \mid c(fg) &\Rightarrow \overline{fg} = \overline{0} \text{ em } D[x]/\langle p[x]\rangle\\ &\Rightarrow \overline{f} = \overline{0} \text{ ou } \overline{g} = \overline{0} \text{ em } (D/\langle p\rangle)[x]\\ &\Rightarrow p \mid c(f) \text{ ou } p \mid c(g).\end{aligned}$$

E essa última contradiz a hipótese, portanto fg é primitivo.

Pela lema 344 na página precedente, $f = c(f)f^*$ e $g = c(g)g^*$. Então, $fg = c(f)c(g)f^*g^*$. Por outro lado, $fg = c(fg)(fg)^*$. Como f^* e g^* são primitivos, pelo argumento anterior f^*g^* também é. Novamente pelo lema 344, concluímos $c(fg) = c(f)c(g)$.

Se fg é primitivo, então $c(fg) \sim 1$, e, pela igualdade $c(fg) = c(f)c(g)$, concluímos $c(f) \sim 1$ e $c(g) \sim 1$; portanto, f e g são primitivos. □

Sejam D um DFU e $K := cf(D)$ seu corpo de frações. Se $f = gh$ for uma decomposição de f em $D[x]$, claramente é uma decomposição em $K[x]$. Naturalmente surge a seguinte pergunta: será que, a partir de uma decomposição de f com fatores em $K[x]$, podemos obter uma decomposição com fatores em $D[x]$? O próximo resultado responde a essa pergunta. Esse resultado é o resultado principal para mostrar o lema de Gauss, lema 347 na página ao lado.

Proposição 346 Sejam D um DFU, $K := cf(D)$ seu corpo de frações, $f \in D[x]$ e $g,h \in K[x]$ tais que $f = gh$. Sejam m_g e m_h os menores múltiplos comuns dos denominadores dos coeficientes de g e h. Então, $m_g g, m_h h \in D[x]$. Escrevam $m_g g = c(m_g g)\tilde{g}$ e $m_h h = c(m_h h)\tilde{h}$, onde $\tilde{g},\tilde{h} \in D[x]$ são primitivos. Então,

$$\begin{aligned}c(m_g g)c(m_h h) &= m_g m_h c(f),\\ f &= c(f)\tilde{g}\tilde{h}.\end{aligned}$$

Prova. Observem:

$$f = gh \Rightarrow m_g m_h f = (m_g g)(m_h h) \stackrel{\text{Prop. 345}}{\Longrightarrow} c(m_g m_h f) = c(m_g g)c(m_h h);$$

logo, $m_g m_h c(f) = c(m_g g)c(m_h h)$. Além disso,

$$m_g m_h f = (m_g g)(m_h h) = c(m_g g)\tilde{g} \cdot c(m_h h)\tilde{h} = m_g m_h c(f)\tilde{g}\tilde{h}.$$

Agora basta cancelar $m_g m_h$ para obter $f = c(f)\tilde{g}\tilde{h}$. □

O próximo resultado é a generalização do lema 285 na página 191 demonstrado anteriormente.

Lema 347 (Gauss) Sejam D um DFU, $K := cf(D)$ seu corpo de frações e $f \in D[x] \setminus D$.

1. Seja f primitivo. Então, f é irredutível em $D[x]$, se, e somente se, é irredutível em $K[x]$.

2. Se $g \in D[x]$ é primitivo e $g \mid f$ em $K[x]$, então $g \mid f$ em $D[x]$.

Prova.

1. Claramente, se f é irredutível em $K[x]$, então é irredutível em $D[x]$, pois $D[x] \subseteq K[x]$. Reciprocamente, se f for irredutível em $D[x]$ e redutível em $K[x]$, então $f = gh$, onde $g, h \in K[x]$. Então, pela proposição 346,
$$f = c(f)\tilde{g}\tilde{h} = \tilde{g}\tilde{h},\ \tilde{g}, \tilde{h} \in D[x].$$
Mas isso contradiz a hipótese de irredutibilidade de f em $D[x]$.

2. Pela hipótese, existe $h \in K[x]$ tal que $f = gh$. Então, pela proposição 346, $f = c(f)\tilde{g}\tilde{h}$. Observem que, nesse caso, $g \in D[x]$, $m_g \sim 1$ e
$$m_g g = c(m_g g)\tilde{g} \Rightarrow g = c(g)\tilde{g} = \tilde{g}.$$
Portanto, $f = c(f)g\tilde{h}$; logo, $g \mid f$. □

Agora temos todos os resultados necessários para demonstrar o teorema principal desta seção.

Teorema 348 Se D é um DFU, então $D[x]$ também é.

Prova. Seja $f \in D[x]$ e não invertível. Se $f \in D$, não há nada a provar. Se $f \in D[x] \setminus D$, então $f = c(f)f^*$, onde f^* é primitivo. Se f^* for redutível, então $f^* = gh$, onde $g, h \in D[x]$ e $\deg g, \deg h > 0$. Pela proposição 345, g e h são primitivos. Continuaremos fatorando g e h. Observem que a sequência dos graus é uma sequência decrescente de inteiros positivos, portanto o processo de fatoração termina depois de um número finito de passos e dessa forma teremos uma fatoração de f em termo de fatores irredutíveis em $D[x]$. Para a unicidade da fatoração, sejam $g_1 \cdots g_n$ e $h_1 \cdots h_m$, $n \leq m$, duas fatorações de f em termo de fatores irredutíveis. Lembrem que todo elemento irredutível num DFU é primo.

$$g_1 \cdots g_n = h_1 \cdots h_m \Rightarrow g_1 \mid h_1 \cdots h_m \Rightarrow \exists i,\ g_1 \mid h_i.$$

Sem perda de generalidade, seja $i = 1$. Então, $g_1 \mid h_1$. Pela irredutibilidade de g_1 e h_1, existe $c_1 \in U(D)$ tal que $g_1 = c_1 h_1$. Ao cancelar h_1,

$$c_1 g_2 \cdots g_n = h_2 \cdots h_m.$$

Ao repetirmos o argumento anterior para todos os g_is, obteremos

$$c_1 \cdots c_n = \prod_{j>n} h_j,$$

o que é possível somente se $n = m$. Portanto, a fatoração de f é única a menos de ordem e elementos associados. □

Lembrem que para todo $n \geq 2$, $D[x_1, \ldots, x_n] = D[x_1, \ldots, x_{n-1}][x_n]$. Então, por indução, a partir do teorema acima, concluímos:

Corolário 349 Se D é DFU, então, para todo $n \geq 1$, o anel dos polinômios em n variáveis $D[x_1, \ldots, x_n]$ é DFU. Em particular, se K é um corpo, então $K[x_1, \ldots, x_n]$ é DFU.

Exemplo 350 Pelo teorema anterior, $\mathbb{Z}[x]$ é um DFU. Esse domínio não é principal; por exemplo, o ideal $\langle 2, x \rangle$ não é principal. Portanto, a recíproca do teorema 327 na página 214 não é válida.

Pelos resultados vistos até o momento, se D é um domínio, então

$$D \text{ é euclidiano} \xRightarrow{\text{teorema 313}} D \text{ é principal} \xRightarrow{\text{teorema 327}} D \text{ é DFU}.$$

Lembrem da observação 315 na página 210 onde apresentamos um exemplo para mostrar que a recíproca do teorema 313 não é válida. Outro exemplo para mostrar que a recíproca do teorema 327 não é válida é o anel dos polinômios em duas variáveis $K[x_1,x_2]$, onde K é um corpo. Esse anel é um DFU, mas possui ideais não principais, por exemplo $\langle x_1,x_2\rangle$.

Outra observação que não podemos deixar de fazer é sobre o anel das séries formais $R[\![x]\!]$. Ao contrário do caso de $R[x]$, se R for DFU, então $R[\![x]\!]$ não é necessariamente DFU. De fato, há exemplo para isso. Uma condição suficiente para $R[\![x]\!]$ ser DFU é que R seja domínio principal. Para esses resultados e outros, vejam [3] e [7].

Exercícios 351

1. Seja D um domínio. Mostrem que a relação

$$a \sim b \Longleftrightarrow a \text{ e } b \text{ são associados}$$

   entre os elementos de D é de equivalência. Determinem as classes de equivalência nos casos em que $D = \mathbb{Z}$ e $D = K[x]$, onde K é um corpo.

2. Neste exercício, veremos que a hipótese de D ser um domínio é necessária no item 5 da proposição 318 na página 211. Seja R o anel das funções contínuas $f : [-1,1] \to \mathbb{R}$ munido de adição e multiplicação usuais de funções. Mostrem que as funções

$$g(x) = \begin{cases} 2x+1, & x \in [-1, \frac{-1}{2}] \\ 0, & x \in [\frac{-1}{2}, \frac{1}{2}] \\ 2x-1, & x \in [\frac{1}{2}, 1] \end{cases}$$

   e $h(x) = |g(x)|$ não são associadas, mas $g \mid h$ e $h \mid g$ em R.

3. Verifiquem as afirmações na observação 321 na página 212.

4. Obtenham um critério para determinar os elementos irredutíveis nos anéis quadráticos.

5. Seja $D = \mathbb{Z}[\sqrt{-5}]$. Mostrem que $(3, 1+\sqrt{-5}) \sim 1$, mas $\langle 3, 1+\sqrt{-5}\rangle \neq D$.

6. Seja K um corpo. Mostrem que $\langle x_1,x_2\rangle$ não é um ideal principal de $K[x_1,x_2]$.

5. Módulos

O objetivo deste capítulo é estudar módulos. Essa estrutura é basicamente generalização do conceito de espaço vetorial. Um módulo é definido pelos mesmos axiomas que um espaço vetorial, mas a multiplicação por escalares é definida a partir dos elementos de um anel em lugar de um corpo. Em outras palavras, o conceito de módulo é uma generalização da noção de espaço vetorial na qual o conjunto de escalares é um anel. Como veremos, várias propriedades de um espaço vetorial não valem para um módulo justamente pela diferença da estrutura de um anel em relação a um corpo. Outra motivação é dada pelo exemplo 2 na página seguinte: todo grupo abeliano é um $\mathbb{Z}$-módulo. Os módulos são muito presentes em diversas áreas de matemática. Eles são fortemente relacionados à teoria de representação de grupos, são objetos centrais na álgebra comutativa e na álgebra homológica e largamente usados na topologia algébrica e na geometria algébrica.

O destaque deste capítulo é mostrar as diferenças entre espaços vetoriais e módulos. Para isso, apresentaremos exemplos pelos quais podemos compreender essas diferenças. O resultado principal é a classificação dos módulos finitamente gerados sobre um domínio principal. O caso particular desse resultado é a classificação dos grupos abelianos finitamente gerados.

Neste capítulo, um anel é sempre comutativo com unidade 1. Dado um anel R, o anel dos polinômios (resp. das séries formais) em variável x é denotado por $R[x]$ (resp. $R[\![x]\!]$).

5.1 Módulos, Submódulos e Módulo Quociente

Para facilitar, sempre denotaremos por "$+$" a operação comutativa num grupo abeliano e seu elemento neutro por "0".

Definição 352 Seja $(R, +, \cdot)$ um anel comutativo com unidade. Um módulo à esquerda sobre R, ou um R-módulo à esquerda M, é um grupo abeliano

$(M,+)$ junto com uma ação de R em M tal que para todo $a,b \in R$ e $m_1,m_2 \in M$,

1. $1m_1 = m_1$,

2. $(ab)m_1 = a(bm_1)$,

3. $(a+b)m_1 = am_1 + bm_1$,

4. $a(m_1+m_2) = am_1 + am_2$.

As propriedades acima garantem a compatibilidade da operação de M com a ação de R em M. Similarmente, podemos definir um R-módulo à direita. Todo R-módulo à direita é naturalmente um R-módulo à esquerda e vice-versa. Por isso, trataremos apenas os R-módulos à esquerda simplesmente chamados de R-módulos.

Proposição 353 Seja M um R-módulo. Então, para todo $m \in M$ e $a \in R$, $0m = 0$ e $a(-m) = -(am)$.

Prova. Aplicaremos o axioma 3 na definição 352. Tomem $a = b = 0$. Então,

$$(0+0)m = 0m + 0m \Rightarrow 0m = 0m + 0m \Rightarrow 0m = 0.$$

Para a segunda propriedade, basta tomar $a = -b$:

$$(a+(-a))m = am + (-a)m \Rightarrow 0m = am + (-a)m \Rightarrow -(am) = (-a)m.$$

□

Exemplos 354

1. Seja K um corpo. Por definição, todo K-espaço vetorial é um K-módulo.

2. Todo grupo abeliano $(G,*)$ possui naturalmente estrutura de um $\mathbb{Z}$-módulo. Seja e o elemento neutro de $(G,*)$. A ação de $\mathbb{Z}$ em G é definida por:
$$ng := \begin{cases} e & \text{se } n = 0, \\ g*(n-1)g & \text{se } n \geq 1, \\ ((-n)g))^{-1} & \text{se } n < 0. \end{cases}$$
A condição de G ser abeliano é necessária para verificar o item 4 da definição 352.

3. Sejam R um anel e $\mathrm{M}_{n\times m}(R)$ o conjunto de todas as matrizes com entradas em A. Lembrem que $\mathrm{M}_{n\times m}(R)$, munida da adição de matrizes, é um grupo abeliano. Dados $a \in R$ e $(a_{ij}) \in \mathrm{M}_{n\times m}(R)$, definam $a \cdot (a_{ij}) := (aa_{ij})$. Dessa forma, $\mathrm{M}_{n\times m}(R)$ se torna um R-módulo.

4. Sejam R um anel e $S \subseteq R$ um subanel. Claramente, R pode ser considerado como S-módulo: a ação de S em R é a multiplicação definida em R. Em particular, o anel dos polinômios (resp. das séries formais) em uma variável, $R[x]$ (resp. $R[\![x]\!]$), é R-módulo. Se S for um ideal de R, então S é um R-módulo. Em particular, o próprio R é um R-módulo.

5. Seja $f : A \to B$ um homomorfismo entre anéis tal que $f(1) = 1$. Então,
$$a \cdot b := f(a)b, \quad a \in A, b \in B$$
define uma estrutura de A-módulo para B. Em geral, dado um B-módulo M,
$$a \cdot m := f(a)m, \quad a \in A, m \in M$$
define a estrutura de M como A-módulo.

6. Sejam M um R-módulo, M' um grupo abeliano e $f : M' \to M$ um homomorfismo entre grupos. A ação de R em M' definida por
$$am' := af(m'), \quad a \in R, m' \in M'$$
define uma estrutura de R-módulo em M'.

7. Seja R um anel comutativo com unidade e $p \in R[x]$ mônico de grau n. Então, $R[x]/\langle p \rangle$ é um R-módulo.

8. Sejam K um corpo e $K[x]$ o anel dos polinômios na variável x. Nesse exemplo, veremos como um K-espaço se torna um $K[x]$-módulo. Sejam V um K-espaço vetorial e $T : V \to V$ uma transformação linear. Para todo $f = \sum a_i x^i \in K[x]$, definam
$$f(T) := \sum a_i T^i, \quad T^i := \underbrace{T \circ \cdots \circ T}_{i \text{ vezes}},$$
e, dado $v \in V$,
$$fv := \sum a_i T^i(v).$$
Essa ação torna V um $K[x]$-módulo. Observem que essa estrutura depende da escolha de T. Em particular, se $T = 0$, teremos a estrutura original de V com K-epaço, ou se T for a identidade, $fv = (\sum a_i)v$.

Não podemos deixar de citar a situação recíproca. Claramente, um $K[x]$-módulo V pode ser visto como K-espaço, uma vez que K é um subanel de $K[x]$ e a transformação linear $T : V \to V$ é dada pela ação de $x \in K[x]$:

$$T(v) = xv.$$

Então, existe uma bijeção entre a coleção de $K[x]$-módulos e a coleção de pares de K-espaços e suas transformações lineares:

$$\{K[x] - \text{módulos } V\} \longleftrightarrow \{K - \text{espaços } V \text{ e } T : V \to V \text{ transformação linear}\}.$$

Definição 355 Um submódulo N de um R-módulo M é um subgrupo de $(M, +)$ fechado com respeito à ação de R em M, i.e.,

$$\forall a \in R, n \in N, \quad an \in N.$$

Nesse caso, escrevemos $N \leqslant M$.

Exemplos 356 Sejam M um R-módulo e I um ideal de R.

1. Dados $m_1, \ldots, m_k \in M$,

$$\langle m_1, \ldots, m_k \rangle := \left\{ \sum_{i=1}^{k} a_i m_i \mid a_1, \ldots, a_k \in R \right\}$$

é um submódulo de M chamado de módulo gerado por $m_1, \ldots, m_k$.

2. O conjunto

$$IM := \left\{ \sum_{finita} am \mid a \in I, m \in M \right\}$$

é um submódulo de M. Observem que o produto de dois ideais I e J é um caso particular desse exemplo no qual consideramos R como R-módulo e J como submódulo de R.

3. A interseção de uma família de submódulos de um módulo é um submódulo.

4. No caso da união de submódulos acontece o mesmo que para subgrupos e ideais: a união de dois submódulos é submódulo se um estiver contido no outro.

Exercícios 357

1. Verifiquem as afirmações nos Exemplos 356.

2. Mostrem que a união de dois submódulos é um submódulo, se, e somente se, um está contido no outro.

3. Sejam I e J ideais de R. Então, $(IJ)M = I(JM)$.

4. Sejam m e n dois inteiros positivos tais que $n|m$. Mostrem que $\mathbb{Z}_n$ possui estrutura de $\mathbb{Z}_m$-módulo definida por

$$\overline{a} \cdot \overline{b} := \overline{ab}, \quad \overline{a} \in \mathbb{Z}_m, \overline{b} \in \mathbb{Z}_n.$$

O critério para verificar se um subconjunto de um módulo é submódulo é essencialmente idêntico aos já vistos para subespaços vetoriais e ideais de um anel, e sua prova é deixada como exercício.

Proposição 358 Sejam M um R-módulo e $\emptyset \neq N \subseteq M$. Então, $N \leqslant M$, se, e somente se, para todo $a \in R$ e $n_1, n_2 \in N, an_1 + n_2 \in N$.

Sejam M um R-módulo e $N \leqslant M$. Como $(M, +)$ é um grupo abeliano, N é um subgrupo normal e portanto podemos considerar o grupo quociente

$$M/N = \{m + N \mid m \in M\}.$$

Nesse grupo, definam

$$a(m+N) := am + N, \quad a \in R, m \in M.$$

É fácil verificar que essa operação está bem definida e que M/N se torna um R-módulo.

Definição 359 Sejam M um R-módulo e $N \leqslant M$. O R-módulo M/N é chamado de módulo quociente.

Exemplo 360 Seja $n > 1$ um inteiro. Lembrem que $\frac{\mathbb{Z}}{n\mathbb{Z}} \cong \mathbb{Z}_n$ são grupos abelianos. Então, $\mathbb{Z}_n$ possui estrutura de $\mathbb{Z}$-módulo definida por $m \cdot \overline{a} := \overline{ma}$.

Exercícios 361

1. Demonstrem a proposição 358.

2. Verifiquem a afirmação da definição 359.

3. Sejam M um R-módulo e I um ideal de R. Definam

$$\overline{a}\cdot\overline{m} := \overline{am},\ \ \overline{a}\in R/I,\ \ \overline{m}\in M/IM.$$

Mostrem que essa operação define uma estrutura de R/I-módulo em M/IM.

4. Sejam M um R-módulo, $N\leqslant M$ e I um ideal de A. Mostrem que $I(\frac{M}{N}) = \frac{IM+N}{N}$.

5. Seja M um R-módulo e $N\leqslant M$. Mostrem que os submódulos de M/N são da forma P/N, onde $P\leqslant M$ tal que $N\subseteq P$.

5.2 Soma, Soma Direta e Produto de Módulos

5.2.1 Soma e soma direta

Na seção anterior, vimos como, a partir de dois submódulos, construir um terceiro por meio de interseção de conjuntos, e que a união não funciona bem nesse caso. Mas, igual ao caso de espaços vetoriais, podemos construir um submódulo que contenha os dois. Sejam N_1 e N_2 submódulos do R-módulo M. Considerem

$$N_1+N_2 := \{n_1+n_2 \mid n_1\in N_1, n_2\in N_2\}.$$

Claramente, N_1+N_2 é um subgrupo do grupo abeliano M. Esse subgrupo junto com a ação

$$a(n_1+n_2) := an_1+an_2,\ \ a\in R$$

é um R-módulo. Essa construção pode ser feita para uma família $\{N_i\}_{i\in I}$ de submódulos de M. A notação usual nesse caso é $\sum_{i\in I}N_i$. No caso de famílias infinitas, os elementos de $\sum_{i\in I}N_i$ são somas finitas dos elementos dos submódulos, i.e., somas da forma $n_{i_1}+\cdots+n_{i_k}$, onde cada termo pertence a um dos membros da família.

Em geral, os elementos de N_1+N_2 não possuem representação única. Por exemplo, considerem $\mathbb{Z}$ como $\mathbb{Z}$-módulo e $N_1=N_2=4\mathbb{Z}$. Então,

$$16 = 4+12 = 8+8\in 4\mathbb{Z}+4\mathbb{Z}.$$

A unicidade dessa representação pode ser muito útil quando trabalhamos com a soma de submódulos. Vamos investigar quando isso é possível.

Consideremos o caso mais simples, o de soma de dois submódulos. Sejam $N_1, N_2 \leqslant M$ e

$$\exists n_1, n_1' \in N_1, n_2, n_2' \in N_2, \ \ n_1 + n_2 = n_1' + n_2'.$$

Em outras palavras, os pares $(n_1, n_2), (n_1', n_2') \in N_1 \times N_2$ representam o mesmo elemento de $N_1 + N_2$. Então, $n_1 - n_1' = n_2' - n_2$. Se $n_1 \neq n_1'$ (ou, equivalentemente, $n_2 \neq n_2'$), essa igualdade implica que $N_1 \cap N_2 \neq \{0\}$. Reciprocamente, se $N_1 \cap N_2 \neq \{0\}$, tomem $n \in N_1 \cap N_2, n \neq 0$; então, $n = n + 0 = 0 + n$ possui duas representações dadas por $(n, 0), (0, n) \in N_1 \cap N_2$. Então, nesse caso, concluímos que a representação é única, se, e somente se, a interseção dos submódulos é trivial. Em geral, vale a seguinte proposição:

Proposição 362 Sejam $N_1, N_2, \ldots, N_k$ submódulos de um R-módulo M. Então, as seguintes condições são equivalentes:

1. Para todo $i = 1, \ldots, k$, $N_i \cap (\sum_{j \neq i} N_j) = \{0\}$.
2. Todo elemento de $N_1 + \cdots + N_k$ possui uma representação única.

Prova. De fato, mostraremos que se $N_i \cap (\sum_{j \neq i} N_j) \neq \{0\}$ para algum i é equivalente a termos elemento(s) em $N_1 + \cdots + N_k$ como mais que uma representação. Observem

$$\tilde{n} \in N_i \cap (\sum_{j \neq i} N_j) \Leftrightarrow \exists n_l \in N_l, \tilde{n} = n_i = n_1 + \cdots + n_{i-1} + n_{i+1} + \cdots + n_k, \ \ 1 \leq l \leq k.$$

Isto é, $\tilde{n}$ possui duas representações

$$0 + \cdots + \underbrace{\tilde{n}}_{i-\text{ésimo termo}} + \cdots + 0 = n_1 + \cdots + n_{i-1} + 0 + n_{i+1} + \cdots + n_k$$

em $\sum_j N_j$. Reciprocamente, sejam

$$n_1 + \cdots + n_k = n_1' + \cdots + n_k', \ \ n_i, n_i' \in N_i, \ i = 1, \ldots, k$$

e que exista $1 \leq j \leq k$ tal que $n_j \neq n_j'$. Então,

$$\overline{n} := n_j - n_j' = (n_1' - n_1) + \cdots + (n_{j-1}' - n_{j-1}) + (n_{j+1}' - n_{j+1}) + \cdots + (n_k' - n_k).$$

Portanto, $0 \neq \overline{n} \in N_j \cap (\sum_{i \neq j} N_i)$. □

Definição 363 Se os submódulos $N_1, N_2, \ldots, N_k$ de um R-módulo M satisfazem uma das condições da proposição 362, diremos que $N_1 + \cdots + N_k$ é soma direta de $N_1, N_2, \ldots, N_k$ e o denotaremos por $N_1 \oplus N_2 \oplus \cdots \oplus N_k$.

Há outra condição equivalente às da proposição 362 que será vista na próxima seção (proposição 379).

Exercícios 364

1. Mostrem que a soma de submódulos de um módulo é o menor submódulo que contém todos os submódulos.

2. Sejam J um ideal de R, M um R-módulo e $\{N_i\}_{i\in I}$ uma família de submódulos de M. Mostrem $J(\sum_{i\in I} N_i) = \sum_{i\in I} JN_i$.

5.2.2 Produto de Módulos

Dados R-módulos M_1 e M_2 já vimos que o produto cartesiano $M_1 \times M_2$ possui estrutura de um grupo abeliano por meio da operação natural

$$(m_1, m_2) + (m_1', m_2') := (m_1 + m_1', m_2 + m_2').$$

Definam a ação de R em $M_1 \times M_2$ por

$$a(m_1, m_2) := (am_1, am_2).$$

É fácil verificar que $M_1 \times M_2$ também é um R-módulo. Essa construção pode ser feita por indução para um número finito de R-módulos:

$$M_1 \times \cdots \times M_n := (M_1 \times \cdots \times M_{n-1}) \times M_n, \quad n > 1.$$

No caso de uma família infinita $\{M_i\}_{i\in I}$ há duas possibilidades. A primeira é considerar todas as sequências $(m_i)_{i\in I} \in \prod_{i\in I} M_i$ e definir as operações naturais

$$(m_i)_{i\in I} + (m_i')_{i\in I} := (m_i + m_i')_{i\in I} \quad \text{e} \quad a(m_i)_{i\in I} = (am_i)_{i\in I}$$

para todo $a \in R$ e obter o R-módulo $\prod_{i\in I} M_i$. A outra possibilidade é considerar apenas as sequências finitas em $\prod_{i\in I} M_i$, i.e., sequências com apenas um número finito de termos não nulos. Esse conjunto é denotado por $\Sigma_{i\in I} M_i$ e é claramente fechado com respeito às operações definidas anteriormente e é um R-módulo. Essa construção é o caso geral de soma de submódulos definido anteriormente. Além disso, é um submódulo de $\prod_{i\in I} M_i$.

Definição 365 O módulo construído acima é chamado de produto de módulos $\{M_i\}_{i\in I}$.

5.3 Homomorfismo de Módulos

Seja R um anel. A ideia é estudar aplicações entre R-módulos. Claramente, queremos aplicações que preservem a estrutura dos módulos. A definição é similar ao caso de espaços vetoriais.

Definição 366 Sejam M e M' dois R-módulos. Uma aplicação $f : M \to M'$ é um R-módulo homomorfismo se para todo $m_1, m_2 \in M$ e $a \in R$,

1. $f(m_1 + m_2) = f(m_1) + f(m_2)$,
2. $f(am_1) = af(m_1)$.

A primeira condição diz que f é um homomorfismo entre grupos (abelianos) e a segunda é a R-linearidade de f. Claramente,

$$f(0) = 0 \quad \text{e} \quad \forall m \in M, f(-m) = -f(m).$$

Se R tiver unidade, essas duas condições podem ser resumidas em uma: $f(am_1 + m_2) = af(m_1) + f(m_2)$.

Usamos os termos monomorfismo, epimorfismo, isomorfismo quando o homomorfismo é injetivo, sobrejetivo, bijetivo. É comum usar os termos endomorfismo (resp. automorfismo) para os homomorfismos (resp. isomorfismos) $M \to M$.

O conjunto de todos os R-módulos homomorfismos entre M e M' é denotado por $\mathrm{Hom}_R(M, M')$, e $\mathrm{End}_R(M)$ (resp. $\mathrm{Aut}(M)$) representa o conjunto dos R-endomorfismos (resp. R-isomorfismos) de M.

Exemplos 367 Sejam M e M' dois R-módulos.

1. A aplicação $f : M \to M'$ definida por $f(m) = 0$ para todo $m \in M$ é um R-módulo homomorfismo. A identidade $\mathrm{id} : M \to M$ é um R-módulo isomorfismo. Em particular, $\mathrm{Hom}_R(M, M') \neq \emptyset$ e $\mathrm{End}_R(M) \neq \emptyset$.

2. Seja $N \leqslant M$. A aplicação natural $\pi : M \to \frac{M}{N}$ definida por $m \mapsto m + N$ é um R-módulo epimorfismo.

3. Seja $\{M_i\}_{i \in I}$ uma família de R-módulos. As aplicações de projeção

$$\begin{cases} \pi_j & : & \prod M_i & \longrightarrow & M_j \\ & & (m_i)_{i \in I} & \longmapsto & m_j \end{cases}, \quad j \in I$$

são epimorfismos. Por outro lado, para todo $j \in I$, as inclusões

$$\begin{cases} \iota_j & : & M_j & \longrightarrow & \prod M_i \\ & & m & \longmapsto & (m_i)_{i \in I} \end{cases}, \text{ onde } m_j = m, \forall i \neq j, m_i = 0$$

são monomorfismos.

4. Lembrem que todo grupo abeliano é um $\mathbb{Z}$-módulo (exemplo 2 dos Exemplos 354). Os $\mathbb{Z}$-módulos homomorfismos entre grupos abelianos são exatamente os homomorfismos entre grupos abelianos. Claramente, todo $\mathbb{Z}$-módulo homomorfismo é um homomorfismo entre grupos abelianos: a primeira condição na definição é exatamente a definição de um homomorfismo entre grupos abelianos. Reciprocamente, sejam G e G' grupos abelianos. Por indução, para todo homomorfismo de grupos $f: G \to G'$, todo $n \in \mathbb{Z}$ e todo $g \in G$, $f(ng) = nf(g)$. Ou seja, todo homomorfismo entre grupos abelianos é um $\mathbb{Z}$-módulo homomorfismo.

5. Lembrem que todo anel R é um R-módulo. É importante observar a diferença entre os R-módulos endomorfismos e endomorfismos de R como anel. Por exemplo, no caso em que $R = \mathbb{Z}$, a aplicação $n \mapsto 2n$ é um $\mathbb{Z}$-módulo homomorfismo, mas não é um homomorfismo de anéis, pois não preserva a multiplicação. E, no caso de $R[x]$, a aplicação $\varphi : R[x] \mapsto R[x]$ dada por $f(x) \mapsto f(x^2)$ é um homomorfismo de anéis, mas não é um $R[x]$-módulo homomorfismo: se fosse, teríamos
$$x^2 = \varphi(x) = \varphi(x \cdot 1) = x\varphi(1) = x; \text{ absurdo!}$$

Dados $f, g \in \mathrm{Hom}_R(M, M')$ e $a \in R$, definam $f + g$ e af por

$$(f+g)(m) := f(m) + g(m), \quad (af)(m) := af(m), \tag{5.1}$$

para todo $m \in M$. Além disso, em $\mathrm{End}_R(M)$, consideramos a composição de aplicações. Pela linearidade dos R-módulos homomorfismos,

$$(f+g) \circ h = f \circ h + g \circ h, \quad h \circ (f+g) = h \circ f + h \circ g.$$

Ou seja, valem as regras de distributividade de composição em relação à soma.

Proposição 368 Sejam M e M' dois R-módulos. Então, $\mathrm{Hom}_R(M, M')$, munido de operações definidas em 5.1, é um R-módulo. Além disso, $(\mathrm{End}(M), +, \circ)$ é um anel (não comutativo) com unidade.

Prova. Exercício.

Em particular para $M' = R$, teremos a definição do módulo dual de M.

Definição 369 Seja M um R-módulo. O módulo dual de M é o R-módulo $M^\vee = \mathrm{Hom}_R(M, R)$.

Exercícios 370

1. Provem a proposição 368.

2. Seja M um R-módulo. Mostrem que a ação

$$f \cdot m := f(m), \quad f \in \mathrm{End}_R(M), m \in M$$

define estrutura de $\mathrm{End}_R(M)$-módulo para M.

Identificar o R-módulo $\mathrm{Hom}_R(M,M')$ é um problema importante. A seguir, faremos alguns exemplos.

Exemplos 371 Sejam $n,m \geq 1$ inteiros e M um R-módulo.

1. Para identificar $\mathrm{Hom}_{\mathbb{Z}}(n\mathbb{Z},\mathbb{Z})$, usaremos o seguinte argumento: Dado $f \in \mathrm{Hom}_{\mathbb{Z}}(n\mathbb{Z},\mathbb{Z})$, como os elementos de $n\mathbb{Z}$ são da forma nk, $k \in \mathbb{Z}$ e pela $\mathbb{Z}$-linearidade de f, $f(kn) = kf(n)$, ou seja, para identificar f basta saber $f(n)$. Definam a aplicação

$$\begin{cases} \psi \ : \ \mathrm{Hom}_{\mathbb{Z}}(n\mathbb{Z},\mathbb{Z}) & \longrightarrow \quad \mathbb{Z} \\ \qquad\quad f & \longmapsto \quad f(n) \end{cases}.$$

Verificar que ψ é um $\mathbb{Z}$-módulo isomorfismo é um exercício fácil. Em geral, dado um anel com unidade R, definam $nR := \{na \mid a \in R\}$. Então, dado $f \in \mathrm{Hom}_R(nR,R)$, $f(na) = af(n \cdot 1)$, onde 1 é a unidade de R. Nesse caso, a aplicação $\mathrm{Hom}_R(nR,R) \to R$ dada por $f \mapsto f(n \cdot 1)$ é um R-módulo isomorfismo. Observem que, se R não tiver unidade, a situação pode ser diferente (vejam o primeiro exercício no final desta seção).

2. $\mathrm{Hom}_R(R,M) \cong R$ com R-módulos. De fato, dado $f \in \mathrm{Hom}_R(R,M)$ pela R-linearidade $f(a) = af(1)$ para todo $a \in R$. Ou seja, para determinar f basta saber $f(1)$. Definam

$$\begin{cases} \phi \ : \ \mathrm{Hom}_R(R,M) & \longrightarrow \quad M \\ \qquad\quad f & \longmapsto \quad f(1) \end{cases}.$$

É um exercício fácil verificar que ϕ é um R-módulo isomorfismo. Em particular, $\mathrm{Hom}_R(R,R) \cong R$ como R-módulos. Observem que esse último também é um isomorfismo entre anéis.

3. Seja $d = (n, m)$ o maior divisor comum de n e m. Então, $\mathrm{Hom}_{\mathbb{Z}}(\mathbb{Z}_n, \mathbb{Z}_m) \cong \mathbb{Z}_d$.

   Pela identidade de Bézout, existem $r, s \in \mathbb{Z}$ tais que $rn + sm = d$. Para todo $f \in \mathrm{Hom}_{\mathbb{Z}}(\mathbb{Z}_n, \mathbb{Z}_m)$,

$$\begin{aligned} f(\overline{d}) = f(\overline{rn+sm}) &= rf(\overline{n}) + mf(\overline{s}) \\ &= r \cdot \overline{0} + \overline{0} \\ &= \overline{0}. \end{aligned}$$

   Portanto, $df(\overline{1}) = \overline{0}$. Então, para todo $\overline{k} \in \mathbb{Z}_n$, $df(\overline{k}) = dkf(\overline{1}) = \overline{0}$. Isto é, a ordem de qualquer elemento de $\mathrm{Hom}_{\mathbb{Z}}(\mathbb{Z}_n, \mathbb{Z}_m)$ é um divisor de d, portanto menor ou igual a d. Por outro lado, $g \in \mathrm{Hom}_{\mathbb{Z}}(\mathbb{Z}_n, \mathbb{Z}_m)$ definido por $g(\overline{k}) = k\overline{\frac{m}{d}}$ possui ordem d. Consequentemente, $\mathrm{Hom}_{\mathbb{Z}}(\mathbb{Z}_n, \mathbb{Z}_m)$ é um grupo cíclico de ordem d; logo, isomorfo a $\mathbb{Z}_d$. O exercício 2 na próxima página é um caso mais geral desse exemplo.

Teorema 372 Sejam M_1, M_2 e N três R-módulos. Então, como R-módulos

1. $\mathrm{Hom}_R(M_1 \times M_2, N) \cong \mathrm{Hom}_R(M_1, N) \times \mathrm{Hom}_R(M_2, N)$;

2. $\mathrm{Hom}_R(N, M_1 \times M_2) \cong \mathrm{Hom}_R(N, M_1) \times \mathrm{Hom}_R(N, M_2)$.

Prova. Provaremos o primeiro item; o segundo é similar. Seja $f \in \mathrm{Hom}_A(M_1 \times M_2, N)$. Então, para todo $(m_1, m_2) \in M_1 \times M_2$,

$$f(m_1, m_2) = f((m_1, 0) + (0, m_2)) = f(m_1, 0) + f(0, m_2).$$

Dessa forma, a partir de f definimos $f_1 : M_1 \to N$ por $m_1 \mapsto f(m_1, 0)$ e $f_2 : M_2 \to N$ por $m_2 \mapsto f(0, m_2)$. Claramente, f_1 e f_2 são R-módulos homomorfismos. Considerem a aplicação

$$\begin{cases} \psi & : & \mathrm{Hom}_R(M_1 \times M_2, N) & \longrightarrow & \mathrm{Hom}_R(M_1, N) \times \mathrm{Hom}_R(M_2, N) \\ & & f & \longmapsto & (f_1, f_2) \end{cases}.$$

É fácil verificar que ψ é um R-módulo monomorfismo. Para a sobrejetividade, dado $(g, h) \in \mathrm{Hom}_R(M_1, N) \times \mathrm{Hom}_R(M_2, N)$, a aplicação $f : M_1 \times M_2 \to N$ definida por $(m_1, m_2) \mapsto (g(m_1), h(m_2))$ é um R-módulo homomorfismo e $\psi(f) = (g, h)$. □

Seguindo a ideia da demonstração acima, e por indução, podemos generalizar o resultado acima para qualquer número finito de R-módulos.

Corolário 373 Dados R-módulos $M_1, \ldots, M_k$ e N, teremos os seguintes R-módulos isomorfismos:

1. $\mathrm{Hom}_R(\prod_{i=1}^k M_i, N) \cong \prod_{i=1}^k \mathrm{Hom}_R(M_i, N)$;

2. $\mathrm{Hom}_R(N, \prod_{i=1}^k M_i) \cong \prod_{i=1}^k \mathrm{Hom}_R(N, M_i)$.

Observação 374 O corolário acima em geral não vale para família infinita de módulos; vejam [19], capítulo 2.

Exercícios 375

1. Determinem $\mathrm{Hom}_{2\mathbb{Z}}(4\mathbb{Z}, 2\mathbb{Z})$ e $\mathrm{Hom}_{3\mathbb{Z}}(6\mathbb{Z}, 6\mathbb{Z})$.

2. Sejam M um $\mathbb{Z}$-módulo, $m \in M$ e n um inteiro positivo. Mostrem que a aplicação
$$\begin{cases} \phi_m & : & \mathbb{Z}_n & \longrightarrow & M \\ & & \overline{k} & \longmapsto & km \end{cases}$$
é um $\mathbb{Z}$-módulo homomorfismo bem definido, se, e somente se, $nm = 0$. Mostrem que $M_n := \{r \in M \mid nr = 0\} \leqslant M$ e $\mathrm{Hom}_{\mathbb{Z}}(\mathbb{Z}_n, M) \cong M_n$.

3. Sejam R um anel e $\mathrm{M}_n(R)$ o anel das matrizes com entradas em R. Então, $\mathrm{End}_R(\mathrm{M}_n(R)) \cong R^{n^2}$.

4. Sejam $f : R \to S$ um homomorfismo de anéis tal que $f(1) = 1$ e M um S-módulo. Mostrem que M possui estrutura de R-módulo via
$$r \cdot m := f(r)m, \ \forall r \in R, m \in M.$$

5. Seja M um R-módulo. Mostrem que a aplicação
$$\begin{cases} \psi & : & R & \longrightarrow & \mathrm{End}_R(M) \\ & & a & \longmapsto & f_a \end{cases},$$
onde $f_a : M \to M$ é definido por $m \mapsto am$, é um R-módulo homomorfismo. É um homomorfismo de anéis?

5.4 Teoremas de Isomorfismo

Nesta seção, demonstraremos os teoremas de isomorfismo entre módulos que são basicamente similares aos teoremas de isomorfismo já vistos no caso de grupo, anéis e espaços vetoriais.

Sejam M e M' dois R-módulos e $f \in \mathrm{Hom}_R(M, M')$. O núcleo e a imagem de f são definidos por

$$\ker f := f^{-1}(\{0\}) = \{m \in M \mid f(m) = 0\}, \ \ \mathrm{Im}(f) = f(M) = \{f(m) \mid m \in M\}.$$

Nesse caso, como no caso de homomorfismo de grupos, anéis e transformações lineares entre espaços vetoriais, a injetividade de f é equivalente a $\ker f = \{0\}$.

Exercícios 376 Verifiquem que $\ker f \leqslant M$ e $\mathrm{Im} f \leqslant M'$ e que f é injetivo, se, e somente se, $\ker f = \{0\}$.

O teorema a seguir e sua demonstração são similares aos teoremas de isomorfismo para outras estruturas algébricas tais como grupos, anéis e espaços vetoriais.

Teorema 377 Sejam M e M' dois R-módulos, $f \in \mathrm{Hom}_R(M, M')$ e $N_1, N_2 \leqslant M$. Então,

1. $M/\ker f \cong \mathrm{Im} f$,
2. $(N_1 + N_2)/N_2 \simeq N_1/N_1 \cap N_2$,
3. Se $N_1 \subseteq N_2$, então $(M/N_1)/(N_2/N_1) \simeq M/N_2$.

Prova. Os itens 2 e 3 são consequências do primeiro. A seguir, daremos ideia para cada item e deixaremos a verificação dos detalhes como exercício.

1. A aplicação $\bar{f} : M/\ker f \to \mathrm{Im} f$ definido por $m \mapsto f(m)$ está bem definida e é um R-módulo isomorfismo.
2. A aplicação natural $N_1 + N_2 \to N_1/N_1 \cap N_2$, $n \mapsto \bar{n}$ está bem definida, é um R-módulo epimorfismo e seu núcleo é N_2.
3. A aplicação natural $M/N_1 \to M/N_2$, $\bar{m} \mapsto \bar{m}$ está bem definida, é um R-módulo epimorfismo e seu núcleo é N_2/N_1. □

Observação 378 Pelo primeiro item do teorema acima, se $f \in \mathrm{Hom}_R(M, M')$ é injetivo, $M \cong \mathrm{Im} f \leqslant M'$. Isto é, por meio de f, o módulo M é identificado como um submódulo de M'. Nesses casos, é usual dizer que M é um submódulo de M', uma vez que essa inclusão é dada por meio de uma aplicação que respeita a estrutura de M e M' como R-módulos. Por exemplo, por meio de inclusões $\iota_j : M_j \longrightarrow \prod_i M_i$ cada M_i é considerado um submódulo de $\prod_i M_i$ (exemplos 367).

O próximo resultado é outra condição equivalente às da proposição 362.

Proposição 379 Sejam $N_1, N_2, \ldots, N_k$ submódulos de um R-módulo M. Então, $N_1 + \cdots + N_k$ é uma soma direta, se, e somente se, a aplicação

$$\begin{cases} N_1 \times \cdots \times N_k & \longrightarrow & N_1 + \cdots + N_k \\ (n_1, \ldots, n_k) & \longmapsto & n_1 + \cdots + n_k \end{cases}$$

é um isomorfismo entre R-módulos.

Prova. É fácil verificar que a aplicação é um R-módulo homomorfismo e claramente é sobrejetiva. A injetividade significa que os elementos de $N_1 + \cdots + N_k$ possuem representação única que, por sua vez, pela proposição 362, é equivalente a $N_1 + \cdots + N_k$ ser uma soma direta. □

Exercícios 380 Sejam $M_1, \ldots, M_k$ R-módulos, $N_i \leqslant M_i$ para todo $i = 1, \ldots, k$ e $I \trianglelefteq R$. Mostrem

1. Como R-módulos, $\frac{M_1 \times \cdots \times M_k}{N_1 \times \cdots \times N_k} \cong \frac{M_1}{N_1} \times \cdots \times \frac{M_k}{N_k}$.

2. $\frac{R^k}{I^k} \cong (\frac{R}{I})^k$. Esse isomorfismo é como R-módulos e também como R/I-módulos.

5.5 Módulos Livres

Nos exemplos 356, introduzimos a noção de submódulo gerado por um subconjunto de um módulo. Nesta seção, pretendemos aprofundar mais essa noção e, a partir disso, definir conceitos como base e dimensão que já conhecemos no caso de espaços vetoriais.

Definição 381 Sejam M um R-módulo e $S \subseteq M$. O submódulo gerado por S é

$$RS = \langle S \rangle := \{a_1 s_1 + \cdots + a_k s_k \mid a_1, \ldots, a_k \in R, s_1, \ldots, s_k \in S, k \in \mathbb{N}\}.$$

Por convenção, $RS = \{0\}$ quando $S = \emptyset$. Se $S = \{s_1, \ldots, s_n\}$ é finito, então usamos a notação $\sum_{i=1}^n Rs_i = Rs_1 + \cdots + Rs_n$ para o submódulo gerado por S. Se $N \leqslant M$ e existe $S \subseteq M$ tal que $N = \langle S \rangle$, dizemos que N é gerado por S e que S é um conjunto de geradores para N. Se S for finito, diremos que N é finitamente gerado. Se S for unitário, diremos que N é cíclico. Diremos que S é uma base para M se $M = \langle S \rangle$ e se S for linearmente independente, i.e.,

$$as_1 + \cdots + a_n s_n = 0 \Longrightarrow a_1 = \cdots = a_n = 0,\ \forall n \in \mathbb{Z}^+,\ s_1, \ldots, s_n \in S.$$

Dizemos que M é livre se admite uma base.

Exercícios 382 Mostrem que $\langle S\rangle$ é o menor submódulo de M que contém S.

Exemplos 383

1. O $\mathbb{Z}$-módulo $\mathbb{Z}\times\mathbb{Z}$ é livre. Uma base é $\{(1,0),(0,1)\}$.

2. Sejam R um anel e $n\in\mathbb{Z}^+$. O módulo $R^n = R\times\cdots\times R$ é um R-módulo livre. O conjunto formado por

$$e_i = (0,\ldots,\underbrace{1}_{i-\text{ésima posição}},\ldots,0),\ \ i=1,\ldots,n,$$

é uma base, chamada de base canônica. O conjunto das matrizes $\mathrm{M}_n(R)$ é um R-módulo livre cuja base é formada pelas matrizes elementares $E_{ij} = (e_{kl})_{1\leq k,l\leq n}$, onde

$$e_{kl} = \begin{cases} 1 & \text{se } k=i, l=j,\\ 0 & \text{caso contrário.}\end{cases}$$

3. O conjunto dos polinômios $R[x]$ é um R-módulo livre e $\{x^i \mid i\in\mathbb{Z}^{\geq 0}\}$ é uma base.

O conceito de geradores para um submódulo e em particular para o próprio módulo é o mesmo para um espaço vetorial. Mas, pelo fato de que os elementos de um anel, ao contrário de um corpo, em geral não possuem inverso multiplicativo, várias propriedades que valem para um espaço vetorial não são válidas para um módulo em geral. Somente com hipóteses adicionais sobre o anel e/ou o módulo teremos resultados parecidos com espaços vetoriais (vejam a próxima seção). Nos exemplos a seguir, veremos as *surpresas* que podemos ter.

Exemplos 384

1. Dado $n\in\mathbb{Z}$, $n\mathbb{Z}$ visto como $\mathbb{Z}$-módulo possui infinitos conjuntos de geradores. De fato, basta observar que $n\in\mathbb{Z}$ gera $n\mathbb{Z}$ como $\mathbb{Z}$-módulo, e, se $a,b\in\mathbb{Z}$ são coprimos, então a equação diofantina $ax+by=1$ possui infinitas soluções inteiras. Para cada solução (x_0,y_0), o conjunto $\{nx_0,ny_0\}$ gera $\mathbb{Z}$-módulo $n\mathbb{Z}$. Observem que $\{n\}$ é uma base, i.e., $n\mathbb{Z}$ é um $\mathbb{Z}$-módulo livre. Mas $\{nx_0,ny_0\}$ não é base, pois

$$x_0(ny_0)+(-y_0)(nx_0)=0.$$

Esse exemplo mostra que um módulo pode ter vários conjuntos geradores, até mesmo um número infinito deles . Nesse aspecto, não há diferença em relação aos espaços vetoriais.

2. Todo anel R visto como R-módulo é gerado por 1, e $\{1\}$ é uma base. Claramente, $a \in R$ gera R como R-módulo, se, e somente se, for invertível.

3. Espaços vetoriais, dimensão finita ou não, sempre possuem base. Módulos podem ter geradores, mas não base; ou nem geradores:

   (a) $4\mathbb{Z}$ como $2\mathbb{Z}$-módulo não possui nenhum conjunto de geradores, portanto não há base. Pois, para todo $k, l \in \mathbb{Z}$, $2k \cdot 4l = 8kl \in 8\mathbb{Z}$, e há múltiplos de 4 que não podem ser gerados a partir de multiplicação por números pares, por exemplo $12 = 4 \cdot 3 \in 4\mathbb{Z}$ e $3 \notin 2\mathbb{Z}$. Pelo que foi visto, $4\mathbb{Z}$ como $\mathbb{Z}$-módulo possui geradores. Então, esse exemplo mostra que a existência de geradores depende, em parte, do anel sobre o qual o módulo está definido.

   (b) Seja $n \in \mathbb{Z}^+$. Então, $\mathbb{Z}_n$ como $\mathbb{Z}$-módulo é gerado por $\overline{m}$ tal que $(m, n) = 1$. Mas não há nenhuma base, uma vez que $n \cdot \overline{m} = \bar{0}$ para todo $\overline{m} \in \mathbb{Z}_n$, ou seja, todo $X \subseteq \mathbb{Z}_n$ é linearmente dependente.

   (c) $\mathbb{Z}_2 \oplus \mathbb{Z}_2$ como $\mathbb{Z}$-módulo possui gerador: $\{(\bar{1}, \bar{0}), (\bar{0}, \bar{1})\}$, mas não há base. De fato, todo $X \subseteq \mathbb{Z}_2 \oplus \mathbb{Z}_2, X \neq \varnothing$ é linearmente dependente, pois

   $$\forall (\bar{a}, \bar{b}) \in X,\ 2(\bar{a}, \bar{b}) = (2\bar{a}, 2\bar{b}) = (\overline{2a}, \overline{2b}) = (\bar{0}, \bar{0}).$$

   Além disso, todo $X \subseteq \mathbb{Z}_2 \oplus \mathbb{Z}_2$ que seja gerador possui pelo menos dois elementos.

   (d) $\mathbb{R}$ como $\mathbb{Z}$-módulo não é livre. Seja $B = \{r_i\}_{i \in I}$ uma base. Então,

   $$\exists a_1, \ldots, a_n \in \mathbb{Z},\ a_1 r_{i_1} + \cdots + a_n r_{i_n} = 1,\ \ r_{i_j} \in B.$$

   Além disso,

   $$\forall m \in \mathbb{Z}^+, \exists b_{1m}, \ldots, b_{km} \in \mathbb{Z},\ b_{1m} r_{1m} + \cdots + b_{km} r_{km} = \frac{1}{m},\ \ r_{jm} \in B.$$

   Então,

   $$(m b_{1m}) r_{1m} + \cdots + (m b_{km}) r_{km} = 1;$$

   logo, $\forall m,\ m \mid a_i, i = 1, \ldots, n$. Isso implica para todo $i, a_i = 0$, consequentemente $0 = 1$, um absurdo. Portanto, $\mathbb{R}$ não possui base como $\mathbb{Z}$-módulo. O mesmo argumento pode ser usado para $\mathbb{Q}$ e $\mathbb{C}$, ou, em geral, para qualquer corpo de característica zero como $\mathbb{Z}$-módulo.

(e) Se V é um K-espaço e L um subcorpo de K, os números $\dim_K V$ e $\dim_L V$ podem ser diferentes. Por exemplo: $\dim_{\mathbb{C}} \mathbb{C} = 1$, $\dim_{\mathbb{R}} \mathbb{C} = 2$ e $\dim_{\mathbb{Q}} \mathbb{C} = \infty$. Para comparar com os módulos, considere o seguinte exemplo: $\mathbb{Z}$ como $\mathbb{Z}$-módulo é livre: $\{1\}$ é uma base. Além disso, para todo $m \in \mathbb{Z}$, os números relativamente primos $a_1, \ldots, a_m$ formam um conjunto de geradores. Mas, como $2\mathbb{Z}$-módulo ($2\mathbb{Z}$ é subanel de $\mathbb{Z}$), não possui geradores.

4. Se V é um espaço vetorial, $\dim V < \infty$ e $W \leqslant V$, então $\dim W \leq \dim V$; e a igualdade acontece, se, e somente se, $W = V$. No caso de módulos, em geral, isso não acontece.

   (a) Submódulo de um módulo finitamente gerado não é necessariamente finitamente gerado: o anel dos polinômios em infinitas variáveis $A = R[x_1, \ldots, x_n, \ldots]$, como A-módulo é gerado por 1, mas, por exemplo, $I = \langle x_1, \ldots, x_n, \ldots \rangle$ não é finitamente gerado.

   (b) O número dos geradores de um submódulo pode ser maior do que o número dos geradores do próprio módulo: o anel dos polinômios em duas variáveis $A = R[x_1, x_2]$ como A-módulo é gerado por 1, mas $I = \langle x_1, x_2 \rangle$ não pode ser gerado por apenas um elemento.

   (c) O conjunto $\{(1,0), (0,1)\}$ é uma base para $M = \mathbb{Z} \times \mathbb{Z}$ como $\mathbb{Z}$-módulo. Considere $N = 2\mathbb{Z} \times 2\mathbb{Z} \leqslant M$. O conjunto $\{(2,0), (0,2)\}$ é uma base para N como $\mathbb{Z}$-módulo. Observem que N é um submódulo próprio de M e possui base com o mesmo número de elementos de uma base para M, algo que não acontece no caso de espaços vetoriais.

5. No caso de espaços vetoriais, sabemos que qualquer conjunto linearmente independente pode ser estendido a uma base. No caso de módulos, em geral, não. Basta considerar o $\mathbb{Z}$-módulo $M = \mathbb{Z} \times \mathbb{Z}$ e $X = \{(2,0), (0,2)\}$. Uma base para M deve conter elementos que gerem $\{(1,0), (0,1)\}$, e esses elementos junto com $(2,0)$ e $(0,2)$ não formam um conjunto linearmente independente. Portanto, X não pode ser estendido a uma base.

6. No caso de um espaço vetorial, dada uma base B, qualquer conjunto formado pelas combinações não nulas dos elementos de B também é uma base. Mas, no caso de módulos, não. Por exemplo, $\{(1,0), (0,1)\}$ é uma base para o $\mathbb{Z}$-módulo $M = \mathbb{Z} \times \mathbb{Z}$, mas $\{(2,0), (0,2)\}$ não.

Seja M um R-módulo finitamente gerado. Então, existe $\{m_1,\ldots,m_n\} \subseteq M$ tal que

$$\forall m \in M, \exists r_1,\ldots,r_n \in R,\ m = r_1m_1 + \cdots + r_nm_n.$$

Portanto, a aplicação

$$\begin{cases} \alpha : & R^n & \longrightarrow & M \\ & (r_1,\ldots,r_n) & \longmapsto & \sum r_im_i \end{cases}$$

é sobrejetiva. É fácil verificar que é de fato um R-módulo homomorfismo. Portanto, pelo teorema de isomorfismo, $R^n/\ker\alpha \cong M$. Ou seja, M é isomorfo a um quociente de R^n. Claramente, qualquer quociente R^n/I de R^n é um R-módulo finitamente gerado, basta tomar o conjunto $\{e_j + I \mid j = 1,\ldots,n\}$, onde os e_js são os elementos definidos no exemplo 2 na página 240. Então, acabamos de demonstrar o seguinte teorema:

Teorema 385 Seja M um R-módulo. Então, M é finitamente gerado, se, e somente se, é isomorfo a um quociente de R^n para algum $n \in \mathbb{Z}^{\geq 0}$. Em particular, M é cíclico, se, e somente se, $M \cong R/I$, onde I é um ideal de R.

O próximo teorema e seu corolário mostram a existência e a unicidade, a menos de isomorfismo, de módulos livres.

Teorema 386 Sejam X um conjunto e R um anel (com unidade). Então, existe um R-módulo livre $\mathscr{F}(X)$ que satisfaz a seguinte propriedade universal: para qualquer R-módulo M e mapa $\phi : X \to M$ existe um único R-módulo homomorfismo $\Phi : \mathscr{F}(X) \to M$ tal que $\Phi|_X = \phi$, i.e., o seguinte diagrama é comutativo:

$$\begin{array}{ccc} X & \xrightarrow{\iota} & \mathscr{F}(X) \\ & \searrow^{\phi} & \downarrow{\exists!\Phi} \\ & & M \end{array}$$

onde ι é a inclusão. Se $X = \{x_1,\ldots,x_n\}$ é finito, então $\mathscr{F}(X) = \bigoplus_{i=1}^n Rx_i \cong R^n$.

Prova. Se $X = \emptyset$, então $\mathscr{F}(X) = \{0\}$. Se $X \neq \emptyset$, seja $\mathscr{F}(X)$ o conjunto de todas as funções $f : X \to R$ tais que $f(x) = 0$, exceto para um número finito de $x \in X$. Esse conjunto munido de adição usual de funções e multiplicação por elementos de R possui estrutura de R-módulo. A inclusão $\iota : X \to \mathscr{F}(X)$ é dada por $x \mapsto f_x$, onde $f_x(\tilde{x}) = \delta_{x\tilde{x}}$. O conjunto $\{f_x \mid x \in X\}$ é uma base para $\mathscr{F}(X)$. De fato, cada $f \in \mathscr{F}(X)$ tal que

$$f(x) = \begin{cases} a_i & \text{se } x = x_i \in \{x_1,\ldots,x_n\} \\ 0 & \text{caso contrário.} \end{cases}$$

é representada unicamente como uma R-combinação finita $a_1 f_{x_1} + \cdots + a_n f_{x_n}$, ou seja, $\mathscr{F}(X)$ é um R-módulo livre. Quanto à propriedade universal, dados R-módulo M e $\phi : X \to M$, definam

$$\begin{cases} \Phi & : & \mathscr{F}(X) & \longrightarrow & M \\ & & \sum a_i x_i & \longmapsto & \sum a_i \phi(x_i) \end{cases}.$$

Pela unicidade da apresentação dos elementos de $\mathscr{F}(X)$ essa aplicação está bem definida, é um R-módulo homomorfismo e $\Phi|_X = \phi$. A unicidade de Φ segue pelo fato de que $\mathscr{F}(X)$ é gerado por X e os valores de Φ em X são determinados por ϕ. Quando $X = \{x_1, \ldots, x_n\}$ é finito, então, pela proposição 362,

$$\mathscr{F}(X) = \bigoplus Rx_i.$$

Por outro lado, a aplicação $a \mapsto ax_i$ define um R-módulo isomorfismo $R \to Rx_i$, então $Rx_i \cong R$, e, pela proposição 379, $\mathscr{F}(X) \cong R^n$. □

Usando a propriedade universal do teorema 386 podemos provar o seguinte corolário:

Corolário 387

1. Sejam $\mathscr{F}_1$ e $\mathscr{F}_2$ módulos livres com a mesma base X. Então, existe um único isomorfismo $\mathscr{F}_1 \stackrel{\cong}{\to} \mathscr{F}_2$ cuja restrição a X é a identidade.
2. Seja $\mathscr{F}$ um R-módulo cuja base é X. Então, $\mathscr{F} \cong \mathscr{F}(X)$. Em particular, $\mathscr{F}$ satisfaz a propriedade universal do teorema 386 com respeito a X.

O teorema 386 e seus corolários basicamente garantem que, a partir de um conjunto X, a menos de isomorfismo, existe um único módulo cuja base é X, e, em particular se $|X| = n$, esse módulo é isomorfo a R^n. No caso de K-espaços vetoriais, sabemos que $|X|$ é um invariante e é chamado de dimensão de espaço. O próximo teorema mostra que a invariância de $|X|$ vale para os R-módulos, onde R é um anel comutativo com unidade e o exemplo 391 mostra que a comutatividade de R é necessária.

Teorema 388 Seja R um anel comutativo com unidade. Então, $R^n \cong R^m$, se, e somente se, $n = m$.

Prova. Sejam $R^n \cong R^m$ e $\mathfrak{m} \trianglelefteq R$ um ideal maximal. Então, $F = \frac{R}{\mathfrak{m}}$ é um corpo. Pelo exercício 2 de 380 na página 239 e pela hipótese, concluímos $F^n \cong F^m$ como F-espaços vetoriais, portanto, $n = m$. □

Pelos teoremas 386 e 388, podemos estender o conceito de dimensão para espaços vetoriais aos módulos, nesse caso chamado de posto:

Definição 389 Sejam R um anel comutativo com unidade, $\mathscr{F}$ um R-módulo livre e X uma base para R. O número dos elementos de X é chamado de posto de $\mathscr{F}$ e é denotado por $\text{rank}_R\mathscr{F}$, ou simplesmente por $\text{rank}\mathscr{F}$.

Exemplos 390 Seja R um anel comutativo com unidade.

1. Para todo $n \in \mathbb{Z}^+$, $\text{rank}_R R^n = n$ e $\text{rank}_R \text{M}_n(R) = n^2$, como foi visto nos exemplos 384.

2. Se $p \in R[x]$ é mônico de grau n, então $\text{rank}_R R[x]/\langle p \rangle = n$. Uma base é $\{\overline{1}, \overline{x}, \ldots, \overline{x^{n-1}}\}$.

3. Como R-módulo, $R[x]$ é de posto infinito $\aleph_0$.

A comutatividade de R na definição 389 é necessária; vejam o exemplo a seguir.

Exemplo 391 Sejam $M = \prod \mathbb{Z}$ o conjunto de todas as sequências de números inteiros e $A = \text{End}_{\mathbb{Z}} M$. Lembrem que $(A, +, \circ)$ não é comutativo. Definam $\phi_1, \phi_2 \in A$ por

$$\phi_1(a_1, a_2, a_3, \ldots) = (a_1, a_3, a_5, \ldots), \quad \phi_2(a_1, a_2, a_3, \ldots) = (a_2, a_4, a_6, \ldots).$$

O conjunto $\{\phi_1, \phi_2\}$ é uma base para A como A-módulo à esquerda. Então, dado $\psi \in A$ existem únicos $\alpha_1, \alpha_2 \in A$ tais que $\psi = \alpha_1\phi_1 + \alpha_2\phi_2$, ou seja, $A \cong A^2$, consequentemente $A^n \cong A^m$ para todo $m, n \in \mathbb{Z}^+$.

Exercícios 392

1. Verifiquem as afirmações do exemplo 391. (Dica: definam $\psi_1, \psi_2 \in A$ por $\underline{a} \mapsto (a_1, 0, a_2, 0, \ldots)$ e $\underline{a} \mapsto (0, a_1, 0, a_2, \ldots)$ para todo $\underline{a} \in M$; verifiquem e usem as seguintes relações: $\phi_i\psi_i = 1, i = 1, 2; \phi_1\psi_2 = \phi_2\psi_1 = 0$ e $\psi_1\phi_1 + \psi_2\phi_2 = 1$.)

2. Seja R um anel comutativo com unidade e considerem $A = \text{M}_2(R)$ como A-módulo à esquerda. Mostrem que

$$\left\{ \begin{pmatrix} 1 & 0 \\ 1 & 0 \end{pmatrix}, \begin{pmatrix} 0 & 1 \\ 0 & 1 \end{pmatrix} \right\}$$

gera esse módulo, mas não é uma base. Verifiquem a mesma afirmação para o conjunto das matrizes elementares $\{E_{ij} \mid 1 \leq i, j \leq 2\}$. Existe base para esse módulo?

3. Determinem $\operatorname{rank}_{\mathbb{Z}} \frac{\mathbb{Z}[x]}{\langle 2x+1 \rangle}$.

4. Mostrem explicitamente que $R[x] \cong R[\![x]\!]$ como R-módulos.

5. Sejam M uma R-módulo e $N \leqslant M$. Mostrem que

   (a) Se N e M/N são finitamente gerados, então M também é.

   (b) Se M é finitamente gerado, então M/N também é.

6. Se $\operatorname{rank}_R M = n$, então $\operatorname{Hom}_R(M, R) \cong M$ e $\operatorname{End}_R M \cong \mathrm{M}_n(R)$.

5.6 Módulos sobre Anéis Noetherianos

Nos exemplos 384 observamos que, em geral, há diferenças entre as propriedades de um espaço vetorial e de um módulo. Nesta seção, veremos que, com hipóteses adicionais sobre o anel, os módulos são *mais parecidos* com os espaços vetoriais. Estudaremos módulos sobre anéis noetherianos e mais especificamente sobre domínios de ideais principais. Observem bem as hipóteses nos resultados; alguns são válidos em geral sobre qualquer domínio. O teorema principal é a caracterização de módulos finitamente gerados sobre domínios principais cujo caso particular é a classificação de grupos abelianos finitamente gerados.

5.6.1 Módulos Noetherianos

Definição 393 Um R-módulo M é chamado de noetheriano se seus submódulos satisfazem a condição de cadeia ascendente, i.e., toda cadeia crescente

$$M_1 \subseteq M_2 \subseteq \cdots \subseteq M_n \subseteq \cdots$$

de submódulos é estacionária ou possui comprimento finito, ou seja, existe k tal que para todo $l \geq k, M_l = M_k$. Um anel R é noetheriano se, como R-módulo, é um R-módulo noetheriano.

Observem que, no caso dos anéis não comutativos, teremos a definição acima para ideais à direta, à esquerda e bilateral.

Exemplos 394

1. O anel dos inteiros é noetheriano. Lembrem que esse anel é principal e $\langle n \rangle \subseteq \langle m \rangle$, se, e somente se, m é divisor de n. Então, uma cadeia começando com $\langle n \rangle$ possui no máximo $d(n)$ inclusões, onde $d(n)$ é o número dos divisores positivos de n.

2. Um corpo possui apenas ideais triviais, então todo corpo é um anel noetheriano.

3. Um K-espaço vetorial de dimensão finita n é um K-módulo noetheriano: qualquer cadeia crescente de subespaços possui no máximo comprimento n.

4. Pelo teorema 295 na página 198, o anel dos polinômios em n variáveis, $R[x_1,\ldots,x_n]$, onde R é um anel noetheriano, é noetheriano. Outro exemplo importante é o anel das séries formais $R[\![x_1,\ldots,x_n]\!]$, que é noetheriano se R é noetheriano.

5. O anel dos polinômios em infinitas variáveis $R[x_1,\ldots,x_n,\ldots]$ não é noetheriano. Por exemplo, a cadeia $\langle x_1\rangle \subsetneq \langle x_1,x_2\rangle \subsetneq \langle x_1,\ldots,x_n\rangle \subsetneq \cdots$ não é estacionária.

Há maneiras equivalentes de definir módulos noetherianos, como veremos no próximo teorema.

Teorema 395 Seja M um R-módulo. São equivalentes:

1. M é noetheriano;

2. Todo subconjunto não vazio dos submódulos de M possui elemento maximal (com respeito à inclusão);

3. Todo submódulo de M é finitamente gerado.

Prova. Provaremos $1 \Rightarrow 2 \Rightarrow 3 \Rightarrow 1$.

$(1 \Rightarrow 2)$ Seja $\Sigma \neq \emptyset$ um conjunto dos submódulos de M e $M_1 \in \Sigma$. Se M_1 não é maximal, então existe $M_2 \in \Sigma$ tal que $M_1 \subset M_2$. Se M_2 é maximal, já temos a propriedade (2) satisfeita. Caso contrário, existe $M_3 \in \Sigma$ tal que $M_2 \subset M_3$ e assim por diante. Ao repetirmos esse argumento, obtemos uma cadeia dos submódulos de M tal que

$$M_1 \subset M_2 \subset M_3 \subset \cdots, \quad \forall i, M_i \in \Sigma.$$

Como M é noetheriano, essa cadeia deverá ser estacionária, i.e., Σ possui elemento maximal.

$(2 \Rightarrow 3)$ Seja $N \leqslant M$. Se $N = \{0\}$, então claramente N é finitamente gerado. Senão, pela hipótese, o conjunto formado por submódulos finitamente gerados de M,

$$\mathscr{S} = \{\langle n_1,\ldots,n_k\rangle \mid n_1,\ldots,n_k \in N, k \in \mathbb{N}\},$$

possui elemento maximal. Seja $N_0 = \langle n_1, \ldots, n_l \rangle$ elemento maximal de $\mathscr{S}$. Então, $N_0 = N$; caso contrário, existe $n_{l+1} \in N \setminus N_0$; logo, $N_0 \subsetneqq \langle n_1, \ldots, n_l, n_{l+1} \rangle$. Mas isso é absurdo, uma vez que $\langle n_1, \ldots, n_l, n_{l+1} \rangle \in \mathscr{S}$ e N_0 é elemento maximal de $\mathscr{S}$. Então, $N = N_0 = \langle n_1, \ldots, n_l \rangle$ é finitamente gerado.

$(3 \Rightarrow 1)$ Seja $M_1 \subseteq M_2 \subseteq \cdots$ uma cadeia de submódulos de M. Claramente, $\mathscr{M} := \bigcup_i M_i \leqslant M$. Pela hipótese, $\mathscr{M}$ é finitamente gerado. Seja $\mathscr{M} = \langle m_1, \ldots, m_k \rangle$, onde $m_1, \ldots, m_k \in M$. Como $\mathscr{M} = \bigcup_i M_i$, para cada $i = 1, \ldots, k$, existe M_{n_i} tal que $m_i \in M_{n_i}$. Pelas inclusões entre M_is, existe um submódulo M_l nessa cadeia tal que para todo i, $m_i \in M_l$; logo,

$$\mathscr{M} = \langle m_1, \ldots, m_k \rangle \subseteq M_l \subseteq \bigcup_i M_i = \mathscr{M}.$$

Então, $\mathscr{M} = M_l$; consequentemente, para todo $r \geq l$,

$$M_r \subseteq \mathscr{M} = M_l \subseteq M_r,$$

ou, $M_l = M_r$ para todo $r \geq l$, i.e., a cadeia $M_1 \subseteq M_2 \subseteq \cdots$ é estacionária. □

O próximo corolário é de fato a proposição 313 na página 209. Lembrem que, por definição, num domínio de ideais principais todo ideal é finitamente gerado, i.e., um domínio de ideais principais R como R-módulo satisfaz a condição (3) do teorema 395, portanto:

Corolário 396 Domínios de ideais principais são noetherianos.

Sejam M um R-módulo noetheriano e $N \leqslant M$. Pelo exercício 5 na página 230, os submódulos de M/N são dados por P/N, onde $N \leqslant P \leqslant M$. Como todo P é finitamente gerado, P/N também será. De fato,

$$P = \langle p_1, \ldots, p_k \rangle \Longrightarrow P/N = \langle p_1 + N, \ldots, p_k + N \rangle,$$

i.e., todo submódulo de M/N é finitamente gerado; logo, pelo teorema 395, M/N é noetheriano. Reciprocamente, sejam N e M/N noetherianos. Mostraremos que M também é. Para provarmos isso, mostraremos que todo submódulo de M é finitamente gerado. Seja $K \leqslant M$. Se $K \subseteq N$, pelo fato de que N é noetheriano, K é finitamente gerado. Se $K \nsubseteq N$, considerem $K + N$. Pelo teorema 377,

$$K + N/N \cong K/N \cap K.$$

Pela hipótese, todo submódulo de M/N é finitamente gerado. Seja

$$\frac{K}{N \cap K} = \langle \overline{k_1}, \ldots, \overline{k_r} \rangle, \quad k_1, \ldots, k_r \in K.$$

Dado $k \in K$, existem $a_1, \ldots, a_m \in R$ tais que $\overline{k} = \sum_i a_i \overline{k_i}$; então, $k - \sum_i a_i k_i \in N \cap K$. Por outro lado, $N \cap K \leqslant N$ é finitamente gerado; seja $N \cap K = \langle k'_1, \ldots, k'_s \rangle$, onde $k'_1, \ldots, k'_s \in N \cap K \subseteq K$. Então, existem $b_1, \ldots, b_s \in R$ tais que

$$k - \sum_i a_i k_i = \sum_j b_j k'_j \Longrightarrow k = \sum_i a_i k_i + \sum_j b_j k'_j.$$

Portanto, $K = \langle k_1, \ldots, k_r, k'_1, \ldots, k'_s \rangle$ é finitamente gerado. Então, acabamos de provar o seguinte teorema:

Teorema 397 Sejam M um R-módulo e $N \leqslant M$. Então, M é noetheriano, se, e somente se, N e M/N são noetherianos.

Uma consequência muito importante e útil desse teorema é o seguinte resultado:

Teorema 398 O produto direto $M_1 \times \cdots \times M_n$ de R-módulos noetherianos $M_1, M_2, \ldots, M_n$ é um R-módulo noetheriano.

Prova. Por indução, basta fazer a prova para $n = 2$. A aplicação

$$\begin{cases} M_1 \times M_2 & \longrightarrow & M_1 \\ (m_1, m_2) & \longmapsto & m_1 \end{cases},$$

é um R-módulo epimorfismo e seu núcleo é $\{0\} \times M_2 \cong M_2$. Então, pelo teorema de isomorfismo $M_1 \times M_2 / M_2 \cong M_1$, portanto pelo teorema acima, $M_1 \times M_2$ é noetheriano. □

Em particular, obteremos o seguinte corolário para os anéis noetherianos:

Corolário 399 Se R é um anel noetheriano, então R^n é noetheriano.

E, pelo teorema 385 na página 243, todo R-módulo finitamente gerado é isomorfo a um quociente de R^n para algum n. Se R for noetheriano, então, pelo teorema 397, concluímos:

Corolário 400 Todo módulo finitamente gerado sobre um anel noetheriano é noetheriano.

Observações 401

1. O teorema 398 não vale para uma família infinita. Seja $\{M_i\}_{i \geq 1}$ uma família de R-módulos e $N_i = M_1 \times \cdots \times M_i \times \prod_{j > i} \{0\}$ para todo $i \geq 1$. Então,

$$N_1 \subset N_2 \subset \cdots \subset N_i \subset \cdots$$

é uma cadeia não estacionária de submódulos de $\mathbf{M} = \prod_{i \geq 1} M_i$, ou seja, $\mathbf{M}$ não é noetheriano.

2. Vale observar dois fatos sobre o corolário 400: a condição do anel ser noetheriano é necessária, basta lembrar do exemplo 3(a) dos exemplos 384. Além disso, esse corolário não estabelece nenhuma relação entre o número dos geradores do módulo e seus submódulos, apenas garante a finitude. Como vimos no exemplo 3(b) dos exemplos 384, submódulo de um módulo pode ter mais geradores do que o próprio módulo. Nos próximos resultados, veremos que, com algumas condições adicionais sobre o anel e/ou módulo, isso não acontece.

Proposição 402 Sejam R um domínio e M um R-módulo livre de posto finito n. Então, qualquer $n+1$ elementos de M são R-linearmente dependentes, ou seja, dados $y_1, \ldots, y_{n+1} \in M$ existem $a_1, \ldots, a_{n+1} \in R$ nem todos nulos tais que $\sum_i a_i y_i = 0$.

Prova. Seja F o corpo das frações de R. Pela hipótese, $M \cong R^n$. Pela inclusão $R \hookrightarrow F$, M pode ser considerado como subconjunto de F^n, portanto $y_1, \ldots, y_{n+1} \in F^n$. Observem que F^n é um F-espaço vetorial de dimensão n; logo, $y_1, \ldots, y_{n+1}$ são F-linearmente dependentes. Uma combinação linear de $y_1, \ldots, y_{n+1}$ com coeficientes em F é de fato uma combinação linear com coeficientes em R se multiplicarmos todos os coeficientes pelo produto dos denominadores. □

Uma consequência imediata dessa proposição é o seguinte corolário:

Corolário 403 Sejam R um domínio, M um R-módulo livre de ponto finito e $N \leqslant M$ livre. Então, $\operatorname{rank}(N) \leq \operatorname{rank}(M)$.

É importante observar que o corolário acima não afirma que os submódulos de um módulo livre são livres. Por exemplo, $R = \mathbb{Z} \times \mathbb{Z}$ como R-módulo é livre de posto um, mas $\mathbb{Z} \times \{0\}$ não é um R-submódulo livre:

$$\forall (a,0) \in \mathbb{Z} \times \{0\}, \ \ (0,1) \cdot (a,0) = (0,0).$$

Portanto, todo $X \subseteq \mathbb{Z} \times \{0\}$ não vazio é linearmente dependente. Observem que R como $\mathbb{Z}$-módulo é livre de posto dois e $\mathbb{Z} \times \{0\}$ é um $\mathbb{Z}$-submódulo de R e é livre de posto um.

Definição 404 Pela proposição 402, o posto de um módulo definido sobre um domínio é o maior número de elementos linearmente independentes. Se, para todo $n \in \mathbb{N}$, existem n elementos linearmente independentes, dizemos que o módulo possui posto infinito.

A próxima definição generaliza a noção de divisores de zero nos módulos. Seja M um R-módulo. O conjunto

$$\mathrm{Tor}_R(M) = \{m \in M \mid \exists a \in R \setminus \{0\},\ am = 0\}$$

não é vazio, pois $0_M \in \mathrm{Tor}_R(M)$. É fácil verificar que esse conjunto é de fato um submódulo de M. Observem que os elementos não nulos de $\mathrm{Tor}_R(R)$ são os divisores de zero de R.

Definição 405 Seja M um R-módulo. O conjunto

$$\mathrm{Tor}_R(M) = \{m \in M \mid \exists a \in R \setminus \{0\},\ am = 0\}$$

é um submódulo de M, chamado de submódulo de torção de M. O módulo M é de torção se $M = \mathrm{Tor}_R(M)$, e é livre de torção se $\mathrm{Tor}_R(M) = \{0\}$.

Exemplos 406

1. Os módulos livres são livres de torção. Em particular, os espaços vetoriais são livres de torção.

2. No caso de $\mathbb{Z}$-módulo $M := \mathbb{Z}_2 \times \mathbb{Z}_2$, para todo $(\overline{a}, \overline{b}) \in M, 2(\overline{a}, \overline{b}) = (\overline{0}, \overline{0})$, então $\mathrm{Tor}_{\mathbb{Z}}(\mathbb{Z}_2 \times \mathbb{Z}_2) = \mathbb{Z}_2 \times \mathbb{Z}_2$. Em geral, para qualquer R-módulo finito M tal que $|R| > |M|$,

$$\forall m \in M, \exists a, b \in R, a \neq b,\ am = bm \Rightarrow (a-b)m = 0;$$

logo, $\mathrm{Tor}_R(M) = M$.

Proposição 407 Sejam R um domínio e M um R-módulo. Então, $M/\mathrm{Tor}_R(M)$ é R-módulo livre de torção.

Prova. Seja $\overline{m} = m + \mathrm{Tor}_R(M) \in \mathrm{Tor}_R(M/\mathrm{Tor}_R(M))$. Então,

$$\exists a \in R \setminus \{0\},\ a\overline{m} = \overline{0} \Rightarrow \overline{am} = \overline{0} \Rightarrow am \in \mathrm{Tor}_R(M) \Rightarrow \exists b \in R \setminus \{0\},\ bam = 0.$$

Pela hipótese, R é um domínio, portanto $ba \neq 0$. Então, $m \in \mathrm{Tor}_R(M)$; logo, $\overline{m} = \overline{0}$. □

Lembrem que, em geral, submódulos de módulos livres não são livres. No próximo teorema, mostraremos que, no caso de módulos definidos sobre domínios principais, isso acontece. Primeiro provaremos o seguinte lema:

Lema 408 Sejam R um domínio, M um R-módulo e $N_1, N_2 \leqslant M$. Se N_1 e N_2 são livres e gerados por S_1 e S_2 tal que $S_1 \cap S_2 = \varnothing$, então $N_1 \oplus N_2$ é livre e gerado por $S_1 \cup S_2$.

Prova. Mostraremos que $S := S_1 \cup S_2$ e $N := N_1 \oplus N_2$ satisfazem a propriedade universal no teorema 386 na página 243. Dados um R-módulo $\tilde{N}$ e um mapa $f : S \to \tilde{N}$, considerem as restrições $f_i := f_{|S_i}, i = 1,2$. Então, existem únicos R-módulos homomorfismos $\tilde{f}_i : N_i \to \tilde{N}$ tais que

$$\begin{array}{ccc} S_i & \xrightarrow{\iota_i} & N_i \\ & \searrow^{f_i} & \downarrow \exists! \tilde{f}_i, \\ & & \tilde{N} \end{array}$$

onde ι_i é a inclusão. Definam $\tilde{f} : N \to \tilde{N}$ por $\tilde{f}(n_1, n_2) = \tilde{f}_1(n_1) + \tilde{f}_2(n_2)$. Claramente, $\tilde{f}$ é um R-módulo homomorfismo e $\tilde{f} \circ \iota = f$. A unicidade segue pela unicidade de $\tilde{f}_i$s. □

Corolário 409 Nas condições do lema 408, se N_1 e N_2 são de postos finitos, então $\operatorname{rank}(N_1 \oplus N_2) = \operatorname{rank} N_1 + \operatorname{rank} N_2$.

Prova. Basta lembrar que, se $S_1 \cap S_2 = \varnothing$, então $\#(S_1 \cup S_2) = \#S_1 + \#S_2$. □

Teorema 410 Sejam R um domínio de ideais principais, M um R-módulo livre de posto k e $N \leqslant M$. Então, N é livre e $\operatorname{rank} N \leq k$.

Prova. A prova é feita por indução sobre k. Pelo isomorfismo $M \cong R^k$ consideramos os submódulos de M como sendo submódulos de R^k. Se $k = 0$, então $M = N = \{0\}$ e não há nada a provar. Se $k = 1$, então $M \cong R$, portanto os submódulos de M são isomorfos aos ideais de R. Pela hipótese, todo ideal de R é principal, ou seja, é da forma $\langle r \rangle$ para algum $r \in R$. Se $r = 0$, então $N = \{0\}$, e se $r \neq 0$, então N será livre de posto um, lembrando que, por R ser domínio $\{r\}, r \neq 0$, é um conjunto linearmente independente. Sejam $k > 1$, $\{r_1, \ldots, r_k\}$ uma base para M e $N_l := N \cap \langle r_1, \ldots, r_l \rangle$. Se $l = 1$, então $N_1 = \langle a_1 r_1 \rangle$ para algum $a_1 \in R$. Portanto, N_1 é livre e $\operatorname{rank} N_1 \leq 1$. Por indução, provaremos que N_l é livre e $\operatorname{rank} N_l \leq l$ para todo $l \leq k$. Dado $1 < l < k$, seja

$$I := \{a \in R \mid \exists x \in N, n \in N_l,\ x = n + a r_{l+1}\}.$$

Claramente, $I \leqslant R$, portanto é principal; logo, $I = \langle b \rangle$ para algum $b \in R$. Se $b = 0$, então $N = N_l$, portanto, pela hipótese da indução, N é livre e $\operatorname{rank} N = \operatorname{rank} N_l \leq l$. Se $b \neq 0$, então seja $y \in N_{l+1}$ o elemento de N cujo coeficiente de r_{l+1} é b:

$$y = n + b r_{l+1},\ n \in N_l.$$

Para todo $w \in N_{l+1} \subseteq N$,

$$w = \tilde{n} + c r_{l+1},\ \tilde{n} \in N_l,\ c \in R,$$

ou seja, $c \in I$, portanto $c = db$ para algum $d \in R$. Então,

$$w = \tilde{n} + dbr_{l+1} = \tilde{n} + d(y-n) = \tilde{n} - dn + dy \in N_l + \langle y \rangle.$$

Portanto, $N_{l+1} = N_l + \langle y \rangle$. Claramente, $N_l \cap \langle y \rangle = \{0\}$; logo, $N_{l+1} = N_l \oplus \langle y \rangle$. Então, pelo lema 408 na página 251,

$$\text{rank} N_{l+1} = \text{rank} N_l + \text{rank}\langle y \rangle \leq l+1.$$

Observem que $N_k = N \cap \langle r_1, \ldots, r_k \rangle = N \cap M = N$. Portanto, por indução, N é livre e $\text{rank} N \leq k$. □

Uma consequência imediata do teorema acima é o seguinte corolário:

Corolário 411 Submódulos de módulos finitamente gerados sobre domínios principais são finitamente gerados.

Prova. Seja M um R-módulo finitamente gerado. Então, pelo teorema 385 na página 243, $M \cong R^k/I$, onde k é o número dos geradores de M e I é um submódulo de R^k. Portanto, os submódulos de M são isomorfos a S/I, onde S é um submódulo de R^k. Observem que R^k é livre e pelo teorema anterior S é livre e $\text{rank} S \leq k$. Portanto, S/I possui no máximo k geradores, e, consequentemente, os submódulos de M são finitamente gerados. □

Observações 412

1. Submódulos de módulos livres sobre domínios principais de posto infinito também são livres.

2. A hipótese de R ser um domínio principal no teorema acima é necessária. Por exemplo, o anel dos polinômios em duas variáveis, $R = K[x,y]$, onde K é um corpo, é um domínio e não é principal. Nesse caso, R como R-módulo é livre, uma base é $\{1\}$, mas o ideal $\langle x,y \rangle$ não é livre.

O restante deste capítulo é dedicado ao estudo de módulos finitamente gerados sobre domínios principais, e o objetivo é demonstrar o teorema de classificação desses módulos. Para demonstrarmos esse teorema, precisaremos de uma série de resultados e conceitos.

Lema 413 Sejam R um anel comutativo com unidade, M e M' dois R-módulos e M' livre. Se $f : M \to M'$ é um R-epimorfismo, então existe $N \leqslant M$ livre tal que $f_{|N} : N \to M'$ é um R-isomorfismo e $M = N \oplus \ker f$.

Prova. Sejam $\{y_i\}_{i\in I}$ uma base para M' e para cada $i \in I, x_i \in M$ tal que $f(x_i) = y_i$. Claramente, $\{x_i\}_{i\in I}$ é linearmente independente. Portanto, $N := \sum_{i\in I} Rx_i$ é um R-módulo livre. Isso implica que $f_{|_N} : N \to M'$ é um R-isomorfismo. Dado $x \in M$, escrevam $f(x) = \sum_{j=1}^{n} a_{i_j} y_{i_j}$. Então,

$$f(x) = \sum_{j=1}^{n} a_{i_j} f(x_{i_j}) \Rightarrow x - \sum_{j=1}^{n} a_{i_j} x_{i_j} \in \ker f \Rightarrow x \in N + \ker f.$$

Portanto, $M = N + \ker f$. É fácil provar que $N \cap \ker f = \{0\}$. Portanto, $M = N \oplus \ker f$. □

Lema 414 Sejam R um domínio de ideais principais e M um R-módulo livre de torção e finitamente gerado. Então, M é livre.

Prova. Sejam $G := \{m_1, \ldots, m_k\}$ um conjunto de geradores e $L := \{v_1, \ldots, v_l\} \subseteq G$ o maior conjunto linearmente independente. Se $G = L$, então G é uma base; logo, M é livre. Se $L \neq G$, então para todo $y \in G \setminus L$ existem $r_y, r_1, \ldots r_l \in R$, nem todos nulos, tais que

$$r_y y + r_1 v_1 + \cdots + r_l v_l = 0 \Rightarrow r_y y \in \langle v_1, \ldots, v_l \rangle.$$

Observem que $r_y \neq 0$; caso contrário, todos serão nulos. Então, $r := \prod_{y \in G\setminus L} r_y \neq 0$ e $rM \leqslant \langle v_1, \ldots, v_l \rangle$. Considerem o R-módulo homomorfismo

$$\begin{cases} g: & M \longrightarrow M \\ & m \longmapsto rm \end{cases}.$$

Essa aplicação é injetiva. Portanto, $M \cong \operatorname{Im} g = rM \leqslant \langle v_1, \ldots, v_l \rangle$, e, pelo teorema 410 na página 252, concluímos que M é livre.

Teorema 415 Sejam R um domínio de ideais principais e M um R-módulo finitamente gerado. Então, $M/\mathrm{Tor}(M)$ é livre e existe $N \leqslant M$ livre tal que $M = \mathrm{Tor}(M) \oplus N$.

Prova. Pela proposição 407 na página 251, $\tilde{M} = M/\mathrm{Tor}(M)$ é livre de torção, e, pelo fato de que M é finitamente gerado, $\tilde{M}$ também é finitamente gerado. Portanto, pelo lema 414 $\tilde{M}$ é livre. Considerem o R-módulo epimorfismo natural $\pi : M \to \tilde{M}$. Observem que $\ker \pi = \mathrm{Tor}(M)$. Então, pelo lema 413, existe $N \leqslant M$ livre tal que $M = N \oplus \ker \pi = N \oplus \mathrm{Tor}(M)$. □

Se, no teorema acima, M for finitamente gerado, então, pelo corolário 411, N também é, e por ser livre é isomorfo a R^k para algum $k \in \mathbb{Z}^+$. Portanto:

Corolário 416 Sejam R um domínio de ideais principais e M um R-módulo finitamente gerado. Então, $M \cong \text{Tor}(M) \oplus R^k$ para algum $k \in \mathbb{Z}^+$.

O teorema 415 e seu corolário são os primeiros resultados sobre a classificação de módulos finitamente gerados sobre os domínio principais. Nosso objetivo agora é *conhecer* a parte de torção de M, ou seja, descrever $\text{Tor}(M)$.

Sejam R um domínio de ideais principais, M um R-módulo e $m \in M$. A aplicação $R \to M$ definida por $r \mapsto rm$ é um R-módulo homomorfismo e seu núcleo é um ideal de R, portanto é da forma $\langle t \rangle$. Se $t \neq 0$, então é único a menos de elementos associados.

Definição 417 O elemento $t \in R$ mencionado acima é chamado de período de $m \in M$. Um exponente de m (resp. de M) é $s \in R \setminus \{0\}$ tal que $sm = 0$ (resp. $sM = \{0\}$).

Observem que a característica de um anel com unidade é de fato o período da unidade do anel, uma vez que $(R, +)$ é um grupo abeliano e portanto um $\mathbb{Z}$-módulo. Nesse caso, a característica é o período de todos os elementos do anel. Se char $R > 0$, então os conceitos de característica, período e exponente coincidem.

Exemplos 418

1. Em $\mathbb{Z}_4$ como $\mathbb{Z}$-módulo o período de $\overline{1}$ é 4, o de $\overline{2}$ é 2. Um exponente é 4. Os outros exponentes são da forma $4k, k \in \mathbb{Z} \setminus \{0\}$.

2. Seja R um anel comutativo com unidade. Considerando R como R-módulo, as noções de divisor de zero e de período coincidem. Nesse caso, não há exponente.

Definição 419 Sejam R um domínio de ideais principais, $p \in R$ primo e M um R-módulo. O conjunto de todos os elementos de M tal que possuem exponentes da forma $p^r, r \in \mathbb{Z}^+$ é um submódulo de M denotado por $M(p)$. Os submódulos de $M(p)$ são chamados de p-submódulos.

Para todo $r \in R$ denotem por M_r o conjunto $\{m \in M \mid rm = 0\}$. Claramente, $M_r \leqslant M$.

Definição 420 Seja M um R-módulo. Dizemos que $m_1, \ldots, m_k \in M$ são independentes se satisfazem a seguinte condição:

$$r_1 m_1 + \cdots + r_k m_k = 0 \Rightarrow r_1 m_1 = \cdots = r_k m_k = 0,\ r_1, \ldots, r_k \in R.$$

Os elementos linearmente independentes são independentes, mas a recíproca não vale. Essas noções às vezes coincidem, por exemplo no caso de espaços vetoriais. A próxima proposição segue diretamente da definição.

Proposição 421 Seja M um R-módulo. Então, $m_1,\dots,m_k \in M$ são independentes, se, e somente se,

$$\langle m_1,\dots,m_k\rangle = \langle m_1\rangle \oplus \cdots \oplus \langle m_k\rangle.$$

Lema 422 Sejam R um domínio de ideais principais, $p \in R$ primo, M um R-módulo de exponente $p^r, r \geq 1$, e $x \in M$ de período p^r. Se $\overline{y_1},\dots,\overline{y_k} \in \overline{M} := M/\langle x\rangle$ são independentes, então existem $y_1,\dots,y_k \in M$ tais que $\overline{y_i} = y_i + M, i = 1,\dots,k$, cujos períodos são iguais aos de $\overline{y_i}$s. Além disso, $x, y_1,\dots,y_k$ são independentes.

Prova. Seja $\overline{y} = y + \langle x\rangle \in \overline{M}$ de período $p^n, n \geq 1$. Então, $p^n y \in \langle x\rangle$. Assim,

$$p^n y = p^s cx,\ c \in R,\ p \nmid c,\ s \leq r.$$

Se $s = r$, então os períodos de y e $\overline{y}$ são iguais. Se $s < r$, então o período de $p^s cx$ é p^{r-s}. Portanto, o período de y é p^{n+r-s}. Então, $n + r - s \leq r$; logo, $n \leq s$. Agora,

$$p^n y = p^s cx \Rightarrow y = p^{s-n} cx.$$

Observem que $y - p^{s-n}cx$ é de período p^n, o mesmo que $\overline{y}$, e é um representante de $\overline{y}$. Aplicado esse argumento para todos os $\overline{y}_i$s, obteremos y_is com as propriedades desejadas na primeira afirmação. Para a segunda afirmação, sejam $r, r_1,\dots,r_k \in R$ tais que

$$rx + r_1y_1 + \cdots + r_ky_k = 0 \Rightarrow r_1\overline{y_1} + \cdots + r_k\overline{y_k} = \overline{0} \text{ em } \overline{M}.$$

Pela hipótese, $r_i\overline{y_i} = \overline{0}$ para todo i. Se p^{n_i} é o período de $\overline{y_i}$, então $p^{n_i} \mid r_i$, e, pela escolha de y_is, o período de y_i também é p^{n_i}; portanto, $r_iy_i = 0$ e, consequentemente, $rx = 0$. Então, $x, y_1,\dots,y_k$ são independentes. □

O próximo teorema completa a classificação dos módulos finitamente gerados sobre domínios principais. Lembrem que, pelo teorema 415 na página 254, faltava identificar a parte de torção do módulo.

Teorema 423 Sejam R um domínio de ideais principais e M um R-módulo finitamente gerado de torção. Então, M é da forma $\bigoplus_p M(p)$, onde os ps são elementos primos de R tais que $M(p) \neq 0$. Todo $M(p)$ é uma soma direta de submódulos cíclicos da forma

$$M(p) \cong R/\langle p^{t_1}\rangle \bigoplus \cdots \bigoplus R/\langle p^{t_k}\rangle,$$

onde a sequência $1 \leq t_1 \leq \cdots \leq t_k$ de inteiros é unicamente determinada.

Prova. Pela hipótese, M possui exponente, basta tomar o produto dos exponentes dos geradores, que são finitos, de M. Seja r um exponente de M. Se r for primo, então $M = M(r)$. Caso contrário, escrevam $r = bc$, onde $b, c \in R$ são relativamente primos. Então,

$$\exists x, y \in R,\ xb + yc = 1 \Rightarrow \forall m \in M,\ xbm + ycm = m.$$

Assim, $xbm \in M_c$, pois $c(xbm) = xbcm = xrm = 0$. Similarmente, $ycm \in M_b$. Então, $M = M_b + M_c$. Se $m \in M_b \cap M_c$, então $bm = cm = 0$; logo,

$$m = xbm + ycm = 0 + 0 = 0 \Rightarrow M_b \cap M_c = \{0\}.$$

Portanto, $M = M_b \oplus M_c$. Considerando a fatoração de r em termo de potências de elementos primos (irredutíveis), o argumento acima prova a primeira afirmação do teorema. Então,

$$M = \bigoplus_p M(p),\ p \in R \text{ primo tal que } M(p) \neq \{0\}.$$

Para a segunda afirmação, aplicaremos o lema 422. Primeiro observem que $M(p)$ é finitamente gerado. Tomem $x \in N := M(p)$ de período p^r tal que r seja maximal. Então, $\ker(R \to M(p))$ dada por $t \mapsto tx$ é $\langle p^r \rangle$ e $R/\langle p^r \rangle \leqslant M(p)$. Se $R/\langle p^r \rangle \cong M(p)$, a prova termina aqui e temos a decomposição de $M(p)$. Caso contrário, considerem $\overline{N} = N/\langle x \rangle$ e faremos a prova por indução sobre a dimensão dos módulos como $R/\langle p \rangle$-espaços vetoriais. Afirmamos que

$$\dim_K \overline{N}_p < \dim_K N_p, \quad \text{onde } K = R/\langle x \rangle.$$

De fato, se $\overline{y_1}, \ldots, \overline{y_m} \in \overline{N}_p$ são linearmente independentes, então, pelo lema 422, existem $m+1$ elementos, entre eles x, independentes, portanto linearmente independentes, pois $R/\langle p \rangle$ é um corpo; logo,

$$\dim_K N_p \geq m + 1 > \dim_K \overline{N}_p.$$

Pela hipótese da indução, se $N \neq 0$, então existem $\overline{x_2}, \ldots, \overline{x_s}$ cujos períodos respectivamente são $p^{r_2}, \ldots, p^{r_s}$, $r_2 \geq r_3 \geq \cdots \geq r_s$. Pelo lema 422, existem x_is representantes de $\overline{x_i}$s com os mesmos períodos tais que $x, x_2, \ldots, x_s$ são independentes, e, pela maximalidade de r, $r \geq r_2$. Dessa forma, obtemos a decomposição de $M(p)$. A unicidade segue do próximo teorema. □

Teorema 424 Sejam R um domínio de ideais principais e $M \neq \{0\}$ um R-módulo finitamente gerado de torção. Então,

$$M \cong R/\langle q_1 \rangle \bigoplus \cdots \bigoplus R/\langle q_k \rangle,\ \forall i,\ R/\langle q_1 \rangle \neq 0$$

tal que $q_1 \mid q_2 \mid \cdots \mid q_k$. Além disso, os ideais $\langle q_i \rangle$s são unicamente determinados com a condição acima.

Prova. Pelo teorema 423, M é uma soma direta dos p-submódulos não nulos

$$M(p_1) \oplus \cdots \oplus M(p_t)$$

e cada $M(p_i)$ é isomorfo a uma soma direta de módulos cíclicos $R/\langle p_i^{r_{ij}} \rangle$. Sejam

$$\begin{aligned}
&\text{sequência associada a } M(p_1): \ r_{11} \leq r_{12} \leq \cdots, \\
&\text{sequência associada a } M(p_2): \ r_{21} \leq r_{22} \leq \cdots, \\
&\vdots \\
&\text{sequência associada a } M(p_t): \ r_{t1} \leq r_{t2} \leq \cdots.
\end{aligned}$$

Definam os q_is por

$$\begin{aligned}
q_1 &:= p_1^{r_{11}} p_2^{r_{21}} p_3^{r_{31}} \cdots p_t^{r_{t1}}, \\
q_2 &:= p_1^{r_{12}} p_2^{r_{22}} p_3^{r_{32}} \cdots p_t^{r_{t2}}, \\
&\vdots
\end{aligned}$$

Como os p_is são primos distintos, $R/\langle q_j \rangle \cong \bigoplus_i R/\langle p_i^{r_{ij}} \rangle$. Portanto, a soma direta de $R/\langle q_j \rangle$s é isomorfo à soma direta dos módulos cíclicos $R/\langle p_i^{r_{ij}} \rangle$, como queríamos.

Agora provaremos a unicidade. Sejam $p \in R$ primo, $b \in R \setminus \{0\}$ e $N := R/\langle bp \rangle$. Então, $N_p = bR/\langle bp \rangle$. Além disso, $R/\langle p \rangle \cong bR/\langle bp \rangle$. Agora, seja M como decomposto no teorema. Então,

$$v = v_1 + \cdots + v_k \in M_p \iff \forall i, \ pv_i = 0.$$

Portanto, M_p é a soma direta dos núcleos das aplicações multiplicação por p em cada $R/\langle q_i \rangle$. Além disso, M_p é um $R/\langle p \rangle$-espaço vetorial e sua dimensão é igual ao número dos $R/\langle q_i \rangle$s tais que $p \mid q_i$.

Seja $p \in R$ primo tal que $p \mid q_1$. Portanto, $p \mid q_i$ para todo i. Se

$$M \cong R/\langle q_1' \rangle \bigoplus \cdots \bigoplus R/\langle q_l' \rangle$$

é outra decomposição de M, então, pelo argumento acima sobre a dimensão de M_p, p divide pelo menos r elementos em $\{q_1', \ldots, q_l'\}$, portanto $r \leq s$. Pela simetria, $s \leq r$. Então, o número dos módulos cíclicos na decomposição de M é invariante.

Para mostrarem a unicidade dos $\langle q_i \rangle$s, escrevam $q_i = pb_i$. Então,

$$pM \cong R/\langle b_1 \rangle \bigoplus \cdots \bigoplus R/\langle b_k \rangle$$

e $b_1 \mid \cdots \mid b_k$. Se algum b_i for invertível, então $\langle q_i \rangle = \langle p \rangle$, ou seja, esses q_is são unicamente determinados. Caso contrário, observem que os ideais $\langle b_i \rangle$ são unicamente determinados (a menos de elementos associados), consequentemente os q_is são unicamente determinados. □

Exercícios 425

1. Mostrem que $\mathrm{Tor}_R(M) \leqslant M$.

2. Provem o teorema 397 usando a definição de módulos noetherianos, ou seja, mostrem que toda cadeia crescente de submódulos é estacionária.

3. Deem um exemplo para mostrar que, na proposição 407 na página 251, a hipótese de R ser um domínio é necessária.

4. Mostrem que todo grupo abeliano finitamente gerado é isomorfo a $\mathbb{Z}^k \times \mathbb{Z}_{n_1} \times \cdots \times \mathbb{Z}_{n_l}$, onde $k, n_1, \ldots, n_l$ inteiros não negativos são unicamente determinados.

Referências Bibliográficas

[1] ANDRADE, J. F. "Anéis quadráticos euclidiano". *Matemática Universitária*. (48/49), 86-92, 2010.

[2] ATIYAH, M. F. & MACDONALD, I. G. *Introduction to commutative algebra*. 1st. edition, Westview Press, 1994.

[3] BUCHSBAUM, D. A. "Some remarks on factorization in power series rings". *J. Math. Mech.* 10, 749-753, 1961.

[4] CHAO, C. Y. "Generalizations of theorems of Wilson, Fermat and Euler". *J. Number Theory*. 15, (1), 95-114, 1982.

[5] CONRAD, K. "Consequences of the Sylow theorems", `http://citeseerx.ist.psu.edu/viewdoc/summary?doi=10.1.1.643.1570`

[6] DUMMIT, D. S. & FOOTE, R. M. *Abstract algebra*. 3rd. edition, John Wiley & Sons, Inc., 2004.

[7] ELLIOTT, J. "Factoring formal power series over principal ideal domains". *Trans. Amer. Math. Soc.* 366, (8), 3997–4019, 2014.

[8] ERIC, D.; PHILIP, A. L. & KENNETH, S. W. "Irreducible quartic polynomials with factorizations modulo p". *The American Mathematical Monthly*. 112, (10), 876-890, 2005.

[9] FRALEIGH, J. B. *A Fisrt course in abstract algebra*. Addison Wesley, 2002.

[10] GHYS, E. `http://www.youtube.com/watch?v=LNS_UDBDZRQ`.

[11] HERSTEIN, I. N. *Topics in algebra*. 2nd. edition, John Wiley & Sons, 1975.

[12] ISAACS, I. M. & ZIESCHANG, T. "Generating symmetric groups". *The American Mathematical Monthly*. 102, (8), 734-739, 1995.

[13] KATZ, V. J. *A History of Mathematics*. 3rd. edition, Addison-Wesley, 2009.

[14] KLAšKA, J. "Transitivity and partial order". *Math. Bohem.* 122, (1), 75-82, 1997.

[15] MCCOY, N. H. & JANUSZ, G. J. *Introduction to modern algebra*. 5th. edition, Wm. C. Brown Publishers, 1992.

[16] MORANDI, P. `https://web.nmsu.edu/~pamorand/Notes/NoMaxIdeals.pdf`

[17] NOETHER, E. "Idealtheorie in ringbereichen". *Math. Ann.* 83 (1-2), 24-66, 1921.

[18] ROTMAN, J. J. *Advanced modern algebra*. Prentice Hall, 2002.

[19] ROTMAN, J. J. *An Introduction to homological algebra*. Universitext, Springer, 2009.

[20] RUBIN, H. & RUBIN, J. E. *Equivalents of the axiom of choice*. Amsterdam, North-Holland Publishing Co., 1963.

[21] SHAHRIARI, Sh. *Algebra in action, a course in grupos, rings and fileds*. American Mathematical Society, 2017.

[22] SILVERMAN, J. H. & TATE J. T. *Rational points on elliptic curves*. Undergraduate Texts in Mathematics, Springer, 2015.

[23] The On-Line Encyclopedia of Integer Sequences® (OEIS®). `http://oeis.org/A006905`

[24] TIGNOL, J. P. *Galois theory of algebraic equations*. World Scientific Publishing Company, 2001.

[25] WILSOM, T. C. "A principal ideal ring that is not a euclidean ring". *The American Mathematical Monthly*. 46, (1), 34-38, 1973.

Índice Remissivo

Título	Estruturas algébricas
Autor	Parham Salehyan
Coordenador editorial	Ricardo Lima
Secretário gráfico	Ednilson Tristão
Preparação e revisão	Editora da Unicamp
Editoração eletrônica	Parham Salehyan
Design de capa	Editora da Unicamp
Formato	21 x 28 cm
Tipologia	URW Palladio L
Papel	Avena 80 g/m² – miolo
	Cartão supremo 250 g/m² – capa
Número de páginas	264

ESTA OBRA FOI IMPRESSA NA GRÁFICA CS
PARA A EDITORA DA UNICAMP EM DEZEMBRO DE 2023.